中国电力建设集团重大科技专项课题
（DJ-ZDZX-2016-03）成果

城市河道生态修复技术手册

主　编　纪道斌
副主编　吴基昌　李　斌　朱士江　宋林旭

中国水利水电出版社
www.waterpub.com.cn
·北京·

内 容 提 要

本手册介绍了城市河道生态修复的基础知识，汇总了诸多城市河道生态修复技术方法。主要包括城市河道生态修复的基础知识、工作内容、生态修复技术体系、地貌形态修复及生态补水技术、水质生态改善技术、典型案例等内容。本手册图文并茂，理论联系实际，并配有大量图表和精美照片，有的技术还附有设计参数和公式，有助于读者更深入地了解。

本手册适合从事河湖生态保护与修复的工程技术人员、管理人员和科研人员阅读参考。

图书在版编目（CIP）数据

城市河道生态修复技术手册 / 纪道斌主编. -- 北京：中国水利水电出版社，2020.10
ISBN 978-7-5170-9008-3

Ⅰ. ①城… Ⅱ. ①纪… Ⅲ. ①城市－河道整治－生态恢复－技术手册 Ⅳ. ①TV882-62

中国版本图书馆CIP数据核字(2020)第207183号

书 名	城市河道生态修复技术手册 CHENGSHI HEDAO SHENGTAI XIUFU JISHU SHOUCE
作 者	主 编 纪道斌 副主编 吴基昌 李 斌 朱士江 宋林旭
出版发行	中国水利水电出版社 （北京市海淀区玉渊潭南路1号D座 100038） 网址：www.waterpub.com.cn E-mail：sales@waterpub.com.cn 电话：(010) 68367658（营销中心）
经 售	北京科水图书销售中心（零售） 电话：(010) 88383994、63202643、68545874 全国各地新华书店和相关出版物销售网点
排 版	中国水利水电出版社微机排版中心
印 刷	天津嘉恒印务有限公司
规 格	184mm×260mm 16开本 15印张 365千字
版 次	2020年10月第1版 2020年10月第1次印刷
印 数	0001—1500册
定 价	**88.00** 元

本书编委会

主　　　编：纪道斌

副 主 编：吴基昌　李　斌　朱士江　宋林旭

参编人员：

中电建生态环境集团有限公司：李　慧　谭文禄　徐　浩　潘慧慧

孙小玲　姚　俊　王　庆　张安弘

罗舒怀　陈　勇　易升泽　冯发堂

余艳鸽　侯志强　薛信恺　李欣鹏

谭　鹏

三峡大学：崔玉洁　李　宁　赵小蓉　戴凌全

徐　文　徐　慧　霍　静　许　杨

张必昊　田　盼　朱瑛瑛　陈一迪

李亚莉　方　娇　李佳豪　谢紫珺

序

1949年以来，我国大中城市的河道大多经历过不同类型的治理改造。自20世纪50年代开始的河道改造，具体表现为河流渠道化，河流水面被覆盖用于市政建设，排洪河道沦落为排污通道，沿河建闸破坏了连通性。自20世纪80年代，工业化、城市化发展迅速，工业排放废水失控，生活污水处理达标率低，导致河流污染严重，特别是黑臭水体，严重破坏了环境，直接影响居民健康。进入21世纪，在城市繁荣的背景下，城市河道又遭到商业化的破坏，不仅加重了餐饮污染，更破坏了河流自然景观。这些人为活动对城市河道生态系统造成重大威胁。

近年来，各地开展了城市河道的生态修复工作，取得了一定进展。但是由于这是一项全新的工程领域，普遍缺乏规划设计经验，导致已经完工的城市河道修复项目技术水平参差不齐，也有个别失败的案例。因此，深入理解河流生态的科学原理，了解城市河段的功能特征，掌握城市河道生态修复技术，是城市河道生态修复工作健康发展的关键。

河流生态修复的总目标是实现自然化，即通过适度的工程措施，使已经人工化、渠道化的河流廊道恢复原有的自然特征。河流廊道自然化既不是原有河流的完全复原，也不是创造一条新的河流，而是恢复河流廊道的自然属性和主要生态特征。

城市河道修复有其特殊性，因为城市建筑林立、道路纵横、各类管线密集，使河道修复工程布置空间受到很大限制。当然，如果是城市新区规划，完全可以按照河道自然化的标准设计，特别是在城市郊区，空间相对大些时。但是，对于多数人口密集的市区，实现河道自然化的要求存在相当大的困难。在这种情况下，需要因地制宜地采取措施，利用有限的城市空间，实现一定程度的自然化目标。

城市河道治理应统筹河道的行洪、排涝、景观与休闲等多种功能，利用有限的城市空间，增添、恢复更多的自然因素，避免渠道化、商业化和园林化，使生机勃勃的河流成为城市的生态廊道，使生活在闹市中的市民能够享受田园风光和野趣，创造绿色生态的宜居环境。

在技术层面，对城市河道的治理要实现污水的深度处理，完善排水系统管网建设，治理黑臭水体，实行雨污分流，实现水功能区达标；宜更多采用多样化的河道断面，同时沿岸布置亲水平台和栈道等亲水设施，为城市居民提供休闲、亲水场所；宜采用生态型岸坡防护结构以及活植物构筑河湖堤岸护岸结构，不但可以提供生物栖息地而且可以提高自然景观美学价值；通过疏浚通畅河道、拆除失去功能的闸坝以提高水动力性。需要强调指出，城市河道治理一定要秉承自然化原则，不但要避免渠道化，也要防止园林化和商业化。所谓“园林化”是指沿河布置密集的亭台楼阁、桥梁游廊、喷泉瀑布，把自然河流改造成人工河。所谓“商业化”是指沿河布置大量酒楼茶肆、水上餐饮、娱乐设施，造成餐饮污染、噪声污染。提倡的自然化是指保留和恢复河流蜿蜒形态和自然风貌，恢复自然植被和鱼类、水禽、鸟类栖息地，维持生态流量，保持水体清洁。

这本手册介绍了城市河道生态修复的基础知识，汇总了诸多生态修复技术方法，有的还附有设计参数和公式。更为有益的是这本手册不但提供了编写团队从事生态修复工作的实际经验，同时也汇总了国内大量的工程案例，使得这本手册具有鲜明的实用性。我相信，这本手册对于从事河湖生态保护与修复的工程技术人员、管理人员和科研人员，无疑会有所裨益。

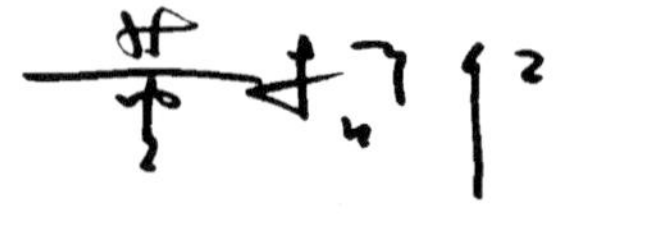

2020 年 8 月 17 日

序二

中国电力建设集团（以下简称中国电建）“懂水熟电，擅规划设计，长施工建造，能投资运营”，中国电建因开发水能而生，因兴水利除水害而发展，以建设绿色能源、清洁水资源、健康水生态等民生和公益基础设施工程为抓手，数十年如一日，履行央企责任，造福社会。2016年年初以来，中国电建以承担深圳茅洲河流域（宝安片区）水环境治理工程为新的起点，以生态文明思想为指针，积极践行“两山论”，在粤港澳大湾区造就了一批绿水青山的生态示范工程，用经得起时间考验和社会检验的工程效果和值得推广的经验技术，为城市建成区河道治理写下一座座丰碑。

以中电建生态环境集团有限公司为代表的所有参与大湾区水环境治理技术攻关的中国电建各子企业和科研合作单位，认真落实生态文明思想，在水环境治理方面，遵循全流域统筹、多策并举的理念，提出了“中医疗法”、全流域水环境治理、水生态修复的中国电建方案，不但在大湾区多个项目中取得成功，而且在多个省市的水环境治理中创新推广。

茅洲河流域水环境整治坚持“流域统筹、系统治理”的治水理念，“全流域、全系统、一体化”的技术路线，发挥中国电建大兵团作战的优势，综合应用“五位一体”的治理思路——控源截污、内源治理、水质净化、基流补给、生态修复等，通过实施雨污分流工程、河道整治工程、内涝治理工程、清淤和底泥处置工程、生态补水工程、生态修复工程和景观工程七大类工程，按照“织网成片、正本清源、理水梳岸、寻水溯源”四步逐级推进，基本实现茅洲河流域雨污分流管网全覆盖、正本清源全覆盖、面源污染整治全覆盖、黑臭水体治理全覆盖以及生态补水全覆盖。随着近300km^2城区流域范围、300万人口聚集区和1.2万户企业的污水/雨水系统综合整治工作不断深入开展，茅洲河水质持续改善，整治前NH_3-N指标常年在30mg/L以上，2019年年底以来基本保持在地表水Ⅴ类水平。

本手册是中电建生态环境集团有限公司和三峡大学合作的结晶，在中国电建重大科技专项课题“城市河流（茅洲河）水环境治理关键技术研究（DJ-

ZDZX－2017－03)”及广东省重点领域研发计划（2019B110205005）等课题研究和实践验证的基础上总结而成的。本手册所提供的生态修复系列方法，是以基本完成河流水污染治理为前提的，即已基本完成点源污染治理，入河污水得到控制，水质得到一定的改善，基本满足水生动植物生长繁殖条件等。通过生态修复措施，重建或改善河流生物的栖息条件，维持或进一步提升河流水质，恢复河流生态廊道功能和河流生物多样性，使河流生态系统达到近自然的健康和稳定状态。

本手册由中电建生态环境集团有限公司和三峡大学共同编撰、几经删减、数次修改并最终定稿。作者均是科研团队的主要成员，并长时间参与了茅洲河流域水环境整治现场工作，以极为严谨的科学态度进行工作总结，完成了编写工作，为城市水环境治理后的水质维持和提升提供了可借鉴的经验。

本手册主要包括6章，第1章绪论介绍城市河道特征、水生态环境的主要问题与成因、生态修复概念、修复原理等基本概念；第2章阐述城市河道生态修复的工作内容，对城市河道的现状进行调查评估，并介绍生态修复的工作思路、总体方案设计、实施效果监测与评价、管理与维护措施等；第3章、第4章、第5章介绍城市河道生态修复技术，从城市河道“空间—水量—水质—生物”全要素过程，尽可能系统地介绍了地貌形态修复技术、生态需水量计算方法、水质改善技术、生态修复技术与其他工程措施的融合，以及不同水质阶段适用的生态修复技术，每种技术都详细说明了技术原理、指标计算、应用案例等；第6章通过具体讨论茅洲河等流域城市河道生态修复的典型案例，进一步介绍生态修复技术的应用及后期工程效果。本手册图文并茂，插入了大量图表和精美照片，有助于读者更深入地了解。

在国务院“水十条”和“河长制”以及环保督察等制度强力推动下，水环境治理工程高歌猛进，全国各地城市河湖水质有了根本性的好转。但不可否认，一些工程水质改善的可靠性不高，如何防止水环境整治工程上呼吸机（曝气增氧）以及靠长期“吃药”改善水质，一旦拆机停药，水质又继续恶化的问题，防止水生态修而不复，仍然需要相关技术在争论中发展，在实践检验中修正，因地制宜、不断完善。基于此，本手册以开放的态度，欢迎行业技术和管理人员提意见和建议，更欢迎交流、讨论，共同提高。

袁新民

2020年8月5日

前言

随着经济社会的发展和城镇化进程的加速，我国河流、湖（库）等地表水体逐渐受到严重污染，生态系统健康受到严峻威胁。河流、湖（库）等地表水体的污染，加剧了水资源短缺、水环境和水生态恶化，直接威胁着人类赖以生存的生态环境，极大制约了经济社会的可持续发展。2018年，长江、黄河、珠江、松花江、淮河、海河、辽河七大流域和浙闽、西北、西南诸河中，水质为Ⅰ～Ⅲ类的占74.3%，Ⅳ类占14.4%，Ⅴ类占4.4%，劣Ⅴ类占6.9%；全国重点湖（库）水质为Ⅰ～Ⅲ类的占66.7%，Ⅳ类占17.1%，Ⅴ类占8.1%，劣Ⅴ类占8.1%，湖（库）富营养化问题日趋严重。相比水污染问题，尚无确切统计数据的水生态问题更为严重。“生态兴则文明兴，生态衰则文明衰”，良好的生态环境是最普惠的民生福祉，在生态文明思想的指引下，建设生态文明已成为新时期中国社会经济发展的重要战略决策。而修复污染水体，改善生态环境，恢复河流、湖（库）宜人的自然生态景观，必然是生态文明建设的重要内容。

城市河道与自然河流有着本质的区别。自然健康的河流一般水量充足、水质良好，河岸和河床符合自然、稳定、渐变的态势，生物多样性丰富，为水生、两栖动物提供了适宜的栖息环境，也为陆生动物提供了水源。现代城市河道除了具有自然河流的一些特性以外，还为城市提供了水源地、动力源、绿地、交通运输、排污、娱乐休闲等功能，亦减弱了城市的热岛效应和洪涝灾害。在承担这些功能的同时，城市河流又由于与人类接触密切，同样面临着人类的剧烈干扰，例如河道的裁弯取直、硬化渠化，城市对河道空间的侵蚀，城市污染物严重破坏河流生态平衡等。

近年来，虽然生态修复的重要性已受到国内外高度重视，各地开展了城市河道的生态修复工作，取得了一定进展。但是由于这是一项复杂的系统工程，普遍缺乏规划设计经验，对于城市河道生态修复技术这一领域还缺乏深入系统的归纳总结，导致已经完工的城市河道修复项目的实际效果参差不齐。

因此，深入理解河流生态的科学原理，了解城市河段的功能特征，掌握城市河道生态修复技术，是城市河道生态修复工作健康发展的关键。

同时，我国水生态修复的研究工作起步较晚，该领域的标准设立滞后，现行相关标准体系的评价内容范围广、指标多、针对性不强，标准体系不够完善，给实际工作带来了很多困难。例如，住房城乡建设部发布的国家标准《城市水系规划规范》（GB 50513—2016），其定位是对城市水系规划的内容，城市水系的构成分类、保护、利用和相关工程设施等方面进行规范，规范中原则性条文、定性规定较多，该规范在水生态修复方面的指导作用偏弱。对于流域机制相对成熟的欧盟发达国家，在 2000 年 12 月执行了《欧盟水框架指令》，但该水框架指令不适合我国的国情，难以指导我国的城市河道生态修复工作。

本手册的撰写和出版得到了中国电力建设集团重大科技专项课题“城市河流（茅洲河）水环境治理关键技术研究（DJ－ZDZX－2017－03）”、广东省重点领域研发计划（2019B110205005）以及三峡库区生态环境教育部工程研究中心、三峡水库生态系统湖北省野外科学观测研究站的资助。本手册是集体智慧的结晶，由中电建生态环境集团有限公司和三峡大学共同编撰、几经删减、数次修改并最终定稿，中电建生态环境集团有限公司的吴基昌、李斌等重点指导了手册大纲、思路框架、生态修复理念、目标、技术体系等内容的确定。李斌、李慧等全程参与手册的编撰，尤其是案例部分的编制。谭文禄、徐浩等参与了资料收集、整理等工作。三峡大学的宋林旭、李宁、赵小蓉、崔玉洁、戴凌全、徐文等老师，徐慧、霍静、许杨、张必昊、田盼、朱瑛瑛、陈一迪、李亚莉、方娇、李佳豪、谢紫珺等研究生参与了本手册的编写工作。朱士江负责全手册统稿，纪道斌负责全手册校核，在此，对他们的辛勤付出一并表示由衷感谢。

本手册的编写还得到了许多专家和单位的鼎力相助。本手册引用了中国水利水电科学研究院董哲仁教授以及东北师范大学杨海军教授的相关成果。承蒙国合凯希水体修复江苏有限公司、宜昌市水利水电勘察设计院有限公司以及湖北工业大学刘瑛副教授、浙江水利水电学院白福清副教授提供了很多技术资料。同时中国科学院水生生物研究所吴振斌研究员、方涛研究员、唐涛研究员，中国科学院烟台海岸带研究所盛彦清研究员，黄河勘测规划设计有限公司蔡明教高，中电建生态环境集团有限公司赵新民教高、陈惠明教高、翟德勤教高、田卫红教高、辜晓原教高、陈平川教高等，中国水利水电科学研究院谭红武教高，中国电建集团华东勘测设计研究院有限公司唐颖栋教高，中国电建集团贵阳勘测设计研究院有限公司单承康高工，珠江水利委员会珠江水利科学研究院董延军教高，三峡大学王从锋教授、肖尚斌教授、李卫明教授、杨正健教授、高婷副教授、苏青青博士等对本手册提出了宝贵的意见和建议，谨向他们表示诚挚的谢忱。

城市河道生态修复是一个处于发展中的新兴领域，相关理论与实践尚在不断探索和完善中，受编者知识水平的局限，对本手册的谬误和不足之处，恳请各界读者指正。

作者

2020年9月30日

目录

绪　　论

1.1　城市河道特征

作为地球生命的重要组成部分和人类生存发展的基础，河流孕育了人类文明，创造了无价的财富。一座城市是否有河流穿过，关系着该城市的状态和人们的生活质量。世界上众多著名城市都是依河而立，建立城市的过程，也是河流从自然河流向城市河道转化的过程。城市河道是位于（或流经）城市用地范围的地表径流及附属空间的总称。从宏观尺度来看，城市河道占据着自然水系的一个或几个部分，因此城市河道与一般河流在自然属性方面具有相似性。但是城市河道是根据城市运行或发展需求而被人为改造过的河段，也受当地民族文化深刻影响，改变了一般河流的自然属性，因此城市河道在形态特征、功能特征等方面与一般河流相比又具有其特殊性。

1.1.1　城市河道形态特征

一般河流的形态随降雨量和时间而改变时，并没有一个特定的边界，往往与周边环境相互融合、相互渗透。而城市河道形态由于受到城市构筑物的挤压和侵占，其形态往往被限定，缺少与周边环境的联系，比如河道、构筑物和绿地之间缺少关联，造成城市河道局部非自然过程的改变。此外，城市河道在形态上也具有一定的不稳定性，而这种不稳定性与一般河流有所不同，通常将经历不变形阶段—河道变形—城市化完成后再次稳定的理论周期。具体地，城市建设初期土地开发较多，地表侵蚀度增强，河道内产沙量增多；随着城市硬质路面与建筑物等不透水面积增多，地表径流增加，河道内径流量增加，径流中泥沙减少，对河流的侵蚀增强，河道变宽；为控制河流形态变化，城市建设中渠化河道、固化驳岸，导致城市河道的蜿蜒度降低，排水密度增加。当城市建设完成后，城市河道将达到新的平衡状态。

空间尺度上，城市河道渠化后，其平面、纵向、垂向形态与一般河流相比均发生了较大改变。具体地，平面上，城市河道常常会保持一个规则的直线或微弯的状态，两岸近乎平行；纵向上，城市河道由于缺少一般河流深潭-浅滩的特性，纵剖面往往呈现平直微倾斜；垂向上，城市河道的横截面大体可分为矩形断面、梯形断面和复式断面三类；时间尺度上，一般河流的形态一直是动态变化的，不同位置的受力均不相同，而城市河道由于在一定尺度上维持一个稳定的形态，所以如无外界过多影响，一般在纵向同一水平位置的受力基本相同，容易造成河底泥沙淤积，抬高河床。

1.1.2 城市河道功能特征

城市河道作为城市建成区地表径流的汇水区，接收大面积的城市雨水和城市污水。为了提高城市河道的防洪排水功能，河道渠化、堤坝加高、驳岸硬化等工程被普遍实施。渠化河道和堤坝建设能在一定程度上避免城市遭受洪水影响，但由于渠化结构本身缺少能够蓄水的“安全腹地”，过窄的行洪通道会加剧洪水上涨，加大水流速度，反而增强了洪水对驳岸的冲刷，削弱了城市河道的防洪功能。

城市河道不仅具有防洪排水功能，同时也是河流物质输移和水生生物迁徙的重要通道，也是净化污染物质的重要场所。通常，一般河流水环境具有巨大的自净能力，但城市建设对河道干扰大，降低了河流水环境承载能力，尤其是原本自然的河流变成硬质的“两面光”或“三面光”的渠道型河道后，不仅从感官上破坏了一般河流的原生面貌，更严重的是人为改造使河流“穿”上非生态的“盔甲”，阻断了水体与陆地的交流与接触，使城市河道丧失了天然生态系统修复功能，自净能力大大降低。加之过量的污染物排放入河道，超过了河道的水环境承载能力，水体污染现象日趋严重。

此外，一般河流的漫滩湿地是鱼类、两栖动物、软体动物、爬行动物和湿生植物资源的重要栖息地。而城市河道在空间结构被改造的过程中，河流的连续性被破坏，从水生环境到陆生环境的过渡被阻断，阻隔了自然水循环过程，也阻断了洄游生物的通道，一些植物及微生物丧失了适宜的生存环境。因此，城市河道所涵养的生物种类减少，各个物种之间的平衡机制遭到破坏，导致整个城市河道的景观功能和生态功能变得相当脆弱。

1.2 城市河道水环境问题

目前我国城市河道水环境问题主要表现为以下三大方面。

(1) 河岸硬化对水生态系统造成破坏。在以往的城市河道治理中，过多考虑了河道行洪排涝功能的实现，大量采用浆砌块石和混凝土对河岸进行硬化，虽然达到了河岸稳定和洪涝水归槽的目的，但割裂了水土之间的联系，将水—土—植物—生物之间的物质和能量循环系统彻底破坏，水体的自净能力也大大降低。

(2) 水体受到富营养化威胁，水质恶化。城市水系具有一定承载力，水系的各种自然过程都有与之相适应的自然形式，由此决定了水系生态系统具有较强的生态敏感性，任何不当的开发利用都可能导致生态系统的崩溃。如果过度开发，不当利用，大量排放废物，破坏了水系的各种自然形式，使城市水系的环境容量和生态承载力不堪重负，最终将导致城市生态系统的崩溃。

(3) 河道断面单一对生物多样性造成影响。在自然的河流横断面上，浅滩与深潭相间，是生物群落的栖息生长之地。而改造过后的河床，常用输水性能好又便于施工的梯形等单一且规则的断面型式，使得水流流速均一化，破坏了原有河道多样性的特征。而河流形态多样性是生物物种多样性的前提，河流形态的规则化、单一化，在不同程度上对生物多样性造成影响。

1.3 城市河道治理的阶段划分

从我国第八个五年计划期间颁布《中华人民共和国环境保护法》以及《中华人民共和国水污染防治法》，到近年来“水十条”“河长制”，以及“城市黑臭水体治理指南”的不断推行，对城市河道治理的阶段都进行了划分。整体上，城市黑臭水体的整治应按照“控源截污、内源治理；活水循环、清水补给；水质净化、生态修复”的基本技术路线具体实施，其中控源截污和内源治理是选择其他技术类型的基础与前提。而依据“水十条”，城市河道治理分为三个阶段：控源减排、消除黑臭；生态治理、净化减负；生态修复、综合调控。可见，在城市河道治理的阶段划分上，生态修复处于治理的最后阶段，前提和充要条件是控源截污、生态治理。目前，全国城市河道整治仍处于消除黑臭和生态治理过渡期。

1.4 城市河道生态修复概述

1.4.1 生态修复概念

生态系统是在一定空间中共同栖息的所有生物与其环境之间不断进行物质循环和能量流动而形成的统一整体，能通过其负反馈的自我调节机制，保持自身的动态平衡，能量流动、物质循环总在不断地进行，生物个体也在不断地进行更新。但是，在自然因素、人为因素或二者的共同干扰下，生态系统的结构和功能与其原有的平衡状态或进化方向发生相反的位移，导致生态系统基本结构和固有功能的破坏或丧失，生物多样性下降，稳定性和抗逆能力减弱，系统生产力下降。

生态修复是减缓生态系统退化、促进生态系统恢复、保持生态系统平衡和稳定的重要措施。自 1935 年 Leppold 首次提出了“生态修复”概念，国内外学者对生态修复概念的理解，有着不同的认识。1991 年，Cairns 认为生态修复是将受损害生态系统恢复到其受干扰以前的自然状况的措施与过程。1995 年，国际生态修复学会将生态修复定义为“协助退化的、受损的、被破坏的生态系统恢复的过程”。

针对河流生态修复概念，国内外组织和学者有着不同的认识。1997 年，美国 Boone 等将生态修复的概念定义为，把陆地生态系统与水域生态系统之间的过程、功能及生物、化学和物理的关联性重建起来。美国河溪生态修复工作组提出，河道生态修复是使河道生态系统恢复到与未被破坏前近似的状态，且能够自我维持动态均衡的复杂过程。日本学者认为，生态修复是指通过外界力量使受损生态系统得到恢复、重建或改进，使生态系统接近于自然。由分析可知，国外学者论述的生态修复侧重于河流的自然恢复。

国内学者主要强调生态修复的人工辅助手段和技术方法，即采用综合措施恢复因人类活动的干扰而丧失或退化的河流自然功能。例如，董哲仁认为生态修复是指，将受人类干扰而退化的河流恢复至未受干扰的状态，或者恢复到合适的状态。焦居仁认为，为了促使受损生态系统的恢复，而采用辅助的人工措施进行的加快恢复为生态修复。

1.4.2 城市河道生态修复原理

1. 循环再生原理

生态修复利用环境—植物—微生物复合系统的物理、化学、生物学和生物化学特征对污染物加以利用，对可降解污染物进行净化。一方面利用非生物成分不断合成新的物质；另一方面又把合成物质降解为原来的简单物质，并归还到非生物组分中。如此循环往复，进行物质和能量循环和再生的过程。目标是，使生态系统中的非循环组分成为可循环的过程，使物质的循环和再生的速度能够得以加大，最终使污染环境得以修复。

2. 和谐共存原理

由于循环和再生的需要，各种修复植物与微生物种群之间、各种修复植物与动物种群之间、各种修复植物之间、各种微生物之间和生物与处理系统环境之间相互作用，和谐共存。修复植物给根系微生物提供生态位和适宜的营养条件，促进一些具有降解功能的微生物生长和繁殖，促使植物不能直接利用的那部分污染物转化或降解为植物可利用的成分，反过来又促进植物的生长和发育。

1.4.3 城市河道生态修复理论基础

1. 生态学理论

生态学理论是以生态学为核心的相关学科及理论，是以河流生态系统构成为基础的食物链理论、生物群落演替理论及生物多样性理论的综合，并逐步发展为以保护生态学和恢复生态学为分支的系统科学理论。

河流生态系统是以水流为主体，由生命系统和生命支持系统共同构成的生态系统，生命支持系统指能量和物质、生境，生命系统是河流内分布的生物。以生物为核心的能量流动和物质循环，是生态系统最基本的功能和特征。生物以能量和物质、生境为基础，通过食物链在生态系统中起到不同的作用，实现河流生物群落的演替，促进河流生态系统的生物多样性。其中，不同生物相互影响，彼此构成相互的生境条件，生境是生物栖息环境的基本单位。因此，在生态修复中要注重生境结构重建，通过对河流生物的调查分析，确定适宜的生境结构。同时，应当重视生态系统的食物链关系，只有构成生态金字塔底边的小型生物集群数量恢复，才能使位于金字塔顶端的高级消费者生存。

2. 河流四维理论

Ward将河流生态系统描述为四维结构，即具有纵向、横向、竖向和时间尺度的生态系统。

纵向上，从河源到河口均发生物理、化学和生物变化。生物物种和群落随上中下游河流条件的连续变化而调整和适应。因此，保持河流纵向的连续性和河段的自然条件是河流生态修复的重点。

横向上，河流与其周围环境的横向流通性形成了复杂的系统，存在着能量流、信息流和物质流等联系。自然的水文循环产生的洪水漫溢—回落的脉冲水文过程，是营养物质迁移扩散和促进水生动物繁殖的过程。

竖向上，不仅地下水与河流水文及化学成分存在联系，河流底部的有机物也发生着相互作用，该部分的生物量远远大于河流底栖生物量。因此，生态修复中应保持河流竖向和侧向的水力连通性。

时间尺度上，河流四维理论强调在河流生态修复中重视河流演进历史和特征。需要对历史资料进行收集、整理，以掌握长时间尺度的河流变化过程与生态现状的关系，从而为生态修复设计提供依据。

3. 串连非连续体理论

串连非连续体概念是 Ward 和 Starford 为完善河流连续体概念而提出的理论，目的是考虑梯级水坝引起的河流连续性中断产生的生态影响。定义了两组参数来评估水坝对于河流生态系统结构与功能的影响。一组参数为“非连续性距离”，指水坝对于上下游影响范围的沿河距离；另一组参数为强度，为径流调节引起的参数绝对变化，反映水坝运行期内人工径流调节造成影响的程度。

4. 近岸保持力理论

河流廊道包括河道本身以及河道两侧的滩地、岸坡缓冲带和台地，Schiemer 等基于对渠化河道提出了近岸保持力概念。近岸保持力的概念认为，近岸地貌与水文因子的交互作用创造了丰富的生境条件。河流蜿蜒性及散布的沙洲、江心岛和河湾等地貌条件，以及水文条件决定的局部流速和温度分布格局，能营造多样的生境。同时，近岸区域的高度蜿蜒性提供了生物幼体需要的动态生境和避难所。但是传统河道整治工程改变了沿岸群落交错带的结构性质，降低了主流与滩区的连通性，从而降低了近岸保持力。因此，在河流生态修复中，应当注重对河流蜿蜒性、滩地及岸缘的整治，并结合水生生物特性进行生境加强结构的营造，增强近岸保持力。

5. 空间异质性理论

空间异质性指生态学过程和格局空间分布的不均匀性及复杂性。主要强调空间缀块的种类组成特征及空间分布。有关生物群落研究的大量资料表明，生物群落多样性与非生物环境的空间异质性存在正相关关系，反映着生命支持系统与生命系统之间的依存和耦合关系。

由于河流形态异质性形成了流速、流量、水深、水温、水质、水文脉冲变化、河床材料构成等多种生态因子的异质性，造就了生境多样性，形成了丰富的河流生物群落多样性。在生态修复中，应当遵循空间异质性理论，对缀块的面积、形状、数量、分布和性质进行分析，力求营造大量的生境缀块。在满足缀块核心区稳定的同时，与其他缀块有效连接，防止河流生境破碎化，提高河流纵向的蜿蜒性、河流横断面形态的多样性、河床材料的透水性和多孔性，保证物质流、能量流和信息流的畅通。

1.5 本手册适用范围和目标

本手册中的生态修复针对的是处于或流经城镇建成区的河道，受到明显的人类生活生产活动的影响。城市河道生态修复是以基本完成河流水污染治理为前提的，即已基本完成点源污染治理，入河污水得到控制，基本满足水生动植物生长繁殖条件等。

城市河道生态修复工作主要包括：

（1）通过补水或水利设施优化调度等措施恢复河流水文节律。

（2）通过对河流横向断面、纵向岸线、河床形态和水流形态等的改造，重建和改善河流物理生境条件。

（3）采取必要的原位或旁路水质净化措施，维持或改善水质。

（4）通过种植水生植物或引种水生动物等人工调控手段，恢复河流生物多样性。

河流生态修复的目标，是重建或改善河流生物的栖息条件，维持或进一步提升河流水质，恢复河流生态廊道功能和河流生物多样性，使河流生态系统达到近自然的健康和稳定状态。

城市河道生态修复的工作内容

2.1 生态修复总体工作思路

（1）资料收集、现状调查与分析，对城市河道构筑物、水文、水质、污染源、引排水、水生态、底质等现状进行调查，同时收集相关历史资料；在现状调查及资料收集的基础上，进行城市河道相关问题的分析及诊断；收集相关规划，分析规划对工程河流建设的要求。

（2）确定城市河道生态修复总体方案，提出适宜目标，生态修复理念，综合工程河流的特点、现状调查分析成果及相关规划等，确定河流生态修复的具体目标，并明确河流生态修复的工程任务。

（3）从水质改善、水文情势改善、河流地貌修复、生物多样性保护修复等方面，根据不同河段的特点及问题，进行分段分区治理，确定不同河段的生态修复内容和重点措施。

（4）提出城市河道生态修复的投资、社会经济效益等。

（5）根据工程河流特点提出后期管理维护的相关方案，提出管理维护的人员配置要求及相关费用的估算，并提出跟踪评估的相关要求，列出评估的方法和监测的频次、指标、周期等内容。

生态修复总体工作思路如图 2－1 所示。

2.2 河流现状调查、健康评价

2.2.1 河流现状调查

2.2.1.1 水文条件调查

水文条件调查应按现行行业标准《水文调查规范》（SL 196—2015）规定方法进行水文调查，包括：应分丰水期、枯水期和平水期三季对城市河道水文状况进行调查；每公里城市河道调查样点不应少于 1 个；应查询城市河道的引配水资料等。

水文水资源调查内容包括流域概况、水资源、水文情势、历史暴雨洪水及干旱等，具体如下：

（1）流域概况调查包括流域面积、水系概况、气象特征、泥沙、水文气象站网位置等。

（2）水资源调查包括地表水资源、地下水资源、水资源总量和水资源开发利用情况；

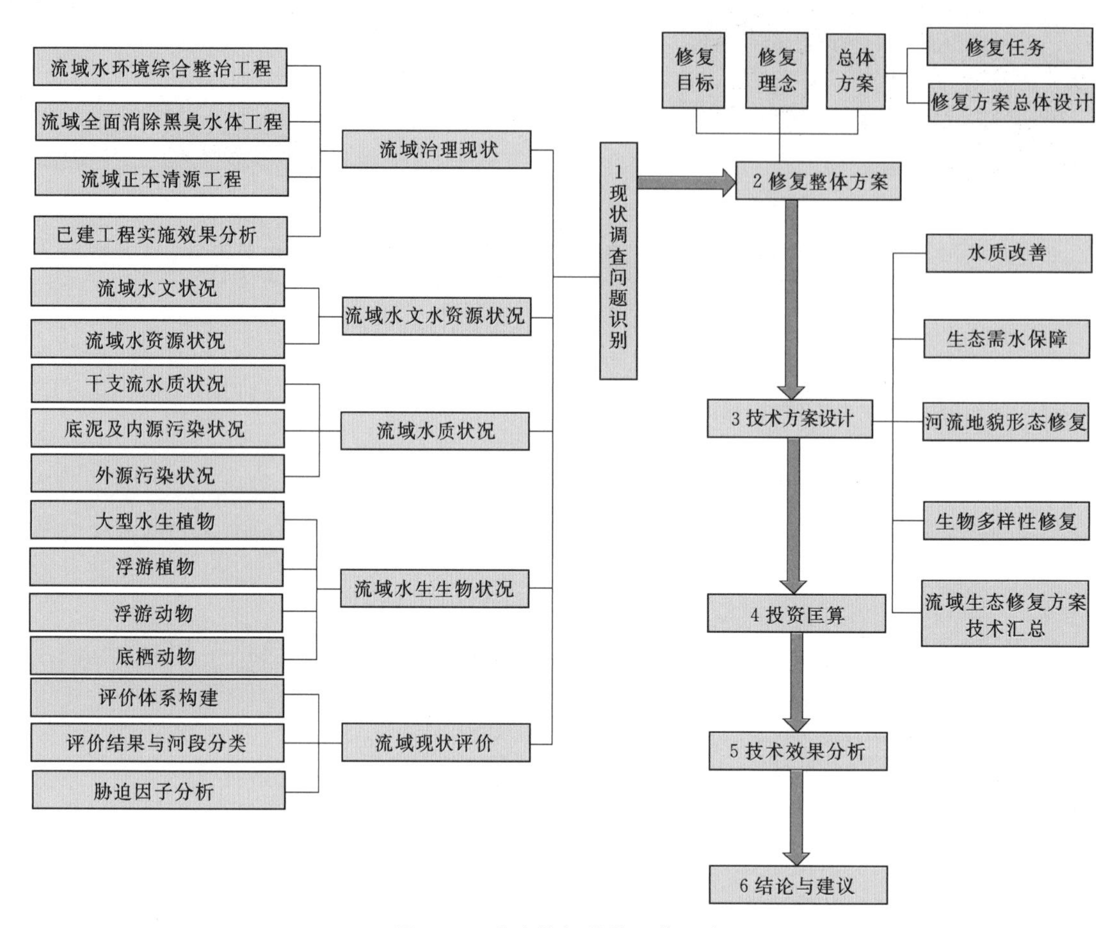

图 2-1　生态修复总体工作思路

地表水资源包括地表水资源量、径流深和径流模数，地下水资源包括地下水资源量、地下水资源模数和地下埋深，水资源开发利用状况包括生产、生活、生态用水状况及水资源开发利用强度。

（3）水文情势调查包括月均流量、年流量极值和持续时间，年流量极值发生的时机，高、低流量脉冲的频率和持续时间，日间流量变化率以及河道平滩流量等。

（4）历史暴雨洪水及干旱调查包括历史暴雨的起讫时间、强度和过程，历史洪水位和洪水涨落变化及其影响，干旱影响范围及时间等。

生态需水调查包括河道内生态基流和敏感生态需水及其过程；生态需水的计算方法应符合《水资源保护规划编制规程》（SL 613—2013）的有关规定。

2.2.1.2　水质调查与诊断

城市河道水质的调查，应符合《地表水和污水监测技术规范》（HJ/T 91—2002）的要求，对城市河道水质进行采样调查。水质状况调查包括水体质量状况调查、沉积物污染状况调查及污染源调查，具体如下：

（1）水体质量状况调查项目包括水温、pH、氯化物、硫化物、总硬度等天然水化学指标，溶解氧、高锰酸盐指数、化学需氧量、生化需氧量、氨氮、总氮、总磷、重金属、透明度、叶绿素 a 等表征污染物的指标等，必要时可包括《地表水环境质量标准》（GB 3838—2002）规定的集中式生活饮用水地表水源地补充项目。

（2）沉积物污染状况调查包括河漫滩沉积物、河床沉积物及水体泥沙悬浮物调查。

开展水体质量状况调查和沉积物污染状况调查时，采样断面的布设方法与要求，采样方式与方法的选择，以及样品保存及运输要求等应符合有关规范规程的规定。

（3）污染源调查主要是对入河排污口进行调查，必要时应开展内源和面源调查。调查规划区内各水功能区入河排污口的废污水和主要污染物入河量，识别污染物主要来源。污染源调查应充分利用水利普查、排污口普查、污染源普查、水资源公报、水质旬报、相关统计年鉴及水质常规监测资料。无统计资料时可根据《水域纳污能力计算规程》（GB/T 25173—2010），采用实测法、调查统计法或者估算法确定。

2.2.1.3 底质调查

城市河道底质的调查应符合以下规定：

（1）应采用资料收集、现场勘查、实地采样、实验室监测相结合的方法进行调查。

（2）调查的内容应包括城市河道的底质和理化性质，其中理化性质需要测定的指标包括但不限于氨氮、总磷、总有机碳、重金属等，并应符合表 2-1 中沉积物样品理化性质分析方法。

表 2-1　沉积物样品理化性质的分析方法表

分析项目	测定方法
pH	玻璃电极法
有机质	重铬酸钾氧化法
水分	土壤水分测定法
可溶性盐分	质量法、电导法、离子加和法
全硫	艾氏卡法、库仑法和高温燃烧中和法
有效硫	磷酸盐—乙酸提取、硫酸钡比浊法
磷	土壤全磷测定法
全氮	半微量凯氏法
氨态氮	纳氏试剂法
硝态氮及亚硝态氮	还原蒸馏法、镀铜镉还原—重氮化偶合比色法
砷	二乙基二硫代氨基甲酸银光度法、硼氢化钾-硝酸银分光光度法、氢化物发生原子吸收法、氢化物发生原子荧光法、电感耦合等离子体原子发射光谱法（ICP-AES）/电感耦合等离子体质谱（ICP-MS）
镉	火焰原子吸收法（KI-MIBK）、萃取火焰原子吸收法、石墨炉原子吸收法、电感耦合等离子体原子发射光谱法（ICP-AES）/电感耦合等离子体质谱（ICP-MS）
铬	火焰原子吸收分光光度法、二苯碳酰二肼分光光度法、硫酸亚铁铵滴定法、电感耦合等离子体原子发射光谱法（ICP-AES）/电感耦合等离子体质谱（ICP-MS）
铜	火焰原子吸收法、石墨炉原子吸收法、铜试剂光度法、电感耦合等离子体原子发射光谱法（ICP-AES）/电感耦合等离子体质谱（ICP-MS）

续表

分析项目	测定方法
汞	冷原子吸收法、冷原子荧光光谱法、电感耦合等离子体原子发射光谱法（ICP－AES）/电感耦合等离子体质谱（ICP－MS）
铅	火焰原子吸收法、石墨炉原子吸收法
锌	火焰原子吸收法
锰	火焰原子吸收法
铁	火焰原子吸收法
钴	火焰原子吸收法 5Cl－PADAP、光度法 5－Br－PADAP、光度法、电感耦合等离子体原子发射光谱法（ICP－AES）/电感耦合等离子体质谱（ICP－MS）
农药	气相色谱法/质谱法
PAH－PCBs	气相色谱法（GC）/质谱法（MS）
镍	火焰原子吸收法、锡试剂萃取光度法 5－Br－PADAP、光度法

2.2.1.4 生态调查与诊断

城市河道水生生物的调查对象应包括河岸带植被、大型水生植物、鱼类、底栖动物及浮游生物。

1. 城市河道水生生物的调查

城市河道水生生物的调查应符合下列规定：

（1）河岸带植被、大型水生植物和鱼类的调查时间应选在植被和鱼类生长最旺盛的季节。

（2）底栖动物及浮游生物的调查点位和频次，应与河道水质调查一致。

2. 河岸带植被的调查

河岸带植被的调查应符合下列规定：

（1）宜选用踏查的方法了解河岸带植被的概况，并进行植被健康评估。踏查法是沿河岸带行走，记录所看到的河岸带宽度、植被类型、优势物种、物种分布以及高度、盖度等生长和简单群落特征的一种调查方法。

（2）踏查法宜采用样带法或样线法进行。由于河岸带长度长，全河流的河岸带调查费时费力，花费巨大且无必要，因此踏查时可主要选择样区进行。踏查采用样带法或样线法进行，每样区可以根据情况选择 50m 或更长距离的样带（线），每个样区做 3 个重复调查，调查记录每样带内的树种、灌木、草本物种分布等特征。

（3）调查人员应具有植被物种识别基础能力，应采集标本或拍照记录物种信息。

（4）应至少开展 3 组重复调查，以保证数据有统计学意义。

（5）应记录河岸带土地利用特征信息，以及河岸带周围的土地利用情况和人类活动情况。由于河岸带受人类活动影响严重，因此河岸带调查时通常记录河岸带土地利用特征信息，以及河岸带周围的土地利用和人类活动情况。

3. 大型水生植物的调查

大型水生植物的调查应符合下列规定：

（1）选择有代表性的植被类型作为调查断面和采样点，并对水生植物种类、盖度等进行调查。

（2）设置水生植被调查断面和采样点，记录其经纬度坐标、生境特征，并拍摄水生植物群落照片。

（3）在各采样点，对大型水生植物进行直接观察记录种类，同时对每种植物的花、叶、果实等特征及野外生长情况拍照，准确地鉴定植物的属、种。

4. 鱼类的调查方法

鱼类的调查方法应符合下列规定：

采用事前调查和现场调查两个步骤。

（1）事前调查从文献调查和社会走访两方面进行调查。

1）文献调查。主要对当地近20年的鱼类自然生存、增殖、引进移植的种类进行文献查阅。

2）社会走访调查。在进行访问调查时应以当地水产管理部门、当地水产科学研究院及当地老水产工作者为主要访问对象。了解近几年当地鱼类种类组成、洄游鱼类的溯河/降河时期、禁渔期、稀有鱼类的分布状况、主要鱼类的产卵场、放流起点、渔获情况及相关水体重大变化情况并记录，为进行现场调查起到指导作用。

（2）现场调查主要包括调查时间设定、调查断面确定及渔获物采集方法三部分。

1）调查时间设定。调查时间设定在一年四季每个季节的中旬、在鱼类繁殖季节临时增加或延长调查时间；在时间、条件许可情况下需要常年连续调查。

2）调查断面确定。在进行的事前调查材料基础上确定某一水域的若干个采样断面。

3）渔获物采集方法。根据采样断面实际渔业生态环境分类情况，划分为两类主要采集方法：①以围（拖）网具为主要渔法进行渔获物采集：本方法主要适用于水库（湖泊）的渔获物采集；②以定置网具为主要渔法进行渔获物采集：河流采样断面的渔获物采集以定置网具为主要渔法，并附以其他可采用的方法（目前以电捕居多）进行渔获物采集。

在进行鱼类现场调查采集渔获物过程中，对有代表性采集方法的过程进行录像、拍照，特别是对不易采集到的种类及时进行录像、拍照，将会是渔获物调查结果分析的有益补充。在进行鱼类现场调查之前，一定要向有关部门办理好采捕手续，如在禁渔期、禁渔区采集鱼类标本的证明和准捕证等。

5. 大型底栖动物的调查

大型底栖动物的调查应符合下列规定：

（1）选用盒式采泥器、蚌斗式采泥器、埃克孟氏采集器或三角拖网进行采集。

（2）采样点选择具有突出水域特性的地区和地带。

采样点要反映整个水体的基本状况，因此在选点之前，要根据水体的详细地形图，对其形态及环境进行了解，从而根据不同环境特点（如水深、底质、水生植物等）设置断面和采样点，一般选择城市河道的上、中、下三段。

（3）每季度采样1次，最低限度应在春季和夏末秋初各采样1次。

（4）采样时，先记录当时的天气、气温、水温、透明度、水深，然后进行采样，再记录底质及水生植物情况。

（5）采样时每个采样点上的大型和小型底栖动物各采2次样品。

6. 浮游生物的调查

浮游生物的调查应符合下列规定：

（1）选用尼龙绢制的长圆锥形网袋或采水器进行采集。

（2）采集点选择应具有代表性。

城市河道生态系统问题的诊断，应根据城市河道水生生物调查的结果，通过对被调查类群的多样性、丰富度和完整性等相关指数计算，对城市河道水生生物的多样性和完整性进行系统评估。

水生生物调查包括鱼类、水生哺乳动物、底栖动物、大型水生植物、浮游动植物和着生藻类等。应重点调查规划区内土著、珍稀、濒危及特有物种，以确定河湖生态系统的重点保护目标物种，并详细调查该物种的种群动态、生态习性和生活史；对鱼类还应调查产卵场、索饵场、越冬场和洄游通道的分布等。可参照《渔业生态环境监测规范　第2部分：海洋》(SC/T 9102.2—2007）及《水库渔业资源调查规范》(SL 167—2014）等相关规范的要求。

2.2.2 河流健康评价

河流健康是河流生态系统的一种状态，在这种状态下，河流生态系统保持结构完整性并具有恢复力，同时满足社会可持续发展的需要。河流生态系统结构完整性包括河流的物理、化学和生物三个方面，社会可持续发展的需要是指河流可以持续为人类社会提供服务的能力。

在可持续发展理念的指导下，河流健康评估是指能够满足河流管理工作对河流状况评估需求的一种技术方法。河流健康评估能够分析河流生态系统在自然力与人类活动双重作用下的变化趋势，力图通过管理促进河流生态系统向良性方向发展。

通过对河流水生生态系统的调查与分析，全面建立河流的水文、水质、地貌、生物和社会经济5个方面的河流健康评估体系，科学评估河流水生生态系统的健康状况及河流生态系统自我修复潜能，找出河流健康问题的症结，进一步科学指导治河方略。通过建立河流生物大数据库，兼顾工程治河和生态治河两条线，为系统、长期、精准、有效的治理河流提供重要的基础数据，为最终实现河流生态修复目标提供第一手数据支持。

2.2.2.1 指标选择的原则

（1）科学认知原则。基于现有的科学认知，可以基本判断其变化驱动成因的评估指标。

（2）数据获得原则。评估数据可以在现有监测统计成果基础上进行收集整理，或采用合理（时间和经费）的补充监测手段可以获取的指标。

（3）评估标准原则。基于现有成熟或易于接受的方法，可以制定相对严谨的评估标准的评估指标。

（4）相对独立原则。选择的评估指标内涵不存在明显重复。

2.2.2.2 指标体系构建

河流健康评估指标体系采用目标层、准则层和指标层3级体系，如图2-2所示。

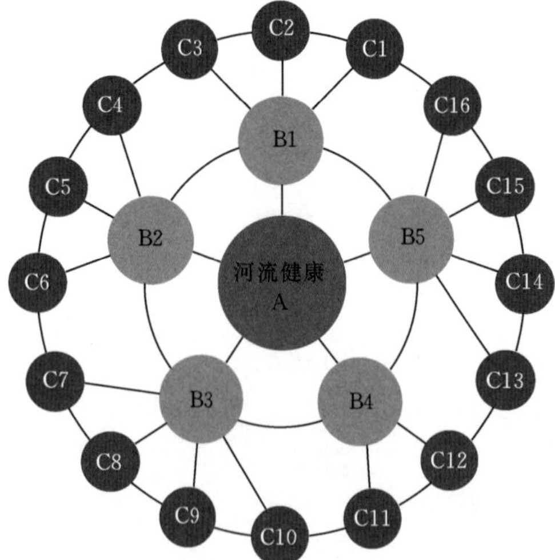

图2-2　河流健康指标体系结构图

目标层指的是河流健康，准则层包括 5 个方面，分别是生物指标 B1、社会服务功能指标 B2、物理结构指标 B3、水文水资源指标 B4 和水质指标 B5。在准则层下又分为 16 个指标层，详见表 2-2。

表 2-2　　河流健康评估指标体系

目标层	代码	准则层	代码	河流指标层	代码
河流健康	A	生物指标	B1	E/O 指数	C1
				Palmer 藻类污染指数	C2
				底栖动物 BMWP 记分	C3
		社会服务功能指标	B2	水功能区达标指标	C4
				水资源开发利用指标	C5
				防洪指标	C6
		物理结构指标	B3	河岸岸坡稳定性	C7
				河岸植被覆盖率	C8
				河岸人工干扰程度	C9
				河流连通阻隔状况	C10
		水文水资源指标	B4	流量过程变异程度	C11
				生态流量保障程度	C12
		水质指标	B5	DO 水质状况	C13
				耗氧有机物污染状况	C14
				总磷污染状况	C15
				重金属污染状况	C16

1. 生物指标准则层 B1

生物指标准则层 B1 包含 E/O 指数 C1、Palmer 藻类污染指数 C2 和底栖动物 BMWP 记分 C3 三个指标。

(1) E/O 指数 C1。应用浮游动物中—富营养型种（E）和贫—中营养型种（O）种数比值（E/O）来判定水体类型。具体的浮游动物中—富营养型种（E）和贫—中营养型种（O）种类见表 2-3。

表 2-3　　浮 游 动 物 种 类

中文名	拉丁名	中文名	拉丁名
贫—中营养型种（O）			
隅齿刺镖水蚤	*Acanethodiaptomus douticornis*	水生枝胃轮虫	*Euteroplea lacustris*
钳形猪吻轮虫	*Dioranophorut forcipatus*	瘤突腹尾轮虫	*Gastropus stylifer*
吕氏猪吻轮虫	*Dioranophorut lvlkeni*	卵形彩胃轮虫	*Chromogaster ovalis*
钩形猪吻轮虫	*Dioranophorut unvinalus*	弧形彩胃轮虫	*C. lesludo*
连锁柔轮虫	*Lindia torulosa*	舞跃无柄轮虫	*Ascomorpha saltans*
卵形鞍甲轮虫	*Lepadella ovalis*	没尾无柄轮虫	*A. ecaudis*

续表

中文名	拉丁名	中文名	拉丁名
尖尾鞍甲轮虫	*Lepadella acuminala*	纵长异尾轮虫	*Trichocerca sallans*
截头鬼轮虫	*Truchotria truncata*	圆筒异尾轮虫	*Trichocerca cylindrica*
真跨轮虫	*Eudactylata eudactylata*	暗小异尾轮虫	*Trichocerca pusilla*
板胸细脊轮虫	*Lophocharis oxysternon*	鼠异尾轮虫	*T. rattus*
裂痕龟纹轮虫	*Anuraeopsis fissa*	郝氏皱甲轮虫	*Ploesoma hudsoni*
唇形叶轮虫	*Notholoa kabis*	截头皱甲轮虫	*P. truncatum*
长刺盖氏轮虫	*Kellicottla longispina*	双齿镜轮虫	*Testudinella bidentata*
罗氏腔轮虫	*Lecane ludwigii*	海神沼轮虫	*Limnias melicerta*
许立克晶囊轮虫	*Asplanchna*	团状聚花轮虫	*Conochilus hippocrepis*
多突囊足轮虫	*Asplanohnopus multiceps*	独角聚花轮虫	*C. unicornis*
巨长肢轮虫	*Monommata grandis*	叉角拟囊花轮虫	*Conochiloides dossuariu*
细长肢轮虫	*Monommata longiseta*	敞水胶鞘轮虫	*Collotheca pelagica*
龙大椎轮虫	*Notommata copeus*	无常胶鞘轮虫	*C. mutabalis*
番犬椎轮虫	*Notommata oerberus*	单肢溞	*Holopedium gibberum*
拟番犬椎轮虫	*Notommata pseudoocerberus*	尖额湖仙达溞	*Limnosida frontosa*
三足椎轮虫	*Notommata tripus*	短尾秀体溞	*Diaphanosoma brachyurum*
粗壮侧盘轮虫	*Pleurotrocha robusta*	长刺溞	*Daphnia longinspina*
纵长晓柱轮虫	*Nothinia elongata*	小栉溞	*D. cristata*
黑斑索轮虫	*Restioula melandocus*	长刺型筒弧象鼻溞	*Bosmina coregoni forma longispina*
小巨头轮虫	*Cophalodella eaigna*	钝额型筒弧象鼻溞	*B. coregoni forma oblusirostris*
高跨轮虫	*Scaridium longicaudum*	长刺尾突溞	*Bythotrephes longimonus*
三角间足轮虫	*Mrtadiaschiza trigona*	尾肢湖镖水蚤	*Limnocalanus macrurus*
中—富营养型种（E）			
长足轮虫	*Rotaria neptunia*	沟痕泡轮虫	*Pomphplyx sulcata*
转轮虫	*R. rotatoria*	奇异巨腕轮虫	*Pedalia mira*
懒轮虫	*R. ardigrada*	长三肢轮虫	*Filinia longiseta*
玫瑰旋轮虫	*Philadina roseola*	迈氏三肢轮虫	*Filinia maior*
红眼旋轮虫	*Philodina erythrophthalma*	群栖巨冠轮虫	*Sinantherina socialia*
尾猪吻轮虫	*Dicronophorus caudatus*	瓣状胶鞘轮虫	*Collotheca ornala*
臂尾轮虫	*Brachionus* sp.	囊形单趾轮虫	*Monostyla bulla*
偏斜型钩状狭甲轮虫	*Colurella uscinata forma deflera*	大型溞	*Daphnia magna*
裂足轮虫	*Schizocerca diversicornis*	隆线溞	*D. carinata*
四角平甲轮虫	*Platyias quadricornis*	蚤状溞	*D. pulex*
十指平甲轮虫	*Platyias militaris*	僧帽溞	*D. cucullata*
剑头棘簪轮虫	*Mytilina mucronata*	裸腹溞	*Moina* sp.

续表

中文名	拉丁名	中文名	拉丁名
小须足轮虫	*Euchlanis parva*	长额象鼻溞	*Bosmina longirostria*
椎尾水轮虫	*Epiphaes senta*	简弧象鼻溞	*Bosmina corregoni*
臂尾水轮虫	*E. braohiones*	粗角型简弧象鼻溞	*Bosmina corregoni forma crassicornis*
无甲腔轮虫	*Lecane inermis*	圆形盘肠溞	*Chydorus sphaericus*
卜氏晶囊轮虫	*Asplauchna brighlulli*	科莲剑水蚤	*Cyclops kolexsis*
迈氏盲囊轮虫	*Itura myersi*	肥厚中剑水蚤	*Mesocyclops crassus*
耳叉椎轮虫	*Notommata aurita*	长圆疣毛轮虫	*Synchaela oblonga*
弯趾椎轮虫	*Notommata cyrtopus*	盘镜轮虫	*Testedine patina*
粘岩侧盘轮虫	*Pleurotrocha pstromyzon*		
剪形巨头轮虫	*Cephalodella foficula*		
凸背巨头轮虫	*C. gibba*		
截头巨头轮虫	*C. incila*		
对棘同尾轮虫	*Diurella stylata*		

E/O 值对应的赋分标准见表 2-4。

表 2-4　　E/O 值赋分表

E/O 值	营养类型	赋分	E/O 值	营养类型	赋分
<0.5	贫营养型	100	1.6～5.0	富营养型	25
0.5～1.5	中营养型	75	>5.0	超富营养型	0

（2）Palmer 藻类污染指数 C2。利用不同属的耐受污染藻类污染指数值，对监测位点水体受污染程度进行评价的一种生物指数。

根据藻类对有机污染耐受程度的不同，对能耐受污染的 20 属藻类，分别给予不同的污染指数值。按照指数分值分布范围，对监测位点水体质量状况进行评价。Palmer 分值越小表明水体质量越好。根据水样中出现的藻类，计算总污染指数。根据水样中出现的藻类，按表 2-5 中给出的污染指数值计算总污染指数。

表 2-5　　藻类的污染指数值表

属　名	污染指数值	属　名	污染指数值
集胞藻属	1	微芒藻属	1
纤维藻属	2	舟形藻属	3
衣藻属	4	菱形藻属	3
小球藻属	3	颤藻属	5
新月藻属	1	实球藻属	1
小环藻属	1	席藻属	1
裸藻属	5	扁裸藻属	2
异极藻属	1	栅藻属	4
鳞孔藻属	1	毛枝藻属	2
直链藻属	1	针杆藻属	2

Palmer藻类污染指数评价赋分参照表2-6。

表2-6　**Palmer藻类污染指数评价赋分表**

指数	>20	15～20	5～14	<5
污染状况	重污染	中污染	轻污染	无污染
赋分	0	25	75	100

（3）底栖动物BMWP记分C3。BMWP记分系统（Biological Monitoring Working Party Scoring System）的定义是：利用不同大型底栖动物对有机污染有不同的敏感性/耐受性，按照各个类群的耐受程度给予分值，来评价水环境质量的一种生物指数。BMWP记分系统以大型底栖动物为指示生物。BMWP评价原理是基于不同的大型底栖动物对有机污染（如富营养化）有不同的敏感性/耐受性，按照各个类群的耐受程度给予分值。按照分值分布范围，对监测位点水体质量状况进行评价。BMWP分值越大表明水体质量越好。

BMWP记分系统以科为单位，每个样品各科记分值（表2-7）之和，即为BMWP分值，样品中只有1～2个个体的科不参加记分。

表2-7　**大型底栖动物类群记分值表**

类群	科	记分值
蜉蝣目	短丝蜉科、扁蜉科、细裳蜉科、小蜉科、河花蜉科、蜉蝣科	10
襀翅目	带襀科、卷襀科、黑襀科、网襀科、襀科、绿襀科	
半翅目	盖蝽科	
毛翅目	石蛾科、枝石蛾科、贝石蛾科、齿角石蛾科、长角石蛾科、瘤石蛾科、鳞石蛾科、短石蛾科、毛石蛾科	
十足目	正螯虾科	8
蜻蜓目	丝蟌科、色蟌科、箭蜓科、大蜓科、蜓科、伪蜻科、蜻科	
蜉蝣目	细蜉科	7
襀翅目	叉襀科	
毛翅目	原石蛾科、多距石蛾科、沼石蛾科	
螺类	蜒螺科、田螺科、盘蜷科	6
毛翅目	小石蛾科	
蚌类	蚌科	
端足目	蜾裸蜚科、钩虾科	
蜻蜓目	扇蟌科、细蟌科	
半翅目	水蝽科、尺蝽科、黾蝽科、蝽科、潜蝽科、仰蝽科、固头蝽科、划蝽科	5
鞘翅目	沼梭科、水甲科、龙虱科、豉甲科、牙甲科、拳甲科、沼甲科、泥甲科、长角泥甲科、叶甲科、象鼻虫科	
毛翅目	纹石蛾科、经石蚕科	5
双翅目	大蚊科、蚋科	
涡虫	真涡虫科、枝肠涡虫科	

续表

类群	科	记分值
蜉蝣目	四节蜉科	4
广翅目	泥蛉科	
蛭纲	鱼蛭科	
螺类	盘螺科、螺科、椎实螺科、滴螺科、扁卷螺科	3
蛤类	球蚬科	
蛭纲	舌蛭科、医蛭科、石蛭科	
虱类	栉水虱科	
双翅目	摇蚊科	2
寡毛类	寡毛纲	1

BMWP 的评价赋分标准见表 2-8。

表 2-8　BMWP 的评价赋分标准

BMWP 记分值	等级	说明	赋分
>100	优	未受污染	100
71～100	良	轻微污染	75
41～70	中	中度污染	50
11～40	差	污染	25
0～10	劣	重度污染	0

2. 社会服务功能指标准则层 B2

社会服务功能指标准则层 B2 包含水功能区达标指标 C4、水资源开发利用指标 C5 和防洪指标 C6 三个指标。

(1) 水功能区达标指标 C4。以断面水质达标率表示。水功能区水质达标率是指对评估河流所包括的监控断面，按照《地表水资源质量评价技术规程》(SL 395—2007) 规定的技术方法确定的水质达标个数的比例。该指标重点评估河流水质状况与水体规定功能，包括生态与环境保护和资源利用（饮用水、工业用水、农业用水、渔业用水、景观娱乐用水）等的适宜性。断面水质满足水体规定水质目标，则该断面的规划功能的水质保障得到满足。

评估年内断面达标次数占评估次数的比例大于或等于 80%的水功能区确定为水质达标水功能区，评估河流达标断面个数占断面总个数的比例，为评估河流断面水质达标率。

$$C4r = WFZP \times 100\% \tag{2-1}$$

式中：$C4r$ 为评估河流断面水质达标率指标赋分；$WFZP$ 为评估河流断面水质达标率。

(2) 水资源开发利用指标 C5。以水资源开发利用率表示。水资源开发利用率是指评估河流流域内供水量占流域水资源量的百分比。水资源开发利用率表达流域经济社会活动对水量的影响，反映流域的开发程度，反映了社会经济发展与生态环境保护之间的协调性。

应该按照人水和谐的理念，确定水资源开发利用的合理限度，既可以支持经济社会合理的用水需求，又不对水资源的可持续利用及河流生态造成重大影响。因此，过高和过低的水资源开发利用率均不符合河流健康要求。

因此，水资源开发利用率指标赋分模型呈抛物线（图2-3），在30%～40%时为最高赋分区，过高（超过60%）和过低（0%）时开发利用率均赋分为0。

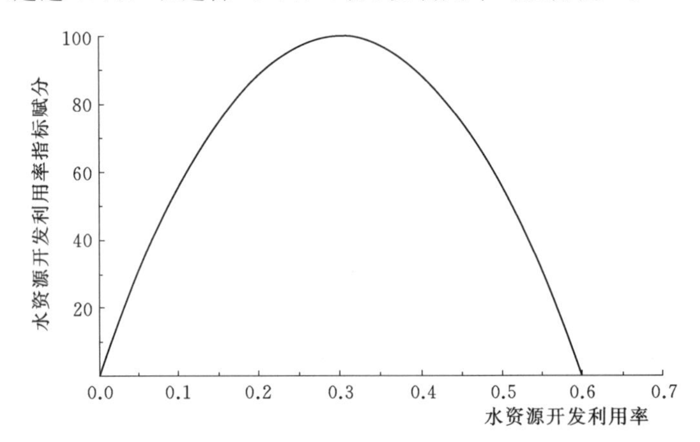

图2-3 水资源开发利用率指标赋分公式模型

概念模型公式为

$$C5r = -1111.11WRU^2 + 666.67WRU \tag{2-2}$$

式中：$C5r$ 为评估河流流域水资源开发利用率指标赋分；WRU 为评估河流流域水资源开发利用率。

（3）防洪指标C6。河流防洪指标C6评估河道的安全泄洪能力。影响河流安全泄洪能力的因素较多，其中的防洪工程措施和非工程措施的完善率是重要方面。防洪指标重点评估工程措施的完善状况。防洪指标赋分标准见表2-9。

$$C6r = \frac{\sum_{n=1}^{N}(RIVL_n \times RIVB_n)}{RIVL} \tag{2-3}$$

式中：$C6r$ 为河流防洪指标；$RIVL_n$ 为有防洪任务河段的长度；n 为评估河流根据防洪规划划分的河段数量；$RIVB_n$ 为根据河段防洪工程是否满足规划要求进行赋值：达标，$RIVB_n=1$，不达标，$RIVB_n=0$；$RIVL$ 为评估流域河流总长度，km。

表2-9 防洪指标赋分标准

防洪指标	95%	90%	85%	70%	50%
赋分	100	75	50	25	0

3. 物理结构指标准则层B3

物理结构指标准则层B3包含河岸岸坡稳定性C7、河岸植被覆盖率C8、河岸人工干扰程度C9和河流连通阻隔状况C10四个指标。

（1）河岸岸坡稳定性C7。按照构成河岸的地貌类型划分，河流河岸分为三类：

1）河谷河岸，多位于山区河流，河岸由河谷谷坡构成，河道断面呈V形结构。

2）滩地河岸，由枯水季节河漫滩边坡构成，常见于冲积河流的下游河段。

3）堤防河岸，由洪水季节河道堤防的边坡构成。

按照河岸基质可以划分为：①基岩河岸，河岸由基岩组成；②岩土河岸，河岸下部由近代基岩，上部由近代沉积物组成；③土质河岸，河岸由更新世纪沉积物或近代沉积物组成。

其中土质河岸可以进一步分为：

1）非黏土河岸，河岸土体组成在垂向上的分层结构不明显，主要由沙和沙砾为主组成，中值粒径大于0.1mm。

2）黏土河岸，河岸土体组成在垂向上的分层结构不明显，主要由细沙、粉粒、黏粒和胶粒组成，中值粒径小于0.1mm。

3）混合土河岸，河岸土体组成在垂向上的分层结构明显，一般上部为非黏土层，下部为黏土层。

河岸失稳的动力因素包括两类：①河岸冲刷，指近岸水流对河岸坡脚的泥沙颗粒或团粒冲蚀；②河岸坍塌，水面以上岸坡的土块在内外各种因素的作用下失稳乃至发生坍塌。

河岸稳定性指标根据河岸侵蚀现状（包括已经发生的或潜在发生的河岸侵蚀）评估。河岸易于侵蚀可表现为河岸缺乏植被覆盖、树根暴露、土壤暴露、河岸水力冲刷、坍塌裂隙发育等。河岸岸坡稳定性评估要素包括：岸坡倾角（SAr）、河岸高度（SHr）、基质特质（SMr）、岸坡植被覆盖度（SCr）和坡脚冲刷强度（STr）。按照下式计算岸坡稳定性赋分。

$$C7r=\frac{SAr+SCr+SHr+SMr+STr}{5} \tag{2-4}$$

河岸稳定性评估指标赋分标准见表2-10。

表2-10　河岸稳定性评估指标赋分标准

岸坡特征	稳定	基本稳定	次不稳定	不稳定
分值	90	75	25	0
岸坡倾角/(°)	<15	<30	<45	<60
岸坡植被覆盖度/%	>75	>50	>25	0
河岸高度/m	<1	<2	<3	<5
基质特征	基岩	岩土河岸	黏土河岸	非黏土河岸
坡脚冲刷强度	无冲刷迹象	轻度冲刷	中度冲刷	重度冲刷
总体特征描述	近期内河岸不会发生变形破坏，无水土流失现象	河岸结构有松动发育迹象，有水土流失迹象，但近期不会发生变形和破坏	河岸松动裂痕发育趋势明显，一定条件下可以导致河岸变形和破坏，中度水土流失	河岸水土流失严重，随时可能发生大的变形和破坏，或已经发生破坏

（2）河岸植被覆盖率C8。复杂多层次的河岸植被是河岸带结构和功能处于良好状态的重要表征。植被相对良好的河岸带，对河流邻近陆地给予河流胁迫压力，具有较好的缓冲作用。河岸带水边线以上范围内乔木（6m以上）、灌木（6m以下）和草本植物的覆盖度是评估重点。

对比植被覆盖度评估标准（表2-11），分别对乔木（*TC*）、灌木（*SC*）及草本植物（*HC*）覆盖度进行赋分，并根据下式计算河岸植被覆盖度指标赋分值。

$$C8r=\frac{TCr+SCr+HCr}{3} \tag{2-5}$$

表2-11　河岸植被覆盖度指标直接评估赋分标准

植被覆盖度	说　明	赋　分
0	无该类植被	0
0～10%	植被稀疏	25
10%～40%	中度覆盖	50
40%～75%	重度覆盖	75
>75%	极重度覆盖	100

（3）河岸人工干扰程度C9。对河岸带及其邻近陆域典型人类活动进行调查评估，并根据其与河岸带的远近关系区分其影响程度。重点调查评估在河岸带及其邻近陆域进行的9类人类活动，包括：河岸硬性砌护、采砂、沿岸建筑物（房屋）、公路（或铁路）、垃圾填埋场或垃圾堆放、河滨公园、管道、农业耕种、畜牧养殖等。对评估河段，采用每出现一项人类活动减少其对应分值的方法，进行河岸带人类影响评估。表2-12所列9类活动的河段赋分为100分，根据所出现人类活动的类型及其位置减除相应的分值，直至0分。

表2-12　河岸带人类活动赋分标准

序号	人类活动类型	所在位置		
		河道内（水边线以内）	河岸带	河岸带临近陆域（小河10m以内，大河30m以内）
1	河岸硬性砌护		−5	
2	采砂	−30	−40	
3	沿岸建筑物（房屋）	−15	−10	−5
4	公路（或铁路）	−5	−10	−5
5	垃圾填埋场或垃圾堆放		−60	−40
6	河滨公园		−5	−2
7	管道	−5	−5	−2
8	农业耕种		−15	−5
9	畜牧养殖		−10	−5

（4）河流连通阻隔状况C10。河流连通阻隔状况，主要调查评估河流对鱼类等生物物种迁徙及水流与营养物质传递阻断状况。重点调查监测断面以下至河口（干流、湖泊、海洋等）河段的闸坝阻隔特征，闸坝阻隔分为四类情况：①完全阻隔（断流）；②严重阻隔（无鱼道、下泄流量不满足生态基流要求）；③阻隔（无鱼道、下泄流量满足生态基流要求）；④轻度阻隔（有鱼道、下泄流量满足生态基流要求）。

对评估断面下游河段每个闸坝按照阻隔分类分别赋分，然后取所有闸坝的最小赋分，按照下式计算评估断面以下河流纵向连续性赋分。

$$C10r = 100 + \min[(DAMR)_i, (GATEr)_j] \tag{2-6}$$

式中：$C10r$ 为河流连通阻隔状况赋分；$(DAMR)_i$ 为评估断面下游河段大坝阻隔赋分（$i=1$，…，$NDam$），$NDam$ 为下游大坝座数；$(GATEr)_j$ 为评估断面下游河段水闸阻隔赋分（$j=1$，…，$NGate$），$NGate$ 为下游水闸座数。

闸坝阻隔赋分见表 2-13。

表 2-13　闸坝阻隔赋分表

鱼类迁移阻隔特征	水量及物质流通阻隔特征	赋分
无阻隔	对径流没有调节作用	0
有鱼道，且正常运行	对径流有调节作用，下泄流量满足生态基流	−25
无鱼道，对部分鱼类迁移有阻隔作用	对径流有调节作用，下泄流量不满足生态基流	−75
迁移通道完全阻隔	部分时间导致断流	−100

4. 水文水资源指标准则层 B4

水文水资源指标准则层 B4 包含流量过程变异程度 C11 和生态流量保障程度 C12 两个指标。

（1）流量过程变异程度 C11。该指标为 1—12 月各月流量平均值或中值的变化率几何平均值。流量过程变异程度指现状开发状态下，评估河段评估年内实测月径流过程与天然月径流过程的差异。反映评估河段监测断面以上流域水资源开发利用，对评估河段河流水文情势的影响程度。

流量过程变异程度，由评估年逐月实测径流量与天然月径流量的平均偏离程度表达。计算公式为

$$C11 = \left[\sum_{m=1}^{12}\left(\frac{q_m - Q_m}{\overline{Q_m}}\right)^2\right]^{\frac{1}{2}} \tag{2-7}$$

式中：q_m 为评估年实测月径流量；Q_m 为评估年天然月径流量；$\overline{Q_m}$ 为评估年天然月径流量值，天然径流量按照水资源调查评估相关技术规划的还原量。

流量过程变异程度指标 $C11$ 的赋分标准为根据全国重点水文站 1956—2000 年实测径流与天然径流计算获得，见表 2-14。

表 2-14　流量过程变异程度指标赋分表

C11	赋　分	C11	赋　分
0.05	100	1.5	25
0.1	75	3.5	10
0.3	50	5	0

（2）生态流量保障程度 C12。河流生态流量是指，为维持河流生态系统的不同程度生态系统结构、功能而必须维持的流量过程。采用最小生态流量进行表征，即

$$C12_1 = \min\left(\frac{q_d}{\overline{Q}}\right)_{m=4}^{9}$$

$$C12_2 = \min\left(\frac{q_d}{\overline{Q}}\right)_{m=10}^{3} \tag{2-8}$$

式中：q_d 为评估年实测日径流量；$\overline{Q}$ 为多年平均径流量。

$C12_1$ 为4—9月日径流量占多年平均流量的最低百分比；$C12_2$ 为10月至翌年3月日径流量占多年平均流量的最低百分比。多年平均径流量采用不低于30年系列的水文监测数据推算。生态流量保障程度评估标准，采用水文方法确定的基流标准。赋分见表2-15，取其中赋分最小值为本指标的最终赋分。

表2-15　分期基流标准与赋分表

级别	栖息地定性描述	推荐基流标准（年平均流量百分数）		赋分
		$C12_1$：一般水期（10月至翌年3月）	$C12_2$：鱼类产卵育幼期（4—9月）	
1	最大	200%	200%	100
2	最佳	60%～100%	60%～100%	100
3	极好	40%	60%	100
4	非常好	30%	50%	100
5	好	20%	40%	80
6	一般	10%	30%	40
7	差	10%	10%	20
8	极差	<10%	<10%	0

5. 水质指标准则层B5

水质指标准则层B5包含DO水质状况C13、耗氧有机物污染状况C14、总磷污染状况C15和重金属污染状况C16四个指标。

(1) DO水质状况C13。DO为水体中溶解氧浓度，单位mg/L。溶解氧对水生动植物十分重要，过高和过低的DO对水生生物均造成危害，适宜值为4～12mg/L。

采用全年12个月的月均浓度，按照汛期和非汛期进行平均，分别评估汛期与非汛期赋分，取其最低赋分为指标的赋分。按照《地表水环境质量标准》(GB 3838—2002)，等于及优于Ⅲ类的水质状况满足鱼类生物的基本水质要求，因此采用DO的Ⅲ类限值5mg/L为基点。DO水质状况指标赋分标准见表2-16。

表2-16　DO水质状况指标赋分标准

DO>/(mg/L)	饱和率90%（或7.5）	6	5	3	2	0
DO指标赋分	100	80	60	30	10	0

(2) 耗氧有机物污染状况C14。耗氧有机物指导致水体中溶解氧大幅度下降的有机污染物，取高锰酸盐指数、化学需氧量、五日生化需氧量、氨氮4项对河流耗氧污染状况进行评估。

高锰酸盐指数、化学需氧量、五日生化需氧量、氨氮分别赋分。选用评估年12个月月均浓度，按照汛期和非汛期进行平均，分别评估汛期与非汛期赋分，取其最低赋分为水质项目的赋分，取4个水质项目赋分的平均值作为耗氧有机污染状况赋分。

根据《地表水环境质量标准》(GB 3838—2002)标准确定高锰酸盐指数(COD_{Mn})、化学需氧量(COD_{Cr})、五日生化需氧量(BOD_5)、氨氮(NH_3-N)赋分见表2-17。

表 2-17　　耗氧有机物污染状况指数赋分标准

COD_{Mn}/(mg/L)	2	4	6	10	15
COD_{Cr}/(mg/L)	15	17.5	20	30	40
BOD_5/(mg/L)	3	3.5	4	6	10
NH_3-N/(mg/L)	0.15	0.5	1	1.5	2
赋分	100	80	60	30	0

(3) 总磷污染状况 C15。根据《地表水环境质量标准》(GB 3838—2002) 标准确定总磷的赋分。赋分标准见表 2-18。

表 2-18　　总磷污染状况指数赋分标准

总磷 (以 P 计)/(mg/L)	0.02	0.1	0.2	0.3	0.4
赋分	100	75	50	25	0

(4) 重金属污染状况 C16。重金属污染是指含有汞、镉、铬、铅及砷等生物毒性显著的重金属元素及其化合物对水的污染。选取砷、汞、镉、铬 (六价)、铅等 5 项评估水体重金属污染状况。

汞、镉、铬 (六价)、铅及砷分别赋分，选用评估年 12 个月月均浓度，按照汛期和非汛期进行平均，分别评估汛期与非汛期赋分，取其最低赋分为水质项目的赋分，取 5 个水质项目最低赋分作为重金属污染状况指标赋分。

$$C16r=\min[ARr,HGr,CDr,CRr,PBr] \tag{2-9}$$

根据《地表水环境质量标准》(GB 3838—2002) 确定汞、镉、铬、铅及砷赋分，见表 2-19。

表 2-19　　重金属污染状况指标赋分标准

砷	0.05	—	0.1
汞	0.00005	0.0001	0.001
镉	0.001	0.005	0.01
铬 (六价)	0.01	0.05	0.1
铅	0.01	0.05	0.1
赋分	100	60	0

2.2.2.3 指标体系权重分析

1. 权重分析方法

(1) 层次分析法基本原理。层次分析法是系统工程中对非定量分析的一种简便方法，也是对人们主观判断作客观描述的一种有效方法。主要途径就是通过把问题层次化，根据问题的性质和要达到的总目标，将问题分解成不同的组成因素，并按照因素间的相互关联影响以及隶属关系将因素按不同层次聚集组合，形成一个多层次的分析结构模型。最终把系统分析归结为最低层 (供决策的方案措施等)，相对于最高层 (总目标) 的相对重要性权值的确定或相对优劣次序的排序问题。层次分析法的基本步骤如下：第一是建立层次结构模型；第二是构造两两比较判断矩阵；第三是由判断矩阵确定各要素的相对权重；第四是进行权重总排序。

（2）构造层次结构模型。在深入分析实际问题的基础上，将有关的各个因素按照不同属性自上而下地分解成若干层次，同一层的诸因素从属于上一层的因素或对上层因素有影响，同时又支配下一层的因素或受到下层因素的作用。最上层为目标层，通常只有 1 个因素，最下层通常为方案或对象层，中间可以有一个或几个层次，通常为准则层或指标层。当准则过多时应进一步分解出子准则层。层次之间要素的支配关系不一定是完全的，即可以存在这样的要素，它并不支配下一层次的所有要素。

同一层次中，各因素对上一层次中某一准则的重要性进行两两比较，构造判断矩阵，并写成矩阵形式，即

$$\mathbf{A}=(b_{ij})_{n\times n} \tag{2-10}$$

式中：$\mathbf{A}$ 为判断矩阵；n 为两两比较的因素数目；b_{ij} 为因素 U_i 比 U_j 相对于某一准则重要性的比例度，可按 1～9 比例标度对重要性程度赋值，见表 2-20。

表 2-20　判断矩阵标度

标度	含　义
1	2 个要素相比，具有相同的重要性
3	2 个要素相比，前者比后者稍重要
5	2 个要素相比，前者比后者明显重要
7	2 个要素相比，前者比后者强烈重要
9	2 个要素相比，前者比后者极端重要
2，4，6，8	上述相邻判断的中间值
倒数	2 个要素相比，后者比前者重要性标度

2. 权重分析

（1）计算判断矩阵的特征向量 $\mathbf{W}$，然后经正规化的特征向量即为相对权重向量，即

$$b_{ij}=\frac{a_{ij}}{\sum_{i=1}^{n}a_{ij}}\quad(i,j=1,2,3,\cdots,n) \tag{2-11}$$

$$W_i=\frac{1}{n}\sum_{j=1}^{n}b_{ij} \tag{2-12}$$

（2）一致性检验为

$$CI=\frac{\lambda_{\max}-n}{n-1} \tag{2-13}$$

$$\lambda_{\max}=\sum_{i=1}^{n}\frac{(AW)_i}{nW_i} \tag{2-14}$$

式中：$(AW)_i$ 为 AW 的第 i 个分量，$\mathbf{W}=(w_1,w_2,\cdots,w_n)$；$\lambda_{\max}$为判断矩阵的最大特征根；$n$ 为判断矩阵的阶数；$\mathbf{W}_i$ 为因素 i 的特征向量，即相对权重，从表 2-21 中查取随机性指标 RI。

计算随机一致性指标 CR，当阶数不大于 2 时，矩阵具有完全一致性；阶数小于 2 时，当 $CR<0.1$ 时，可认为判断矩阵的一致性符合要求，否则，应重新进行判断，构建新的判断矩阵，使其最终满足一致性检验要求。

表 2-21　随机性指标 RI 数值

n	1	2	3	4	5	6	7	8	9	10	11
RI	0	0	0.58	0.9	1.12	1.24	1.32	1.41	1.45	1.49	1.51

$$CR=\frac{CI}{RI} \tag{2-15}$$

3. 进行权重总排序

计算各层因素对系统目标的合成权重，同时可对各因素或准则对系统目标实现程度的作用（相对权重）进行总排序。

（1）准则层 **A**－**B** 矩阵构造及检验。在河流健康 **A** 这一目标下，用德尔菲法（Delphi method）构造各准则层 ***Bi*** 的相对重要性的两两比较判断矩阵（**A**－**B**）及特征根和特征向量。其判断矩阵为

$$(\boldsymbol{A}-\boldsymbol{B})=\begin{bmatrix}1.00 & 1.65 & 1.00 & 2.22 & 2.08\\0.61 & 1.00 & 1.25 & 1.84 & 2.24\\1.00 & 0.80 & 1.00 & 1.41 & 2.84\\0.45 & 0.54 & 0.71 & 1.00 & 2.08\\0.48 & 0.45 & 0.35 & 0.48 & 1.00\end{bmatrix} \tag{2-16}$$

通过计算，得到矩阵特征向量 $\boldsymbol{W}=[0.282,\ 0.234,\ 0.235,\ 0.152,\ 0.097]^T$，最大特征根 $\lambda_{max}=5.097$，$CI=0.024$，$CR=0.022<0.1$，一致性满足要求。

（2）指标层 **B**－**C** 矩阵构造及检验。

1）生物指标准则层 B1。生物指标准则层 B1 由 E/O 指数 C1、Palmer 藻类污染指数 C2 和底栖动物 BMWP 记分 C3 组成。

用德尔菲法（Delphi method）构造判断矩阵（***B*1**－***Ci***）及特征根和特征向量，其判断矩阵为

$$(\boldsymbol{B1}-\boldsymbol{C})=\begin{bmatrix}1.00 & 1.42 & 0.67\\0.70 & 1.00 & 0.65\\1.50 & 1.53 & 1.00\end{bmatrix} \tag{2-17}$$

2）社会服务功能指标准则层 B2。社会服务功能指标准则层 B2 由水功能区达标指标 C4、水资源开发利用指标 C5 和防洪指标 C6 组成。

用德尔菲法（Delphi method）构造判断矩阵（***B*2**－***Ci***）及特征根和特征向量，其判断矩阵为

$$(\boldsymbol{B2}-\boldsymbol{C})=\begin{bmatrix}1.00 & 1.86 & 1.36\\0.54 & 1.00 & 0.98\\0.73 & 1.02 & 1.00\end{bmatrix} \tag{2-18}$$

通过计算，得到矩阵特征向量 $\boldsymbol{W}=[0.442,\ 0.263,\ 0.295]^T$，最大特征根 $\lambda_{max}=3.010$，$CI=0.005$，$CR=0.011<0.1$，一致性满足要求。

3）物理结构指标准则层 B3。物理结构指标准则层 B3 由河岸岸坡稳定性 C7、河岸植被覆盖度 C8、河岸带人工干扰程度 C9 和河流连通阻隔状况 C10 组成。

用德尔菲法（Delphi method）构造判断矩阵（***B*3**－***Ci***）及特征根和特征向量，其判断矩阵为

$$(\boldsymbol{B3}-\boldsymbol{C})=\begin{bmatrix}1.00 & 3.02 & 2.76 & 2.16\\0.33 & 1.00 & 1.85 & 1.33\\0.36 & 0.54 & 1.00 & 0.96\\0.46 & 0.75 & 1.04 & 1.00\end{bmatrix} \tag{2-19}$$

通过计算，得到矩阵特征向量 $\boldsymbol{W}=[0.461, 0.216, 0.149, 0.174]^{T}$，最大特征根 $\lambda_{max}=4.064$，$CI=0.021$，$CR=0.024<0.1$，一致性满足要求。

4）水文水资源指标准则层B4。水文水资源指标准则层B4由流量过程变异程度C11和生态流量满足程度C12组成。用德尔菲法（Delphi method）构造判断矩阵（$\boldsymbol{B4}-\boldsymbol{Ci}$）及特征根和特征向量，其判断矩阵为

$$(\boldsymbol{B4}-\boldsymbol{C})=\begin{bmatrix}1.00 & 1.19\\0.84 & 1.00\end{bmatrix} \tag{2-20}$$

通过计算，得到矩阵特征向量 $\boldsymbol{W}=[0.544, 0.456]^{T}$，最大特征根 $\lambda_{max}=2$，$CI=0$，$CR=0$。

5）水质指标准则层B5。水质指标准则层B5由DO水质状况C13、耗氧有机物污染状况C14、总磷污染状况C15和重金属污染状况C16组成。

用德尔菲法（Delphi method）构造判断矩阵（$\boldsymbol{B5}-\boldsymbol{Ci}$）及特征根和特征向量，其判断矩阵为

$$(\boldsymbol{B5}-\boldsymbol{C})=\begin{bmatrix}1.00 & 1.88 & 2.06 & 1.73\\0.53 & 1.00 & 1.70 & 1.81\\0.48 & 0.59 & 1.00 & 1.23\\0.58 & 0.55 & 0.82 & 1.00\end{bmatrix} \tag{2-21}$$

通过计算，得到矩阵特征向量 $\boldsymbol{W}=[0.380, 0.269, 0.181, 0.170]^{T}$，最大特征根 $\lambda_{max}=4.051$，$CI=0.017$，$CR=0.019<0.1$，一致性满足要求。

4. 权重分析结果

根据权重分析的结果，准则层和指标层的权重见表2-22。

2.2.2.4 河流健康评估指标数据调查及计算

1. 河流健康评估指标数据调查

河流健康评估指标包括3种尺度，即断面尺度指标、河段尺度指标和河流尺度指标。断面尺度指标的数据来自监测断面的取样监测。河段尺度指标的数据来自评估河段内的代表站位或评估河段整体情况。河流尺度指标的数据来自评估河流及其流域的调查和统计数据。各指标层的数据获取位置和代表范围见表2-23。

2. 河流健康评估指标的计算方法

河流健康评估指标的计算步骤主要有：

第一步为指标层赋分计算：按照指标层对指标的取样范围或位置不同进行指标的计算。其中，断面尺度指标取若干断面指标的算数平均值作为河流的指标赋值；河段尺度指标按照河段长度为权重计算河流的指标赋值。

第二步为准则层赋分计算：按照指标层的权重计算每条河流的准则层赋分，再按照每条河流长度占计算总河流长度的比例作为权重计算该准则层赋分。

表 2-22　河湖健康评估体系权重表

目标层	代码	权重 w	准则层	代码	权重 w	指标层	代码	总排序
河流健康	A	0.152	生物指标	B1	0.320	E/O 指数	C1	8
					0.252	Palmer 藻类污染指数	C2	13
					0.429	底栖动物 BMWP 记分	C3	5
		0.097	社会服务功能指标	B2	0.442	水功能区达标指标	C4	9
					0.263	水资源开发利用指标	C5	16
					0.295	防洪指标	C6	15
		0.234	物理结构指标	B3	0.461	河岸岸坡稳定性	C7	3
					0.216	河岸植被覆盖率	C8	7
					0.149	河岸人工干扰程度	C9	14
					0.174	河流连通阻隔状况	C10	11
		0.282	水文水资源指标	B4	0.544	流量过程变异程度	C11	1
					0.456	生态流量保障程度	C12	2
		0.235	水质指标	B5	0.380	DO 水质状况	C13	4
					0.269	耗氧有机物污染状况	C14	6
					0.181	总磷污染状况	C15	10
					0.170	重金属污染状况	C16	12

表 2-23　河流健康评估指标取样调查位置和范围说明表

目标层	代码	准则层	代码	河流指标层	代码	指标尺度	评估数据取样调查监测位置或范围
河流健康	A	生物指标	B1	E/O 指数	C1	断面尺度	监测河段所有监测断面取样区
				Palmer 藻类污染指数	C2		
				底栖动物 BMWP 记分	C3		
		社会服务功能指标	B2	水功能区达标指标	C4	河段尺度	评估河段
				水资源开发利用指标	C5		
				防洪指标	C6		
		物理结构指标	B3	河岸岸坡稳定性	C7	断面尺度	监测河段监测断面所在左右岸样方区
				河岸植被覆盖率	C8		
				河岸人工干扰程度	C9		
				河流连通阻隔状况	C10	河段尺度	评估河段
		水文水资源指标	B4	流量过程变异程度	C11	河段尺度	位于评估河段内的水文站
				生态流量保障程度	C12		
		水质指标	B5	DO 水质状况	C13	断面尺度	评估河段监测点位所在的监测断面
				耗氧有机物污染状况	C14		
				总磷污染状况	C15		
				重金属污染状况	C16		

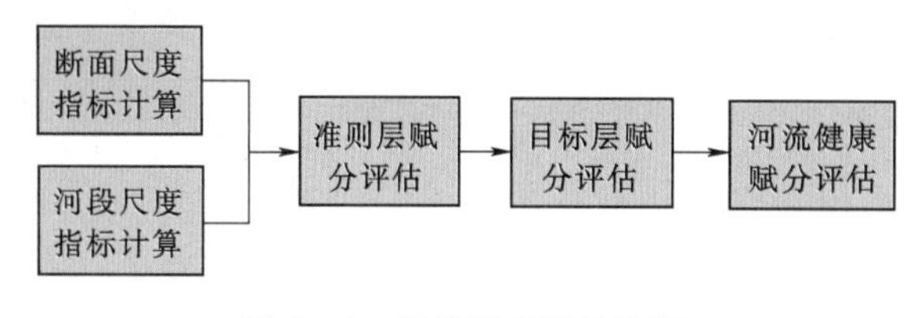

图 2-4 河流健康评估流程

第三步为目标层赋分计算：按照准则层的权重和准则层的得分计算目标层的赋分，得到整个流域（或整个河流）的河流健康赋分。流程如图 2-4 所示。

(1) 指标层赋分评估，具体如下：

1）断面尺度指标计算方法。将监测断面取样监测数据转换为监测河段代表值，转换方法包括：①物理结构准则层：河岸带状况指标中的河岸稳定性分指标及河岸植被覆盖度分指标的评估数据，采用监测断面调查监测数据的算术平均值；②生物准则层：将监测断面的样品综合成一个分析样，其分析数据作为监测河段的评估数据。设置多个监测河段的评估河段，在上述工作基础上，对监测河段的分析数据进行算术平均，得到评估河段代表值。

2）河段尺度指标计算方法包括：①部分河流可以从评估河段内的典型站点获得，如水文水资源准则层的评估指标，可以选用评估河段内现有的水文站监测数据，或根据水文监测调查技术规程确定的补充监测站；②部分指标要从整个评估河段的统计数据获得，如社会服务功能指标准则层指标，其评估数据是与整个评估河段相关的调查统计数据；③部分指标要包括评估河段及其下游河段，如物理结构中的河流连通阻隔状况指标，需要调查评估河段及其至下游河口的河段内的闸坝阻隔情况。

(2) 准则层赋分评估参照各评估指标的赋分标准，先计算每条河流（或河段）的准则层赋分值，然后按照河流长度在总流域长度中所占比例计算准则层赋分，即

$$TREI=\sum_{n=1}^{N}\left(\frac{REI_n\times SL_n}{RIVL}\right) \tag{2-22}$$

式中：$TREI$ 为准则层赋分；REI 为河流（或河段）的指标层赋分；SL 为评估河流（或河段）长度，km；$RIVL$ 为评估流域河流总长度，km；N 为评估河流总数。

(3) 目标层赋分评估按照水生生物 B1、社会服务功能 B2、物理结构 B3、水文水资源 B4 和水质指标 B5 在体系内的权重进行综合评估，得到流域内每条河流（或河段）的目标层赋分值。

$$REI=\sum_{i=1}^{n}(B_{ir}\times B_{iw}) \quad (n=1,2,\cdots,5) \tag{2-23}$$

式中：REI 为目标层赋分；B_{ir} 为准则层赋分；B_{iw} 为准则层权重。

2.2.2.5 河流健康评估标准及结果分析

1. 健康评估标准

(1) 标准建立方法，具体如下：

1）基于评估河流所在生态分区的背景调查，按照频率分析方法确定参考点，根据参考点状况确定评估标准。如生物准则层中的底栖和鱼类指标，按照人类活动强度排序的 5%～10%的样点（较少或无人类活动影响）的指标水平作为评估标准。

2）根据现有标准或在河流管理工作中广泛应用的标准，确定评估指标的标准。如水质准则层中的水质指标，采用《地表水环境质量标准》（GB 3838—2002），水文水资源准

则层中的生态流量保障程度指标，采用 Tennant 方法中的标准。

3）基于全国范围典型调查数据及评估成果确定标准。水文水资源准则层的流量过程变异程度指标评估标准，根据 1956—2000 年全国重点水文站实测径流与天然径流估算数据进行统计分析，确定评估标准；天然湿地保留率指标，以水资源综合规划调查数据作为评估标准的重要参考基点。

4）基于历史调查数据（20 世纪 80 年代以前）确定评估标准。我国在 20 世纪 80 年代曾经开展了全国主要流域的鱼类资源普查，其调查评估成果可以作为鱼类或底栖动物的评估标准。

5）基于专家判断或管理预期目标确定评估标准。社会服务功能准则层指标一般采用该类方法。

（2）评估标准。河流健康评估标准分为 5 级，即理想状况、健康、亚健康、不健康、病态，评估分级见表 2－24。

表 2－24　河流健康评估标准分级

等级	类型	赋分范围	意　义
1	理想状况	80～100	接近参考状况或预期目标
2	健康	60～80	与参考状况或预期目标有较小差异
3	亚健康	40～60	与参考状况或预期目标有中度差异
4	不健康	20～40	与参考状况或预期目标有较大差异
5	病态	0～20	与参考状况或预期目标有显著差异

2. 评估方法及结果

根据准则层的权重和赋值按照下式计算河流健康的目标值，即

$$A=\sum_{i=1}^{5}(B_{iw}\times B_i)\quad (i=1,2,3,\cdots,5) \tag{2-24}$$

式中：B_{iw} 为准则层权重；B_i 为准则层赋值。

准则层赋值计算式为

$$B_i=\sum_{i=1}^{n}(C_{iw}\times C_i)\quad (i=1,2,3,\cdots,17) \tag{2-25}$$

若目标值 $A>80$，河流健康处于理想状态；若目标值 $60<A\leqslant 80$，河流处于健康状态；若目标值 $40<A\leqslant 60$，河流处于亚健康状态；若目标值 $20<A\leqslant 40$，河流处于不健康状态；若目标值 $A\leqslant 20$，河流处于病态。

2.3 胁迫因子分析

2.3.1 胁迫因子分析方法——水质生物学监测法

水质生物学监测技术（biological monitoring）就是利用水环境中滋生的生物群落组成、结构等变化来预测、评价河湖水体的水质状况。它能够反映长期的污染效果，而理化监测只能代表取样期间的污染状况；某些生物对于一些污染物非常敏感，能够监测到连精

密仪器都无法监测的微量污染物质，而且某些生物能通过食物链将微量有毒物质予以富集，并敏感测出。一种生物可以对多种污染物产生响应而表现出不同症状，便于综合评价。

水质生物学监测是针对指示生物开展的监测。所谓指示生物是指对环境因子变化能产生特定响应，而被用来指示某种环境特征的生物。

常用的河流水质指示生物有：底栖无脊椎动物（benthic invertbrates）、鱼类、浮游植物（phytoplankton）、底栖藻类（bentic algae）、大型植物（mactophytes）和底栖植物（phytobenthos）等。

在世界范围内，底栖动物作为指示生物被广泛应用于河流的生物监测。底栖动物种类丰富，易于采集。常见的底栖动物有水栖寡毛类（水蚯蚓）、软体动物（螺、蚌、河蚬等）、水生昆虫（摇蚊幼虫、石蝇、蜉蝣、蜻蜓稚虫等）以及虾、蟹、水蛭等。不同种类底栖动物需要的环境不同，引起河流底栖动物群落结构发生变化的原因很多，如有毒有害物质污染、水文情势变化等，底栖动物种类组成能够反映不同的环境压力。某些指示物种的出现或不出现，都可以表示某种特定的环境特征。其中，对于某种环境要素（如水体污染）响应最敏感的指示生物如果被监测检出，可以作为环境良好的标志。基于大量监测数据的统计规律，可以建立特定环境压力与底栖生物间的关系表。关系表中从最敏感的指示生物到耐受性最强的指示物种，可以反映不同水体由优到劣的水质状况。目前，基于底栖动物的生物监测方法有50多种。

在选择指示生物时要注意尺度问题，在不同的监测尺度上选择不同的指示生物。由于鱼类具有洄游及长距离游动的特点，所以在流域和河流廊道尺度上可以选择鱼类作为指示生物；在河段尺度上适合选择大型底栖生物；而在河流断面或微栖息地尺度上，大型水生植物和底栖植物更为适合。

一系列生物量化参数指标可用于水体监测，包括生物多样性指标、相似性指标、群落相对稳定性指标等。其中，用于大型底栖动物的参数有多样性指数（Shannon-Wiener指数、Margalef指数和Gleason指数等）、物种丰富度参数、群落组成参数、耐污/敏感类群参数、功能摄食类群参数。浮游植物参数包括：浮游植物密度、浮游植物生物量。浮游动物参数包括：浮游动物密度、浮游动物生物量。大型水生植物参数包括密度、频度、盖度、植物生长高度。鱼类参数包括：鱼类的营养结构（指食虫类和杂食性动物的物种密度）、繁殖种群（指物种密度，岩表植物物种的相对丰度）、自然栖息地（指底栖和亲流性的物种数量）、耐受度（指耐受以及不耐受物种的相对数量）、洄游鱼类行为（海河性洄游，河川性洄游物种）。

2.3.2 生物对环境压力的敏感响应

进行压力影响分析的目的，是识别关键胁迫因子（stress factor），也就是说，在诸多生态因子中，识别出哪一种或哪几种因子是导致水生态系统退化的关键因素。在编制河流生态修复规划时，这些关键胁迫因子将列为重点修复任务。

以营养物质在水体中的富集为例，讨论因环境压力导致水体生物种类和丰度变化的环境压力生物响应关系（图2-5）。

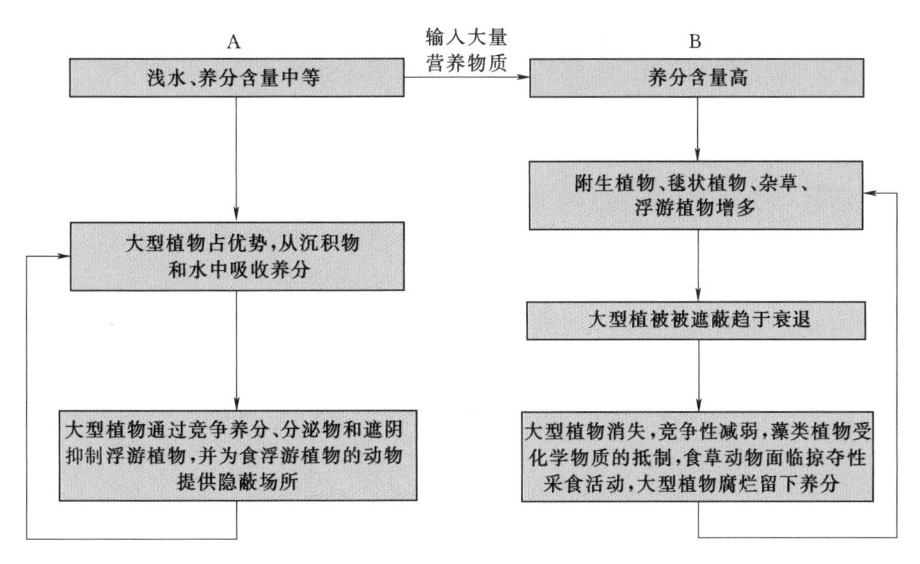

图 2-5　营养物质富集对水生生物影响机理

（注：A 列表示养分含量中等的水体，B 列表示因人为输入大量营养物质导致富营养化暴发。）

所谓“营养物质”主要指氮、磷，另外还包括有机碳、维生素和微量元素。自然界中的磷主要来源于磷酸盐矿，动物粪便以及化石等天然磷酸盐沉积物。但是由于人类活动使得大量的磷通过各种方式进入到水循环中，成为水体中磷负荷增高的主要原因，这些活动包括化肥的大量使用、土壤的侵蚀、生活污水和含磷生产废水的排放等。自然界的氮主要以氮气的形式存在于大气中，某些藻类具有固氮能力，当环境中的氮减少时，它们可以把大气中的氮通过固氮作用转化为硝酸盐。而引起水体富营养化的氮素，主要来源是人类活动，包括化肥的使用与流失，生活污水及生活垃圾的排放等。在人类活动作用下，氮、磷等营养物质在水体中富集，引起水体富营养化作用（eutrophication）。水体富营养化通常是指湖泊、水库和海湾等封闭性或半封闭性水体内，植物营养成分（氮、磷等）不断补给，过量积聚，水体生产力提高，某些特征藻类（主要是蓝藻，绿藻）异常增殖，抑制了大型植物和底栖植物的生长，使水生生态系统的结构发生破坏，同时还伴随一系列水生生态恶化的现象。

富营养划分为天然富营养化和人为富营养化两种。天然富营养化是湖泊水体生长、发育、老化、消亡整个生命史中必经的天然过程，其过程漫长，常常需要以地质年代来描述其进程。目前所指的富营养化主要指人为富营养化，即上述人为排放含营养物质的工业废水和生活污水所引起的水体富营养化现象，它演变的速度非常快，可在短期内使水体由贫营养状态变为富营养状态。氮、磷、碳是植物生长必需的元素，但在富营养化水体中，一般认为磷、氮是其中的限制性营养物质。在植物组织中，单位重量的构成为 1P：7N：40C：100 干重：500 湿重（新鲜物质）。因此从理论上讲，磷可以产生其自重 500 倍的藻类，氮可以产生其自重 71 倍的藻类，而碳可以生产其自重 12 倍的藻类。这说明磷、氮是藻类生长的触发因子。

一旦水体出现富营养化现象，就会呈现一系列特征。根据调查结果发现，所有处于富营养化状态中的湖库，都出现藻类大量繁殖现象，其表征藻类生长的指标——叶绿素 a 都处于较高水平，这导致水体的透明度随藻类大量繁殖而显著下降。另外，富营养化水体的溶解氧明显下降。所谓溶解氧，是水体与大气交换平衡以及经化学和生物化学反应后，溶解在水中的氧。洁净水体中的溶解氧一般接近饱和，如果湖库水体受到有机物质和还原性物质污染时，溶解氧会低于饱和值。尤其当藻类在水面形成遮光阻气层时，影响大气氧和水中氧的正常平衡，水生植物的光合作用受阻，会使底层溶解氧大幅度降低，甚至趋于零值。这导致厌氧微生物繁殖、水质恶化。水深较大的湖库在藻类大量繁殖季节，水体表层因水生植物光合作用造成溶解氧过饱和，而深层水因藻类死亡耗氧导致缺氧，成为富营养化水体的典型征兆。富营养化水体的另一个特征是 pH 增高。湖泊和水库中的氢离子浓度普遍较低，pH 大多处于弱碱性或碱性，也有少数水库湖水的 pH 低于 7。在天然湖水中，氢离子的浓度主要取决于湖水 CO_3^{2-}、HCO_3^-、CO_2 的对比关系。在富营养化水体中，随着富营养化的发展，由于藻类光合作用消耗水中的 CO_2，致使水中氢离子减少。pH 升高，而且水体 pH 呈现随藻类生长而显著增高的趋势。

图 2-5 说明了氮磷等营养物质富集对水生生物影响的机理。除了水体的物理化学特征变化以外，其他生态要素包括水文情势变化和河流地貌形态变化，也对河流生态系统形成压力。

在现场调查与监测数据的支持下，按照统计学规律，同样可以建立起不同水生生物群对水文情势变化和河流地貌形态诸因子的敏感性响应关系。表 2-25 汇总了部分生物群对环境压力的敏感响应关系。

表 2-25　部分生物群对环境压力的敏感响应关系

压力来源	压力表现	大型植物	底栖植物	大型底栖、无脊椎动物	鱼类
氮、磷等营养物质富集	水体中氮、磷等营养物质富集，藻类大量繁殖，水体溶解氧和透明度下降，影响其他植物生长	√	√		
有机物富集	有机物富集增加，生物群落结构改变			√	
酸化作用	工业废气与水汽结合形成酸雨，使水体酸性中和能力、pH、生物群落和毒性协同作用改变		√	√	√
水温变化	水库低温水下泄，岸边植被减少引起植被遮阴作用减弱				√
农业面源污染	水体磷等营养物质富集，硅藻属生物			√	
工业点源污染	氮、磷营养物质，硅藻属生物			√	√
城市污水排放				√	√
水文条件变化	河道流量不能满足最低生态需求，水库径流调节引起水文情势变化，洪水脉冲作用减弱	√	√	√	√
河流地貌形态变化	河流连续性和连通性变化，河流渠道化，硬质护坡，河流裁弯取直，河床基底变化	√		√	√
闸坝	鱼类洄游通道受阻				√
城市化	栖息地条件变化			√	√

2.3.3 识别关键胁迫因子的步骤

施加于河流生态系统上的外界压力，也可以称之为胁迫。环境压力种类繁多，需要识别哪些压力是引起生物明显退化的关键因素，或称之为关键胁迫因子。识别关键胁迫因子的目的是确定河流生态修复的任务，即确定水质、水文情势、河流地貌形态等生境要素中更具体的环境胁迫因子。对这些关键胁迫因子的修复，将会有效地改善栖息地条件，恢复生态系统的完整性和可持续性。

能否正确识别关键胁迫因子，取决于掌握的生态资料数据的数量、质量和置信度，也取决于人们具备的有关压力—生物响应的专业知识和经验。识别关键胁迫因子的过程是一个反复进行调查、监测、评估和分析的过程，图 2-6 表示了评估环境压力引起生物退化的工作流程。工作流程图中的起点方框 1 的问题是：所观察的生态系统生物是否明显受损和退化？如果是，就要运用有关压力—生物响应的专业知识及进行诊断用的相关软件和其他技术工具，评估已经调查收集到的有关流域或河段的环境压力资料数据和现有的生物数据。其中，评价现有的生物数据的重点，是这些数据与压力数据的统计学联系。经过这样的评估分析，如果可以判断导致某些指示物种退化的环境压力类型，工作流程就可以从方框 2 进入方框 3。在这里需要回答：目前所获得的资料数据，足以支持进行生态修复规划工作吗？如果具备条件，那么流程进入制定河流生态系统保护和修复规划或管理战略。如果尚不具备进一步开展规划的条件，则进入方框 7 或方框 8。其中一种选择是进入方框 7，增加水体的生物采样样本数据，同时收集更多关于环境压力的资料数据。另一种选择是进入方框 8，即开展室内实验，在实验室环境下模拟压力—生物响应过程，可以升高或降低环境压力（比如水体化学物质浓度），监测生物群的响应变化。当掌握的数据足以满足制定生态保护和修复战略规划时，则工作程序回到起始点。

现在再回到方框 2，当掌握的资料数据尚不能判断引起生物退化的具体环境压力时，而且现有数据也不足以运行相关软件时，能够做出的选择只能是补充现场调查和监测，特别是加强那些易受当前压力影响的生物样本的监测（方框 5），比如增加对于物种水平，而不仅是科属水平的无脊椎动物的监测。经过此环节后，工作流程又回到起点方框 1。在多次重复这个过程后，在大量调查监测数据的支持下，人们的认识能力不断提升，可望正确识别出关键胁迫因子，并且以此为依据，制定河流生态修复规划。

图 2-6 框图 1 开始的流程中，有一项步骤是评估当前河流所承受的压力，其内容是把诸环境要素与理想参考系统进行比较，计算由于人类干扰，现状与理想参考系统的偏离程度（图 2-7）。作为举例，图 2-7 中表示地貌现状参考状态偏离 $a\%$，水体物理化学参考状态偏离 $b\%$，水文情势参考状态偏离 $c\%$。其中 $b\%$值最大，说明水体的物理化学状况与人类大规模经济开发活动前的状况相比，发生了较大的变化。所以，来自水体物理化学方面的各类压力，有可能包含关键胁迫因子。需要说明的是，这里提出了一种可能性，并不具有必然性，这是因为在压力—影响关系中，环境压力和生物响应之间并不存在线性关系，例如水体营养物质富集达到 3 倍，造成水华暴发，但是不能推断蓝藻的生物量增加 3 倍。同样，在各环境要素之间，也不存在线性的可比性。尽管如此，在分析关键胁迫因

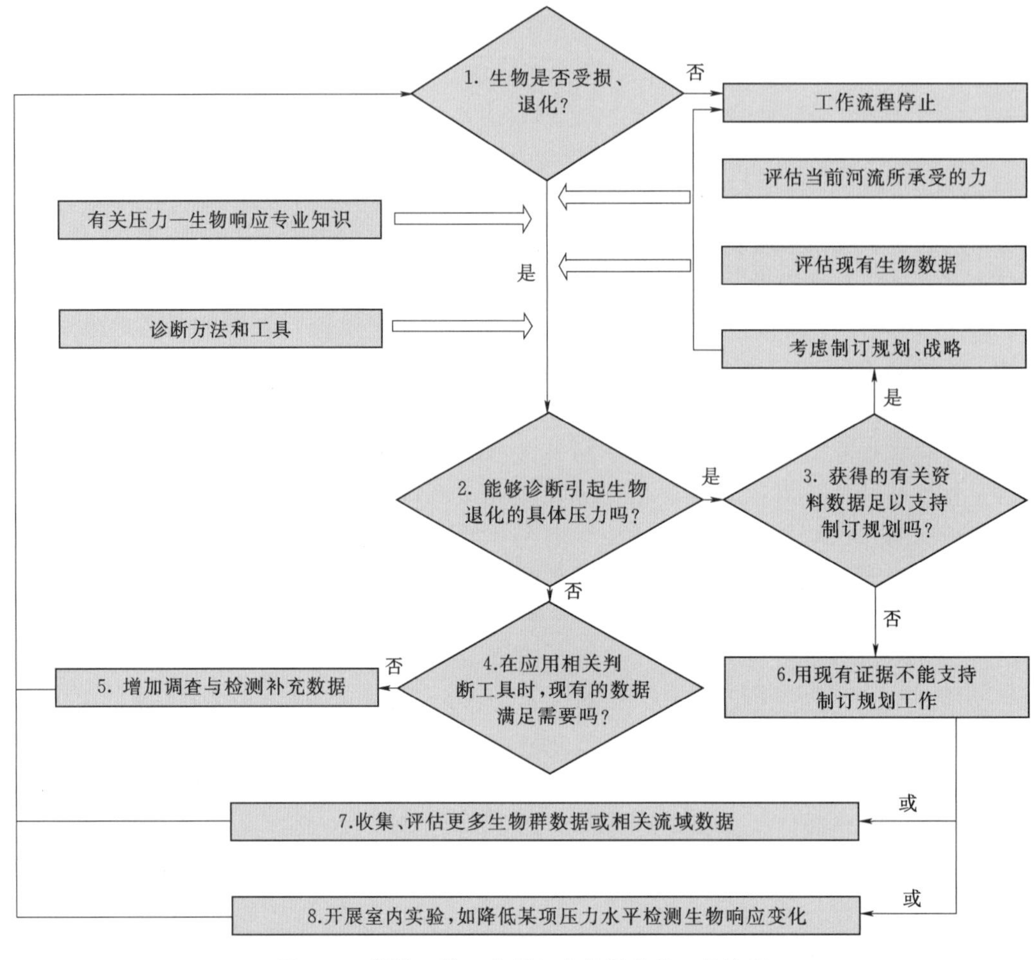

图2-6 评估环境压力引起生物退化的工作流程

子时，现状与理想参考系统的偏离程度仍然是一个重要参数，对偏离程度高的环境要素、元素要给予足够的注意。

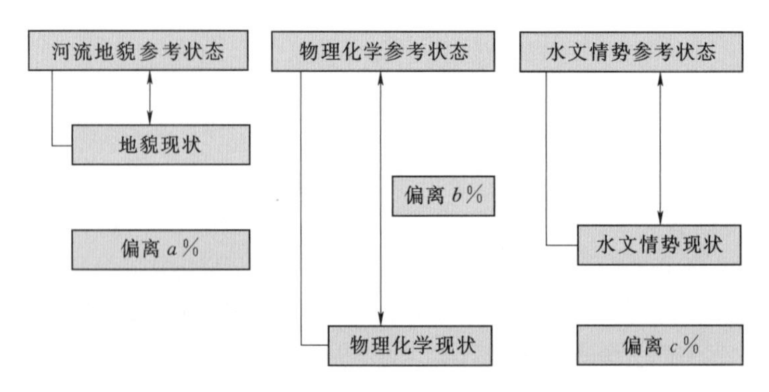

图2-7 生境现状与参考状态的偏离程度

2.4 河流生态修复总体方案设计

2.4.1 生态修复目标

城市河道生态修复目标的基本观点包括：

（1）制定城市河道生态修复目标应该承认河流被改造的事实，在此基础上采取一定措施实施这种河道的生态修复，生态状况得到一定程度的改善。

（2）不是完全恢复到河流原始的状态，而是采取一定的手段恢复和重建受损生态系统的结构、功能和过程，重点改善当前生态系统的完整性和可持续性，使流域生态系统达到近自然的健康和稳定状态。

（3）生态修复目标是定量化的、明确的、能够监测和评估，而不是定性和抽象的。

（4）生态修复目标，应当适应和协调城市经济社会现状和发展需求。

2.4.2 生态修复任务

城市河道生态恢复的任务有4大项：一是水质改善；二是水文情势改善；三是河流地貌修复；四是生物群落多样性恢复。总的目的是改善河流生态系统的结构、功能和过程，使之趋于自然化。河流生态修复任务如图2-8所示。

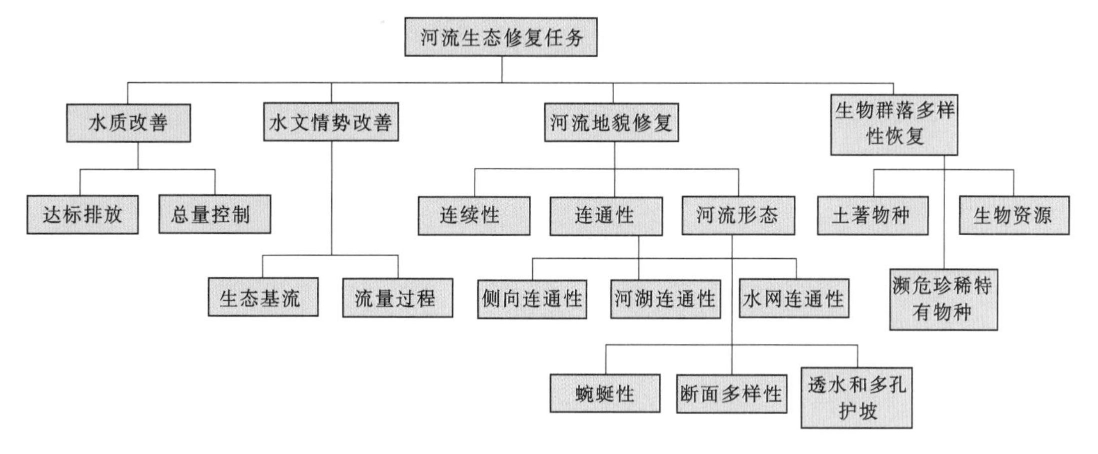

图2-8　河流生态修复任务

1. 水质改善

水质条件改善是河流生态修复的前提。通过达标排放和总量控制，提倡清洁生产、发展循环经济以改善河流的水质。目的是提高规划区水功能区水质达标率，控制入河污染物总量，核准纳污能力，控制河流富营养化、有毒有机化学品（TOC）和重金属污染问题。

2. 水文情势改善

水文情势改善不仅要保证生态基流，还要考虑自然水流的流量过程恢复，以满足生物目标生活史的需求。水文情势可以用5种要素描述，即流量、频率、持续时间、出现时机和变化率。

需要消除和缓解的胁迫因子包括：超量取水引起下游河段径流大幅度下降，甚至干涸、断流；水库径流调节造成径流过程均一化；洪水脉冲效应被削弱；洪水发生时机的改变；洪水持续时间的重大变化等。消除或减缓这些胁迫因子，改善河流水文情势的主要措施包括：通过水资源合理配置保障生态用水、改善闸坝调度方案、兼顾生态保护的水库调度等措施。

3. 河流地貌修复

需要消除和缓解的胁迫因子包括：水坝导致的生态阻隔作用；河流渠道化、直线化；侵占河漫滩；堤防的生态阻隔作用；不透水硬质护坡护岸工程；围湖造田；无序采砂等。

河流地貌修复包括：河流纵向连续性修复；河流侧向连通性和河流、水网的连通修复。河流形态修复包括：平面形态的蜿蜒性、断面几何形态的多样性和护坡材料的透水和多孔性能的修复。

4. 生物群落多样性恢复

恢复生物群落多样性和物种多样性，其对象包括水生生物和陆生生物的恢复，按照河流生态系统整体恢复的理念，确定生物群落恢复任务，难点在于如何选择指示物种。可操作性的方法包括恢复濒危、珍稀和特有生物物种以及保护和恢复重要生物资源，此外还应加强土著物种的保护，防止生物入侵。

恢复生物群落多样性的关键，是河流栖息地的维护和完善。要充分考虑河流生态系统的易变性、流动性和随机性，即随着水文周期变化以及河势变化引起的栖息地的动态扩展、收缩和变化。还要考虑动物迁徙范围以及植物随机分布的影响范围，以便合理确定生态修复的规划范围和生物监测范围。

在制定河流生态修复规划时，既要考虑生态系统的完整性，采取综合而不是单一的修复措施，又要通过对关键胁迫因子的识别，有针对性地对上述4类任务进行优先排序，确定修复工程的重点。

2.4.3 生态修复总体原则

1. 综合性原则

城市河道生态修复应在保证河流防洪、排涝、引水等基本功能的前提下，充分考虑河道的生态功能、水质净化、生态景观等功能的需要，同时兼顾亲水活动的安全。

2. 协调性原则

体现河道及周边区域发展的特点，注重与沿线整体风貌相协调，河流生态景观与周边景观相协调。

3. 自然性原则

坚持恢复河道自然水生态系统生境，以自然修复为主，人工修复为辅，因地制宜，充分利用现状河道的形态、地形、水文等条件；物种的选择及配置宜以本土种为主，构建具有较强的自我维持能力、稳定的水生态系统。

4. 针对性原则

根据目标河道的特点及建设目标，科学诊断河道存在的问题，有针对性地采取不同的措施进行生态修复。

5. 经济性原则

与经济、社会发展同步，因地制宜、节能高效；统筹前期建设与后期管护，尽可能降低前期建设成本和后期的养护费，实现河道生态修复的可持续性发展。

2.4.4 生态修复规划方案内容及编制流程

2.4.4.1 规划方案内容

城市河道生态修复规划方案应包括以下主要内容：河流生态系统现状调查与综合评价、规划范围和年限、规划目标与总体布局、规划任务、工程措施、管理措施、监测与评估、投资估算、效果分析。

2.4.4.2 规划方案编制工作流程

编制城市河道生态修复规划方案，首先需要确定规划的范围和年限，即确定规划的时空尺度，进行流域生态分区和城市河流廊道分段。野外调查和历史资料收集整理是规划编制的基础性工作，调查内容分为社会经济、水文气象、水质、地貌和生物5大类。现状与历史状况的对比分析，是理解生态系统演变趋势的重要手段，也是识别关键胁迫因子的主要方法之一（图2-9）。

建立城市河道生态状况分级标准，是对城市河道生态状况评价的有效途径。利用分级标准，可对城市河道生态现状进行评价，理解为“对号入座”，确定现状级别。在此阶段，需要论证城市河道生态系统演进的趋势是什么？或论证是否超过生态系统退化的阈值？如果生态状况尚好，出现了局部退化迹象，那么可以选择“无作为”路线，以管理措施为重，加强生态保育，减少人为干扰，发挥生态系统自组织、自设计功能。如果演进趋势表明生态系统已经严重退化，甚至超过了系统的阈值，那么应选择以工程措施为主的修复方案，适度强化人工干预，促进系统的良性演变。根据现状生态级别，综合考虑资金投入规模和技术可行性，依据生态状况分级标准确定生态状况可以提升到的级别，确定河流生态修复目标。这样，河流生态修复目标是定量的，并可监测与评价。在识别、掌握关键胁迫因子的基础上，确定生态修复的具体任务即修复的重点内容，在与社会经济发展规划以及流域综合规划等相关规划协调、衔接的基础上，确定规划的总体布局。

在选择工程措施方面，应从分析关键胁迫因子分析入手。首先要回答有无可能消除或削减关键胁迫因子？比如为改善水质，有无有效措施控制非点源污染？继而要回答消除或削减关键胁迫因子以后，是否可以实现修复目标？在一些情况下，由于经济、技术等原因，无法消除或削减关键胁迫因子，那么有无替代方案？比如为解决洄游鱼类通道问题，技术或经济条件不允许在已建水坝上增设过鱼设施，这就需要论证其他替代方案，比如增殖放流、异地保护等。针对修复重点任务，选择合适的工程措施和管理措施，是河流生态修复规划的重点内容。

监测工作应贯穿于河流生态修复的全过程，规划报告应包括生态系统监测网络规划，并相应建立河流生态系统评价指标体系。与任何工程项目一样，河流生态修复工程项目也必须进行经济分析，力争效益最大化和成本最小化，生态效益/成本评估是多种方案比选的基础，据此进行项目优化和投资估算。生态修复规划的评估还包括效益—投资分析以及环境影响评价等。以上规划的编制流程，仅仅是首轮工作流程。按照负反馈规划设计方

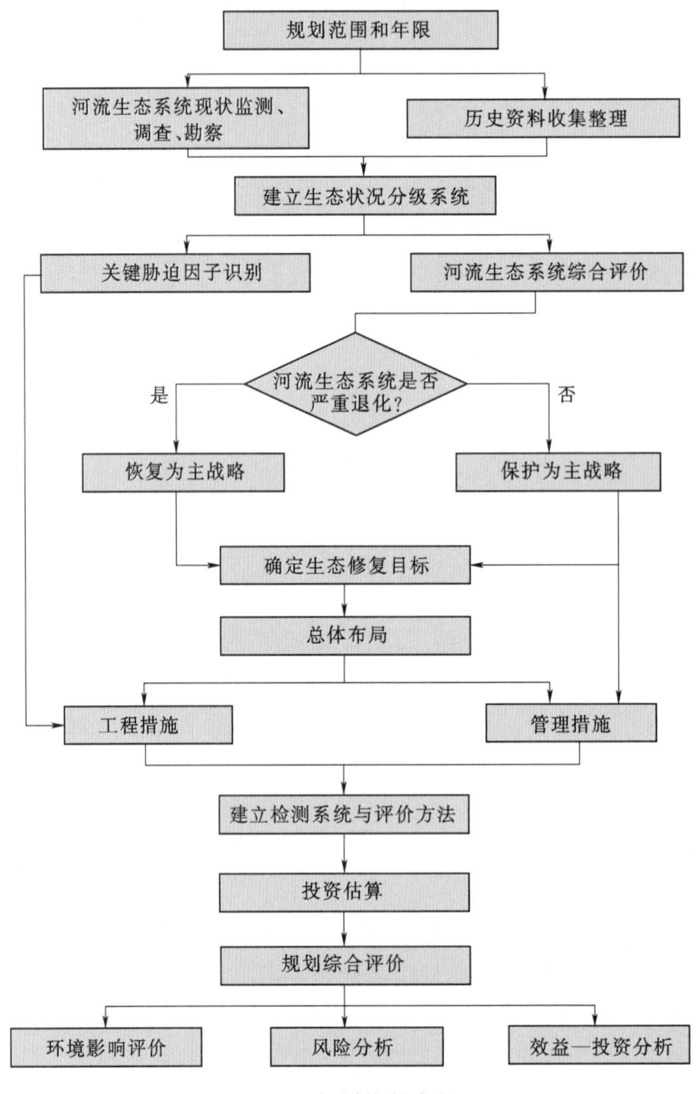

图2-9 规划编制流程图

法，还应在监测、评估的基础上，反复修改完善规划，逐步逼近修复目标。

2.5 实施效果监测与评价

2.5.1 实施效果监测

2.5.1.1 监测计划

城市河道实施效果监测计划是生态修复工程规划的重要组成部分。生态监测计划应满足以下要求：目标明确、数据资料可获取、技术可行、执行中可根据需要进行必要调整。

制定监测计划的步骤是：确定评价准则、选择监测参数和方法、确定监测期限和频率以及造价估算。应紧密结合城市河道生态修复工程目标确定评价准则。应在流域总体状况调查基础上选择监测参数和方法。确定监测期限时，应同时设定监测的时空尺度，并在设定好的时空尺度下确定监测时间、频率和采样持续时间。

监测计划的制定不仅要包括工程区，还应在工程区上游和下游选择参考河段进行监测和对比分析。在工程实施前后监测的参数和采用的监测技术应是一致的，以便进行对比。制定监测计划时应明确每个监测参数的特征和监测技术，并选择最能反映监测参数的测量特征，同时选择最有效的技术方法进行测量或评价。

2.5.1.2 监测内容及方法

1. 水质监测

城市河道生态修复工程中的水质监测，一般指对修复工程后河流生态系统所开展的长期水体监测。

制订水体监测方案，首先应明确监测目的，确定监测对象、设计监测位点，合理安排采样时间和频率，选定采样方法和分析测定技术，提出监测报告要求，制定质量保证程序、措施和方案的实施计划等。我国目前已经颁布了一系列的水质监测技术规范（表 2-26)，各监测技术规范规定了监测布点与采样、监测项目与相应监测分析方法、监测数据的处理与上报、质量保证、资料整编等内容。

表 2-26　主要水质检测技术标准或检测方法

标准名称	编号	实施日期/(年-月-日)
水质、湖泊和水库采样技术指导	GB/T 14581—1993	1994-04-01
地表水和污水检测技术规范	HJ/T 91—2002	2003-01-01
水质　采样技术指导	HJ 494—2009（代替 GB 12998—1991）	2009-11-01
水质采样　样品的保存和管理技术规定	HJ 493—2009（代替 GB 12999—1991）	2009-11-01
水质　采样方案设计技术规定	HJ 495—2009（代替 GB 12997—1991）	2009-11-01
地下水环境检测技术规范	HJ/T 164—2004	2004-12-09
水污染物排放总量检测技术规范	HJ/T 92—2002	2003-01-01

2. 水文监测

水文监测是对城市河道的流速、水位、含沙量和水温等参数的直接测量，通过数据整理，获得河流年、季、月、旬、日的流量过程，分析河床的冲淤过程、地表水与地下水的相互转化过程以及水温变化过程。通过水文资料长系列分析，还可以计算出具有生态学意义的 5 种水文要素，即流量、频率、持续时间、出现时机和变化率。如上所述，水文过程是河湖生态系统的主要驱动力，而这 5 种水文要素都对应着多种生态响应，是制定生态修复规划的重要依据。

造床流量是掌握河流地貌过程的重要参数，其确定方法包括：参照平滩流量，采用某一频率或重现期的流量，根据实测水沙过程资料直接计算。河流生态修复工程还有些特殊需要的水文监测项目，如将水流流态分为静水、缓流、湍流、急流、回流等若干形式，应掌握河段内各种流态的发生频率与分布情况。

水文监测方法和数据处理方法应依据相关技术规范执行（表 2-27)。

表 2-27　　部分水文监测技术规范或标准

规范名称	编号	实施日期/(年-月-日)
水文调查规范	SL 196—1997	1997-06-01
河湖生态需水评估导则	SL/Z 479—2010	2011-01-11
水文普通测量规范	SL 58—1993	1994-01-01
水文巡测规范	SL 195—1997	1997-06-01
水文站网规划技术导则	SL 34—1992	1992-07-01
水文自动测报系统技术规范	SL 61—2003	2003-08-01
降水量观测规范	SL 21—2006	2006-10-01
水资源水量检测技术导则	SL 365—2007	2008-01-08
水文资料整编规范	SL 247—1999	2000-01-01
城市水系规划导则	SL 431—2008	2009-02-10

3. 地貌监测

城市河道地貌特征监测的内容包括：横断面多样性、宽深比、河流平面形态、蜿蜒性特征（曲率半径、中心角、河湾跨度、幅度、弯曲系数）、河道坡降、河床材料组成、河漫滩湿地、深潭浅滩序列、岸坡稳定性、边滩、回水区、牛轭湖、遮蔽物等局部地貌特征，以及输沙量、含沙量、颗粒级配等泥沙特性。

城市河道地貌特征监测的内容包括：为保证河流岸坡土体的稳定性，需进行岸坡土体的垂直位移、水平位移以及孔隙水压力的监测，并进行水下地形的测量。垂直位移监测提供有关城市河道岸坡土体的沉降量、沉降速率及沉降分布的信息，这些信息在岸坡土体失稳前会出现异常。水平位移监测提供有关城市河道岸坡土体平面方向的移动量、位移速率及移动方向的信息，可以反映边坡稳定性。孔隙水压力现场监测是维持边坡稳定的重要手段。

河流地貌及泥沙监测应依据相关技术规范进行（表 2-28）。

表 2-28　　部分地貌监测技术规范、标准

规范名称	编号	实施日期/(年-月-日)
河道演变勘测调查规范	SL 383—2007	2007-10-14
水道观测规范	SL 257—2000	2000-12-30
河道等级划分办法	水利部水管〔1994〕106 号	1994-02-21
河流泥沙颗粒分析规程	SL 42—2010	2010-09-24
河流推移质泥沙及床沙测验规程	SL 43—1992	1994-01-01
水库水文泥沙观测规范	SL 339—2006	2006-07-01

4. 生物监测

生物监测的内容包括：植被覆盖比例，物种组成和密度、生物群落多样性、生长速率、生物生产量、龄级/种类分布、濒危物种风险、病害情况等。对生物群落组成进行监测时，包括浮游植物、着生生物、浮游动物、底栖动物、两栖生物、水生维管束植物和鱼群种类

与数量，并应测定水生生物现存量，包括浮游植物、浮游动物和底栖动物的生物量。监测分析生物群落内的物种丰度、多度及密度时，常用 Shannon 多样性指数（Shannon diversity index）对比分析。

除对水体内的生物特性进行监测外，也应对滨河带、湖滨带生物进行监测，包括植被种类、疏密程度、对水面的遮蔽情况、滩地植被种类等。对有洄游鱼类的河段，应在洄游期进行连续监测。同时，应调查岸坡、滩地等处动物群落的分布状况、活动规律等情况。

对于生物监测而言，生物采样点布设与物理化学采样地点布设不完全一致。生物调查采样不设采样断面，只设采样垂线。在一条采样垂线上，视采集生物种类及其分布状况和测定项目，可设一个至数个采样点。鱼类是浮游生物，活动范围大，所以不宜设置采样垂线。可在水质站范围内，按鱼类食性进行采集。尽管鱼类有底层鱼和表层鱼之分，但这多指鱼类觅食和栖息而言，并不意味着它不到其他水层活动。

生物监测数据整理、分析的常用方法有：比较法、作图法、特征值统计法以及数学模型等。传统的作图法和特征值统计法仍是主要实用方法。数学模型主要有 3 类：统计性数学模型、确定性模型及一些新型统计方法（时间序列分析、灰色系统理论、模糊数学方法、小波变换、分形分析等）。现有的一些统计分析软件可以帮助进行监测数据的整理分析，如 MATLAB、SPSS、SAS 等。

生物监测部分相关技术规范、标准参见表 2-29。

表 2-29　部分生物监测技术规范、标准

规范名称	编号	实施日期/(年-月-日)
淡水浮游生物调查技术规范	SC/T 9402—2010	2011-02-01
生态环境状况评价技术规范（试行）	HJ/T 192—2006	2006-06-01
生物遗传资源经济价值评价技术导则	HJ 627—2011	2012-01-01
水环境检测规范	SL 219—1998	1998-09-01
渔业生态环境监测技术规范　第 3 部分：淡水	SC/T 9102.3—2007	2007-09-01
水库渔业资源调查规范	SL 167—1996	1996-07-01
淡水生物资源调查技术规范	DB43/T 432—2009	2009-02-10

2.5.2 实施效果评价

本手册主要说明评价城市河道生态修复实施效果的评价内容、指标选择和评价方法。

城市河道生态修复过程存在着大量的不确定性，对规划和管理工作形成挑战。为避免决策失误和减少盲目性，基于城市河道生态修复负反馈调节方法，利用 GIS、GPS、RS 等信息技术，构建城市河道生态修复决策支持系统平台，将是一条基于适应性管理方法的合理技术路线。

此处特别推荐董哲仁、赵进勇研究提出的河流生态修复负反馈调节方法。

2.5.2.1 河流生态修复负反馈调节规划设计原则

对河流生态修复过程中存在的大量不确定性，应采取负反馈式的适应性对策以提高河流生态修复项目的成功率。2004 年，董哲仁提出了生态水利工程的负反馈调整式设计原

则，认为河流生态修复工程设计应不同于传统工程的确定性设计方法，而是一种反馈调整式的设计方法，按照“规划—设计—执行（包括管理）—监测—评估—调整”流程反复循环。

所谓“负反馈调节”是大系统控制论的一个重要概念。首先需要定义“目标差”概念，目标差是指一个大系统的现状与预定目标的偏离程度。负反馈调节的本质是设计一个使目标差不断减少的过程，通过系统不断将控制后果与目标差进行比较，使得目标差在一次次调整中逐渐减小，最后达到控制的目的。

在河流生态修复这一大系统中，河流生态系统是被控制系统，人们的规划设计与管理系统是控制系统。河流生态修复过程是控制系统与被控制系统相互作用的过程，如图2-10所示。在生态修复过程初期，人们规划设计了一套河流生态修复方案，包括初步确定修复目标。这个目标可以是依据历史参照系或类比参照系确定的目标。项目开始实施后，人们按照制定的修复方案施工和管理，其实质是向河流生态系统输入一系列干扰，促使其向良性方向发展。河流生态系统对这种干扰持续地作出响应，其演进方向具有多种可能。对于干扰的生态响应，系统以信息的方式输出。输出的大量信息可以分为四大类型，即水文、水质、地貌和生物。通过监测系统长期、持续地进行水文、水质、地貌和生物监测。经过信息滤波和传输，进入生态状态评估系统。评估系统需要有适当的评估模型支持，能够对河流生态系统状况作出综合评估。目标差评估系统的作用是对现状与历史状况进行对比分析和判断，分析生态系统的演进方向，判断生态现状与修复目标的偏离程度。在开展评估后，需要判断河流生态状况到底在包络图的什么坐标位置，系统依据这些评估结果判断生态修复过程的方向是好转、持平或者恶化。如果没有好转，则需要对于项目规划设计

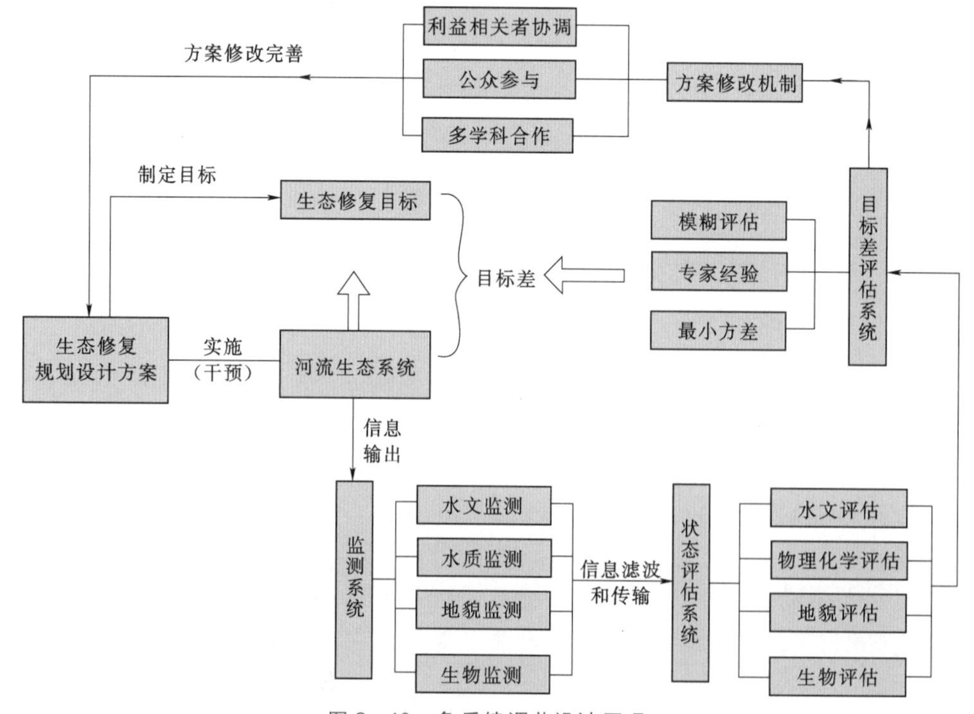

图2-10 负反馈调节设计原理

或管理方法进行必要的调整。为此，需要建立合理的工作机制，即建立各利益相关者的协调机制，扩大公众参与，加强多学科合作，以克服来自社会、经济和科技方面的障碍或认知缺陷。规划设计方案修改包括修复目标的修改和修复措施的修改。按照新的方案实施后，就进入了新的一轮人工适度干扰过程。如此多次循环，使目标差不断减小，最终达到河流生态修复的目的。

2.5.2.2 河流生态修复负反馈规划设计方法

河流生态修复负反馈规划设计方法的总体思路为：基于负反馈调节原理，以GIS和RS等信息技术为支撑，以调查与监测数据为基础，以河流生态评估模型为核心，对河流生态修复立项分析、项目规划、项目区施工、项目区后评估等阶段进行论证和检验，并基于信息反馈和新的认识，结合最新技术进展，对各阶段的目标、任务进行修改和完善。

河流生态修复负反馈规划设计方法所需要的数据包括基础地理信息、水文、气象、地貌、地质、生物、水环境、工程设施以及社会经济状况等方面的数据，需要对这些数据进行采集、整编、挖掘、加工等一系列整合处理。在河流生态修复负反馈规划设计过程中，河流生态修复相关的专家知识、经验参数、科学试验参数、数字化的相关政策法规以及行业标准，为各类评估模型的优化运行提供了依据。作为河流生态修复负反馈规划设计方法的核心，河流生态评估模型包括物理化学评估、水文评估、地貌评估、水力评估、生物评估及社会经济生态一体化评估。

河流生态修复规划设计与实施的全过程是：立项分析、制定河流生态修复总目标、项目规划、制定河流生态修复实施目标、项目区施工与监测、项目区后评估。在河流生态修复项目的总体和不同阶段实施负反馈式调整，以满足目标要求。在不同阶段，评估对象的尺度不同，所使用的评估模型也有不同侧重。

河流生态修复负反馈规划设计方法如图2-11所示。

立项分析、项目规划、项目区实施和项目区后评估等不同阶段的目标和内容不同，所应用的数据、模型也各有侧重。

1. 立项分析

立项分析阶段主要是提供项目立项必要性分析的方法，并对战略方案的选择提出建议。通过胁迫因子、问题与机会识别，在流域或河流廊道的尺度上论证立项的必要性，并在“被动修复”“主动修复”和“被动/主动修复”这些战略性的方案中进行选择。

立项分析的结果有3种：当胁迫因子识别明确，问题突出，存在较大修复机会，人力、财力充足时，明确项目立项；当胁迫因子识别明确，问题不突出，存在较小修复机会时；或人力、财力严重不足时，明确项目终止；当资料不全，问题突出，存在较小修复机会时；或资料不全，问题不突出，存在较大修复机会时，重新进行立项分析。

将不同种类、不同形式、不同时期的基础地理信息、水文气象、水质、地质地貌、生物、遥感图、社会经济和工程设施等数据在GIS图层上进行存储、展现。利用地貌评估模型得出河流廊道尺度内典型年的景观指数变化表、景观类型转移变化表，计算河流与周边水系、湿地等的连通程度，利用图论及分形几何等数学方法对研究河段的形态多样性特征进行定量评价。利用生物评估模型得出流域或河流廊道尺度下的生物完整性等级分布图。流量、频率、持续期、时机和变化率5个水文情势评估要素、通过直接或间接影响其

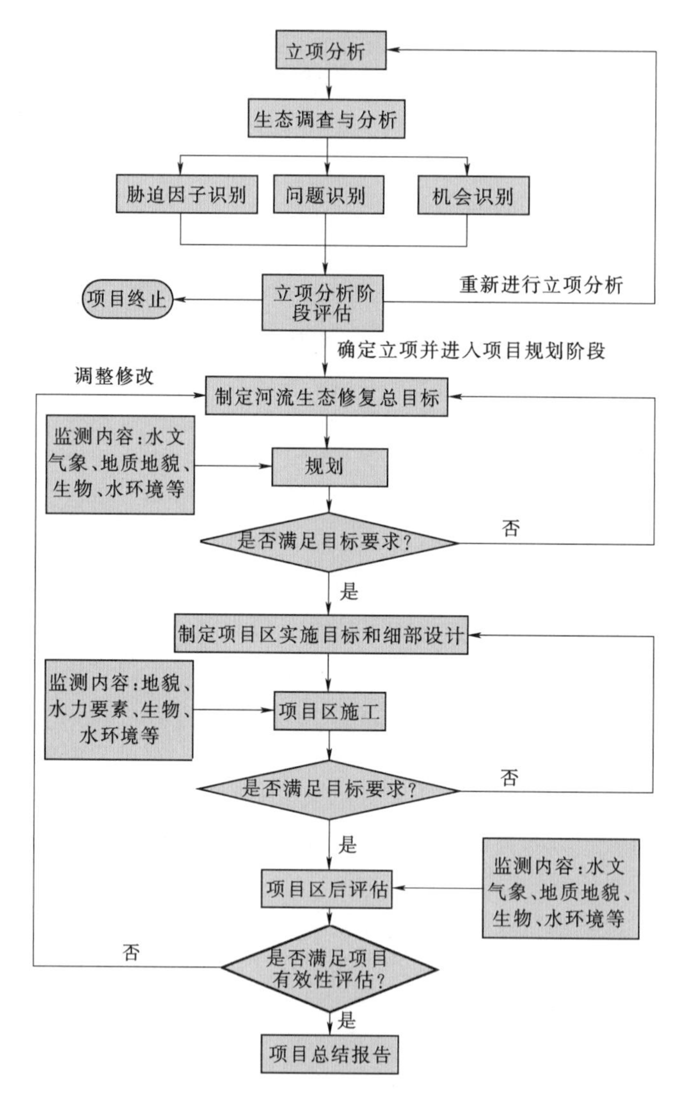

图 2-11 河流生态修复负反馈规划设计方法示意图

他主要的生态完整性控制因素、来影响生态完整性，可利用水文评估模型得出各评估要素的使用条件和评判标准，并分析示范区典型断面的生态需水过程线。利用水环境评估模型得出水环境分区图。根据以上这些评估、分析结果可得出立项分析阶段的结论。

2. 项目规划

项目规划阶段的任务是在流域的尺度上，动态地对多种规划方案进行评估优选，并对优选出的方案是否满足设定目标进行判别。首先在 GIS 平台上分析现状及历史数据，并制定河流生态修复总目标，制定目标时需要与社会经济目标、河流综合管理目标相结合。然后利用物理化学评估、水文评估、地貌评估、生物评估、社会—经济—生态效益一体化评估，对不同规划方案进行情景分析。其中，社会—经济—生态效益一体化评估主要侧重于通过效益费用等方法，对社会经济与生态效益进行耦合评估，衡量生态系统生态服务功能的变化。生态系统的服务功能包括使用价值和非使用价值（存在价值），使用价值包括直接使用价值和间接使用价值，直接使用价值包括供水、航运、娱乐、渔业等，间接使用价值包括防洪、营养物循环、遗传和湿地等，存在价值主要体现在为生物提供栖息地方面。最终通过综合评估对规划方案进行优选。

3. 项目区实施

这一阶段评估的特点是对栖息地的细部设计可以利用生态水力评估模型进行生物适应性评估。在运用生态水力评估模型时需与现场调查相结合，在设计方案确定前，应注意与各利益相关者的协调及反馈调整。项目区的实施往往是在河段尺度上进行，但是应在河流廊道上布置生态监测系统，以长时间收集水文、水质、生物和地貌数据。在项目施工过程中，对监测数据进行定期分析，当出现不合理结果时，需结合项目起始阶段的河流历史、现状数据进行对比分析，并对项目实施目标、总体设计、细部设计进行重新调整。

4. 项目区后评估

项目区后评估阶段，是在河流廊道或河段尺度上对项目的有效性进行动态评估，并且对管理措施进行必要的调整和改善。利用评估模型从以下三个方面进行项目有效性分析：项目区施工前后对照、与项目区实施目标相对照、项目趋势分析。通过项目区施工前后的对照，分析施工前后物理化学、水文、地貌、水力、生物、社会经济等方面的变化情况。通过与项目区实施目标相对照，分析项目区施工后是否达到了预定目标。通过项目趋势分析，预测分析各生境因子与生物的演变趋势，从而判断河流生态系统是否朝健康方向发展。

2.6 生态修复设施养护

生态修复设施的管理和维护主要针对植被型护岸、石材型护岸、木材型护岸、纤维型护岸、曝气增氧机、生态浮岛、人工强化生物膜等。

1. 植被型护岸检查

(1) 每天进行1次陆上巡查，每两周进行1次水上巡查。

(2) 检查草坡的塌陷、裂缝情况。

(3) 检查草坡坡顶和坡面受雨水、河水的淋蚀、冲刷情况。

(4) 检查草坡的蚁穴、兽洞情况。

(5) 检查草坡的渗漏、管涌现象。

2. 植被型护岸养护

(1) 保证植物的存活率。

(2) 病虫害的防治。

(3) 夏季及时浇水灌溉。

(4) 冬季及时修剪与清理。

3. 石材型护岸检查

(1) 每天进行1次陆上巡查，每两周进行1次水上巡查。

(2) 叠石的位移、松动、破损情况。

(3) 石笼铁丝的锈蚀、变形、断裂的情况。

4. 石材型护岸养护

（1）结构保持完好、表面平整、清洁的情况。

（2）叠石整齐无松动、塌陷、隆起的情况。

（3）石笼铁丝变形或断裂时，及时修理或更换。

5. 木材型护岸检查

（1）每天进行1次陆上巡查，每两周进行1次水上巡查。

（2）木桩的倾斜、破损情况。

（3）木桩防腐层的完好性。

（4）木桩受到异物推挤的影响。

6. 木材型护岸养护

（1）木桩、木栅保持无缺损，防腐层完好。

（2）破损处及时进行补修，保持桩和栅栏的完整性、稳定性。

（3）河岸上的垃圾杂物及时清理，避免木桩受到挤压。

7. 纤维型护岸检查

（1）每天进行1次陆上巡查，每两周进行1次水上巡查。

（2）检查生态袋的破损、变形、位移情况。

8. 纤维型护岸养护

（1）生态袋外形保持完好，无填充物外漏的情况。

（2）链接扣牢固，无松脱的情况。

（3）背后填土密实，无水土流失的情况。

9. 曝气增氧机检查

（1）每天进行1次陆上巡查，每两周进行1次水上巡查。

（2）检查生态袋的破损、变形、位移情况。

10. 曝气增氧机养护

（1）每周两次定期巡检曝气机及供电线路，巡检内容主要有：观察设备是否正常启动；观察运转是否正常（声音是否正常，水流水花是否正常，有无拥堵现象）；仔细观察裸露或外置的电器电缆有无破损或异常，出现问题及时处理；观察设备的固定有无松动情况；及时清理曝气机周围漂浮物和垃圾，以免堵塞曝气机进水口，影响其正常工作。

（2）每两月1次检查并校准控制箱内的时间继电器，及时更换电池，确保其保持自动运转控制功能。出现异常情况及时处理关联事项：电器部分出现故障需立刻停机检修；涉水的维护管理作业应立即停止，以防漏电等问题出现安全事故。

（3）定期保养和维修。增氧机每年（或累计运行2500h）应维护保养1次，内容包括：拆开增氧机主体部分潜水电泵，对所有部件进行清洗，去除水垢和锈斑，检查其完好度，及时整修或更换损坏的零部件；更换密封室内和电动机内部的润滑油；密封室内放出的润滑油若油质混浊且水含量超过50mL，则需更换整体式密封盒或动、静密封环。

（4）运行时间。运行时间一般设置为：每天4：00启动，7：00停止；8：30启动，10：30停止；15：00启动，17：00停止；20：00启动，22：00停止；0：00启动，翌日

2：00停止。根据治理河段水质状况，可适当调整或缩短运行时间。曝气机附近25m范围内如有居民楼、学校、医院等环境敏感点，夜间22：00至翌日6：00停止运行。

（5）应急措施实施。突发污染泄漏事件时，24h开启曝气循环设备；台风、大风大雨天气及强泄洪前后2～3天，检查曝气增氧机的固定情况，如有脱落及时固定牢固。

11. 生态浮岛检查

（1）日常巡查：每周巡检2次。

（2）检查浮岛有无破损。

（3）检查松散及链接扣有否掉落。

（4）及时清理附着在浮岛周围的杂物或垃圾。

12. 生态浮岛养护

（1）生态浮岛链接扣破损、掉落或扎带破损，及时更换链接扣或扎带。

（2）因水位涨落或其他原因而导致浮岛搁浅时，应及时将其推入水中复位。

（3）台风、大风大雨天气及强泄洪前后2～3天，检查生态浮岛的固定情况，如有脱落及时固定牢固。

（4）对于浮岛植物应及时清理和收割，如果遇到植物枯萎、倒状应及时更换。

13. 安装在城市河道中的人工强化生物膜养护

（1）每6个月人工刮除其上负载的生物膜。

（2）对于污染较为严重的城市河道，生物膜刮除周期为每3个月1次。

（3）若有移位、上浮、下沉等松动现象，应及时维护加固。

（4）若河水水质达到预定标准，可打捞上岸。

14. 安装在排污口附近水域的人工强化生物膜养护的内容

（1）对于安装在排污口附近水域的以弹性填料或组合填料为代表的封闭式生物处理装置，每6个月采用污泥泵抽取沉积在生物处理装置底部的底泥。

（2）对于直接放置在排污口附近水域的以弹性填料或组合填料为代表的封闭式生物处理装置，可不作处理，但每月巡检1次，若有脱除及时检修或重新固定。

2.7 水生植物养护

1. 挺水植物检查

（1）每周检查2次。

（2）修理枯黄、枯死和倒伏植株。

（3）清理滨岸带挺水植物周围的杂物或垃圾。

2. 挺水植物养护

（1）定期去除杂草，生长季节每月除草1次。

（2）滨岸带挺水植物应在春、夏季每月修剪1次，并挖除过密植株。

（3）当病虫害等原因造成死亡时，将植被撤出并补植。

（4）当植物有严重病虫害时，撤出后再喷洒杀虫剂处理。

（5）冬至后至立春前对枯萎枝叶进行修剪。

（6）种植植物后，每半月检查1次植物的生长情况，并及时补植缺损植株。

（7）对生态浮岛上种植的挺水植物一年更换2次，时间为7月和11月；更换时将种植篮内的植株连根取出，再利用刀分出一株，重新植入种植篮内；植物更换后每周检查1次，如有坏死及时将根系全部取出并补种同种植物。

3. 浮水植物检查

（1）每周检查1次。

（2）修理枯黄、枯死和倒伏植株。

（3）清理浮水植物上的枯枝落叶。

4. 浮水植物养护

（1）对于生长扩张出种植网框外的浮水植物，视超出网框外围情况，每月修剪1次；每月定时打捞一次种植网框内的浮水植物，打捞面积为网框面积的1/5；修剪、打捞出的植物残体及时运走。

（2）冬季霜冻后部分枯死植株及时打捞清理。

（3）及时清除岸边浅水区的挺水类杂草，如双穗雀稗、糠秕草等，以及采用人工打捞方法去除水面非目的性漂浮植物。

（4）对因各种原因造成成活率较低、覆盖水面达不到设计要求的需要补植，补植方法同种植方法（浮水植物种植方法：将种苗均匀放到水体表面，要做到轻拿轻放，以确保根系完整，叶面完好，种植时植物体切忌重叠、倒置）。

（5）浮水植物发生病虫害一周内，及时喷施农药。

5. 沉水植物检查

台风、大风大雨天气及强泄洪后检查沉水植物冲毁情况，并及时补植。

6. 沉水植物养护

（1）清除水体表面植物及非目的性沉水植物。

（2）打捞或机割长出水面的沉水植物，并清除浮出水面的死株。

（3）补植成活率未达到设计要求的沉水植物。

（4）对于成活率不能达到设计要求的要进行补植，补植方法同设计种植方法。

（5）每年收割1次沉水植物。

7. 水生植物有害生物防治

（1）应根据水生植物的生长习性和立地环境特点，加强对有害生物的日常监测和控制。

（2）应根据不同水生植物种类、生长状况确定有害生物重点防治对象。

（3）严禁使用聚酯类等对鱼虾敏感的农药。

（4）应采用生物防治、物理防治为主的无公害防治方法。

8. 水上害虫防治

水上害虫可分为刺吸类害虫和食叶类害虫。

（1）常见种类：刺吸类害虫（蚜虫类、叶螨类、蓟马类、蚧虫类、叶蝉类、网蝽类、飞虱类、木虱类等）和食叶类害虫（叶甲类、象甲类、夜蛾类、螟蛾类、刺蛾类、蝇类、软体动物类等）。

（2）危害特点：刺吸或锉吸水生植物水上部分植物组织汁液或取食水生植物水上部分植物组织，造成植物组织破坏，植株生长势减弱。

（3）识别方法：看叶片有无卷曲，叶片表面有无结网（叶螨类），叶色有无失绿的灰白斑或失绿变灰白；看植株叶片上有无害虫分泌的蜜露（发亮的油点），叶片正面有无煤污分布；看叶片正面或反面有无灰白的蜕皮壳（蚜虫类、叶蝉类、叶螨类、飞虱类等）；看植物叶片有无食叶害虫取食造成的孔洞、缺刻，叶面有无失绿的潜道（潜叶蝇、潜叶蛾、潜叶甲等），有无拉丝结网；看植物叶面上有无虫粪，叶片背面有无发亮的黏液干燥膜和黑色分泌物颗粒（蜗牛、蛞蝓）等。

（4）防治方法：食叶害虫成虫期用高压纳米诱虫灯诱杀、性信息素诱集；食叶害虫幼虫期喷药防治，如灭幼脲、高渗苯氧威、甲维盐等；刺吸性害虫喷药防治，如苦参碱、蚜虱净、机油乳油等；叶螨类害虫喷药防治，如克螨特、哒螨灵等；软体动物害虫喷药防治，如嘧达等。

9．水下害虫防治

水下害虫包括水叶甲和潜叶摇蚊。

（1）常见种类：水叶甲（鞘翅目），潜叶摇蚊（双翅目）。

（2）为害特点：群集地下茎节部危害，吮吸荷花等根茎的汁液，致使荷叶发黄；幼虫蛀入荷花的浮叶叶背，潜食叶肉，致全叶腐烂，枯萎。

（3）识别方法。

1）水叶甲：植株生长缓慢，叶片发黄，缺少光泽，大叶明显减少，严重的整株浮出水面。

2）潜叶摇蚊：荷花的浮叶叶面上布满紫黑色或酱紫色虫斑。

（4）防治方法。

1）水叶甲使用根施辛硫磷颗粒剂或茶籽饼粉防治。

2）潜叶摇蚊叶面喷施蝇蛆净或灭蝇胺。

10．植物病害防治

（1）常见种类。植物病害包括白粉病、炭疽病、锈病、叶斑病、煤污病、病毒病等。

（2）识别方法。

1）白粉病：看植株叶片正反面有无灰白色的病斑和白色粉状物。

2）炭疽病：植物病部有无呈轮纹状排列的小黑点。

3）锈病：叶片病部有无黄色或褐色粉末。

4）叶斑病：叶片上产生褐色圆斑，后扩大成不规则大斑块，并于病斑上产生黑点。

5）煤污病：叶片病部有无黑色粉煤层覆盖。

6）病毒病：植株有无花叶、斑驳、矮缩、丛枝等。

（3）防治方法。

1）水生植物休眠期，结合清理植株上的枯枝和病叶，喷洒晶体石硫合剂等进行病菌预防控制。

2）黑星病、锈病：水生植物发病初期使用烯唑醇、氟硅唑防治。

3）白粉病、锈病、叶斑病：使用福菌唑、丙环唑防治。

4）炭疽病：使用炭特灵、米鲜胺防治。

5）病毒病：使用病毒清、盐酸吗啉胍防治。

11. 外来物种防治

（1）人工防治方法。依靠人工、捕捉外来害虫或拔除外来植物。人工防治适宜那些刚刚传入、定居，还没有大面积扩散的入侵物种。人工防除可在短时间内迅速清除有害生物，但对于已沉入水里和土壤的植物种子和一些有害动物则无能为力；高繁殖能力的有害植物容易再次生长蔓延，需要年年进行防治。

（2）化学防治方法。化学农药具有效果迅速、使用方便。易于大面积推广应用等特点，但在防除外来有害生物时，使用化学农药往往也能杀灭了许多本地生物，而且化学防除一般费用较高，对一些特殊环境如水库、湖泊，因化学品造成的环境污染，许多化学农药是限制使用的。由于很多外来入侵植物系多年生，应用内吸性除草剂较为持久，但污染也很大，不提倡广泛使用。

（3）生物防治方法。生物防治是指从外来有害生物的原产地引进食性专一的天敌，将有害生物的种群密度控制在生态和经济危害阈值之内。生物防治的基本原理是依据“有害生物—天敌”的生态平衡理论，在有害生物的传入地通过引入原产地的天敌因子重新建立“有害生物—天敌”之间的相互调节、相互制约机制，恢复和保持这种生态平衡。因此，生物防治可以取得利用生物多样性保护生物多样性的生态效果。

（4）综合治理方法。将生物、化学、机械、人工、替代等单项技术融合起来，发挥各自优势，弥补各自不足，达到综合控制入侵生物的目的。综合治理并不是各种技术的简单相加，而是有机的融合，彼此相互协调，相互促进，最终达到控制有害生物入侵的效果。

2.8 应急处理

（1）日常维护时，应密切关注天气预警信息，遇暴雨和台风预警应提前做好相关准备。

（2）暴雨和台风前，应提前对人工浮岛、人工生物膜、曝气机等设备和植物进行加固；暴雨前，在坡岸工程区域应设置倒流设施防止水量过大冲毁植物。

（3）暴雨后应及时检查浮岛、人工生物膜的状况，同时检查曝气机等设备的运行情况；在台风过后，应立即对相关工程进行检查，修正倒伏的植株，加固松动的螺丝。在寒潮来临前，应及时做好各种管道的保温和放水工作。

（4）对污水漏排的应急处理，应符合下列规定：①污水漏排进城市河道时，应对排污口进行封堵，同时对污染源进行溯源；②有配水条件的城市河道，应及时调配上游清洁水源冲刷，可通过适当投加化学药剂和絮凝剂削减排污的影响等。

城市河道生态修复技术体系

3.1 总体说明

生态修复是基于生态学原理，采用生态工程技术开展水域（包括水体、岸坡、河床）修复的可持续的治理方式。生态修复技术主要是通过创造适宜多种生物栖息繁衍的环境，重建并恢复水生态系统，恢复水体生物多样性，并充分利用生态系统的循环再生、自我修复等特点，实现水生态系统的良性循环。本手册通过调研国内外河湖生态修复经典案例，汲取上海、杭州等地典型城市河道生态治理技术经验，按照将传统生态治理手段与现行的生态修复理念相结合的原则，对典型的城市河道生态修复技术进行了汇编。

围绕生态修复目标及任务，从生态修复具体措施维度，本手册从城市河道“空间—水量—水质—生物”全要素过程，尽可能系统地汇编了相关生态修复技术，每种技术详细说明了技术特点、应用案例，其中技术特点包括技术原理、技术指标、适用条件、关键材料、施工工艺、运行管理等。

本手册未收录广义上的生态修复所包括的化学方法、物理方法。

3.2 技术体系

城市河道生态修复技术索引见表3-1。

表3-1　城市河道生态修复技术索引表

技术名称	页码
第4章　城市河道地貌形态修复及生态补水技术	56
4.1　地貌形态修复技术	56
4.1.1　河流纵向形态修复技术	56
1. 丁坝技术	56
2. 跌坎技术	56
3. 石垫湍滩技术	57
4.1.2　生态护岸技术	63

续表

技 术 名 称	页码
1. 生态袋护岸	71
2. 生物毯护岸	73
3. 木排桩护岸	75
4. 网格生态护岸	77
5. 格网石笼护岸	79
6. 植被混凝土护岸	80
7. 连锁式植生块护岸技术	82
8. 阶梯式生态护岸技术	83
9. 可拼装式木质框格边坡	85
10. 原木块石复合结构护岸	87
11. 生态桥砌块护岸技术	88
12. 硬质驳岸生态绿化技术	89
(1) 藤蔓式垂直绿化驳岸软化技术	89
(2) 悬挂式垂直绿化驳岸软化技术	92
(3) 模块式垂直绿化驳岸软化技术	93
(4) 铺贴式垂直绿化驳岸软化技术	95
4.1.3 河道内生境修复技术	105
1. 生态潜坝	105
2. 植被构架生境构造技术	105
3. 遮蔽物	106
4. 砾石群	106
4.2 城市河道生态补水技术	112
第5章 城市河道水质生态改善技术	121
5.1 人工湿地处理技术	121
5.2 水生植物、动物修复技术	131
5.3 生态浮岛技术	140
5.4 水质应急改善技术	152
5.4.1 人工造流增氧曝气技术	152
5.4.2 生物膜修复技术	159
5.4.3 微生物菌剂修复技术	189

城市河道生态修复技术体系如图 3-1 所示。

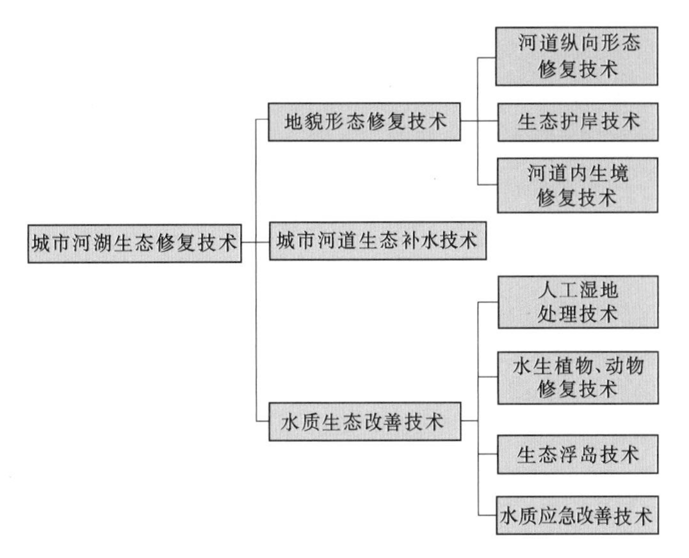

图 3-1 城市河道生态修复技术体系

3.3 生态修复技术与其他工程措施的融合

3.3.1 堤防工程

堤防工程的目的是带给人们生活、生产安全的保障，能够实现生物系统的多样化、可持续发展。因此生态系统设计必须要结合河流形态、走向，予以当地动植物生存更多的关注，同时兼顾生态多样性和河流系统生态设计。

1. 堤型与堤线

在生态堤防的设计中，应保护江河自然形态、河道分叉形态与蜿蜒区域。将保障当地水生态稳定性、安全性摆在首位。同时考虑生态恢复、生态保护、堤防间距等内容。充分利用水资源和土地开发之间的关系。在确保水利堤防满足泄洪需求的基础上，为河滩、河漫预留足够宽度，发挥河道自净化、自恢复的作用，提供给动植物更好、更稳定的生存环境。

2. 河流断面

关注河道的深潭浅滩与宽窄变化，多样性的河道是促进多样化生态景观形成、发展以及多样化生物群落形成的前提。生态堤防的设计与建设，需要同时考虑河道功能与河道对土地的利用。梯形断面与矩形断面都会导致生物群落繁殖受到影响，破坏其原有生存环境。而复式断面不仅能够抵抗洪水压力，同时还可以保障生态系统连续性。

3. 岸坡

水利堤防应做好河岸风貌的保护，围绕当地实际条件设计与施工。保护当地动植物与堤防多样性。工程应选用具有透水性的混凝土，为当地生物创造更好的生存环境。如果有条件可以应用缓坡结构，在保障河流畅通性的同时为动植物创造更好的生存环境。

4. 周围景观

生态堤防应充分结合当地自然环境，利用自然湖泊河流条件。用人工景观和自然景观营造亲人性、亲自然性环境。维持环境原生态的同时，赋予生态堤防更多的美学价值。施工中有必要做好备注，内容包括生物发情期、繁育期，以免破坏了当地生态系统。做好濒危品种、稀有品种专门保护，维持生态系统多样性、稳定性。

3.3.2 景观工程

城市景观工程主要包括城市河道景观工程、园林及公园景观工程、城市道路景观工程等。河道景观工程是城市生态工程中十分重要的组成部分，在营造自然的城市河道景观过程中，应根据自然生态系统多样性的要求，对城市河道进行生态修复，恢复河道自然属性，改变因城市化和传统水利工程所造成的河道非自然面貌，消除因此带来的生态胁迫，为河道内及滨河生物重新构建栖息场所，使生态系统恢复到接近自然的状态，从而恢复城市河道各种功能，保持河道健康。

生态化是城市园林及公园景观工程可持续发展的必然趋势。根据景观生态学的原理，将自然岸线的自然生态群落结构进行模拟，主体以植物造景、绿化为重点，应用天然材料，形成自然生趣的滨水景观。同时以体现增加景观异质性，保护生物多样性，促进自然物能循环，构架城市生态廊道，强调景观个性，实现景观的可持续发展等。

在城市道路景观的设计中坚持物种的多样性，构建城市绿色廊道，从而改善城市道路绿地生态系统的基础，实现城市生态化建设的可持续发展。在改造设计中，针对道路景观中缺少的自然成分，适当地给予补充。在补充自然成分的同时，需要注意物种的多样性，避免景观的单调性与结构简单。绿地系统中的生物复杂多样化，生物种类多样化，可促使生态结构稳定。

3.3.3 清淤工程

在实施清淤工程时应注意维持或构建近自然的生态河床。比如，当前的清淤工程完成后通常形成平坦的河床，与下凹式的具有深泓线的自然河床不同，所以在制定清淤方案时，要多考虑重新营造生态河道断面的需求，结合其他生态修复技术，在恢复横向复式断面、主河槽、河漫滩、深潭—浅滩系列、生态河床等方面的需求。

同时，城市河道靠近居民区并存在大量建筑垃圾、生活垃圾等杂物，所需清淤设备首先对降低噪音要求较高，其次要确保周围建筑物的安全，然后应尽量减小对水体的扰动，这些特殊性对生态清淤设备提出了更高的要求。

在城市河道淤泥安全处置及资源化利用方面，需要对疏浚淤泥进行封闭填埋处置，无法充分利用土地及淤泥的资源价值。因此应在坚持“无害化处理”的原则下，积极探索淤泥资源化的形式和途径，加强疏浚淤泥的综合利用。为防止重金属污染土壤，并通过粮食、蔬菜等进入食物链，影响人体健康，河道淤泥要慎重用于农田和林地，但疏浚淤泥经脱水固化处理后可以广泛用作各种填土工程，如河道堤岸加固、道路建设、低洼地填方，也可用作河道岸坡和城市绿化基质用土等。

3.3.4 闸坝工程

1. 恢复增强水系连通性的调度方法

通过调整闸坝的调度运行方式，恢复、增强水系的连通性，包括干支流的连通性、河流湖泊的连通性等，缓解水利工程建筑物对于干支流的分割以及对于河流湖泊的阻隔作用。必要时可以辅以工程措施，如修建鱼道等增加水系、水网的连通性。

2. 调节中小洪水适应河滩和洪泛湿地的需要

防洪调度是有防洪任务的闸坝在汛期的运行调度方式，其主要目的就是要拦蓄洪水，减小下游的洪灾损失，改善水资源的时间分配不均匀，满足枯季用水的需要。但这不可避免地导致洪水对河流生态天然功能的部分甚至全部丧失。因此，汛期防洪与生态联合调度的核心矛盾，在于如何在防洪和生态保护之间寻找一个平衡点。

对于中小洪水而言，由于防洪风险基本上处于可控状态，因此具备为下游河滩和洪泛湿地提供洪水资源，改善其生态环境的条件。因此，在中小洪水期间，在确保防洪安全的前提下，从控制下泄流量的角度，可以尽可能延长下游平滩流量过程，为河滩地补水；从为洪泛湿地补水的角度，可以将洪泛湿地的生态环境用水需求作为中小洪水期间的一个供水目标，尽量满足其用水需求。

3. 调节大洪水适应闸坝上游和下游河道输沙的要求

对于大洪水而言，由于其具有不可控性，因此要合理控制风险，把握好利用时机，才能在防洪安全和生态环境保护之间找到平衡点。

通常在大洪水洪峰来临之前，由于其防洪任务非常重要，其他调度都要服从于防洪调度，该时段防洪调度目标优于生态调度目标。因此，不建议在洪峰来临前考虑生态调度。但当大洪水进入退水阶段，由于洪峰已经过去，水位在蓄泄平衡点达到最高后也将开始下降。在水位开始下降后，由于无论对于下游还是闸坝自身，其防洪风险已经开始处于可控的状态，因此在该阶段可以考虑利用闸坝的下泄流量进行输沙调度。

城市河道地貌形态修复及生态补水技术

4.1 地貌形态修复技术

河流形态多样性是生态系统生境的核心，是生物群落多样性的基础，生物群落与生境的统一性是生态系统的基本特征。自然水体因为水流对泥沙的侵蚀、搬运与堆积，呈现各种河湾、浅滩、深潭等多样的形态，这些形态更有利于稳定、消能、净化水质以及生物多样性的保护，也有利于降低洪水的灾害性和突发性。然而，城市河道因为防洪、用地等原因，很多河流被截弯取直，堤岸硬化，断面形态单一，水动力条件单一，降低了水体自我净化能力，减少了生态的临界面，大大降低了生物的多样性。纵向上，河流上下游明显，形态多样性修复的目的主要是延长水流路径，在水流的来路、去向和流经的路上，有交替次序的浅滩和深潭，保持动能水力平衡，深潭的水头蓄积区和浅滩的水能消散区能为大型无脊椎动物和鱼类提供多样性的栖息地以及产卵场所。横向上，单一的形状、硬化的河道使得生物赖以生存的自然特征消失，修复的重点是拓宽水面宽度以及改造两岸的护岸方式。因此，进行河流生态修复，河流形态多样性恢复至关重要，纵向上，设计丁坝、跌坎、石垫湍滩等，为生物提供多样性的生境条件和生存空间；横向上，根据河岸稳定、过流能力要求以及生态需求，设计水体岸线生态护坡，如抛石护岸、生态袋护岸、生物毯护岸、木排桩护岸、网格生态护岸、生态石笼、植被混凝土护岸、植生块护岸，同时在河道内尽量设计生态潜坝、遮蔽物等，恢复河道内生境。

4.1.1 河流纵向形态修复技术

4.1.1.1 河流纵向形态修复技术原理及分类

1. 丁坝技术

丁坝技术是指利用块石、混凝土等材料一端与河岸相连而另一端伸向河槽的坝型建筑物，具有调整水流作用，可改变水流方向，在上、下游方向形成回流和泥沙淤积，从而形成水流流态的多样化。丁坝可形成河床的微地形，人工恢复和重建河床的深潭-浅滩结构，进而使河道自然形成蜿蜒形态，促进生物栖息地多样性的形成。根据丁坝的材料和结构型式的不同，主要分为桩式丁坝（图 4-1）、石丁坝和混凝土块体丁坝（图 4-2）。

2. 跌坎技术

跌坎技术是指水流从跌水处急速下落冲击水面或地表，使水体发生紊动，从而增加与空气中氧气的接触面积，起到天然曝气的作用，进而使水体含氧量增加，更有利于好氧微

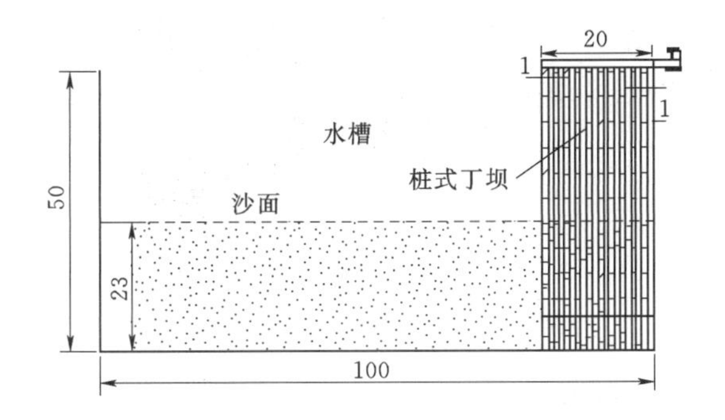

图 4-1 桩式丁坝模型示意图（单位：m）
（《摘自桩式丁坝局部冲刷深度试验研究》
周银军，陈立，刘金，等著）

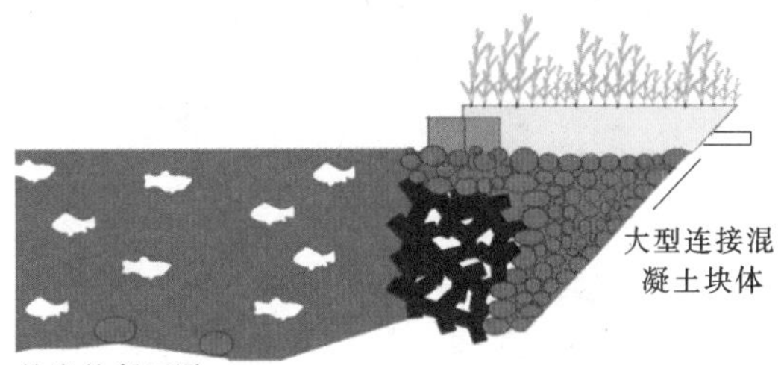

图 4-2 混凝土块体丁坝
（摘自《河流生态修复的理论与技术》
杨海军，李永祥编著）

生物的繁殖和活动，使水中污染物得到分解和净化，从而起到改善河流水质的作用。跌坎技术效果图如图 4-3 所示。

图 4-3 跌坎技术效果图

3. 石垫湍滩技术

石垫湍滩技术是指在纤维基础垫板上固定自然石，纤维基础垫板之间用防腐木桩隔挡，通过区间接触氧化法，改善水质，石块间缝隙可为鱼类提供休息场所，且水流之间的落差会形成跌水气泡，为河道充氧，从而改善水质。此技术可有效地连接河道的上游及下游，使其在具有一定坡度的地方，防止水流引起的湍滩上端冲刷，保护河床。石垫湍滩效果图如图 4-4 所示。

4.1.1.2 优、缺点对比

河流纵向形态修复技术优、缺点对比见表 4-1。

4.1.1.3 技术计算指标

1. 丁坝设计

根据《堤防工程设计规范》（GB 50286—2013）的规定，丁坝的平面布置应根据整治规划、水流流势、河岸冲刷情况和已建同类工程的经验确定，必要时，应通过水工模型试验验证。丁坝的平面布置应符合下列要求：

图4-4 石垫湍滩效果图

表4-1 河流纵向形态修复技术优、缺点对比表

名称	关键材料	适用条件	优点	缺点	市场应用程度
丁坝技术	（1）桩式丁坝：长3～5m、桩末端直径12～15cm的木桩、梢捆沉排和蛇笼等。 （2）石丁坝：当地的自然石料等。 （3）混凝土块体丁坝：尺寸较大、形状不规则的混凝土块体、当地的石料和表土、梢捆沉排和蛇笼等	（1）适于河床由泥沙构成，以及比降缓于1/200的河流。 （2）适用于河床材料为沙砾的河流及急流河流。 （3）适用于河槽很宽、洪水对堤后被保护地直接影响比较小的地方，在允许一定河岸侵蚀的前提下保护现有河岸	使河道自然形成，缓流落淤、护滩保塘，使河流逐渐发育成深潭和浅滩交错的蜿蜒形态，从而促进生物栖息地多样性的形成	（1）桩式丁坝使用的木桩在使用的过程中会腐烂。 （2）水流冲刷坝头地基和坝头外河床，从而形成冲刷坑，影响丁坝的稳定性	成熟
跌坎技术	（1）工程跌水：进口连接段，跌水墙，消力池，出口连接段。 （2）近自然跌水：自然界的材料（石头、树皮等）	（1）工程跌水：一般河流均可使用。 （2）近自然跌水：适合于对河流景观和河流生态有需求的河段	水体发生剧烈的紊动，起到天然曝气的作用，从而起到改善河流水质的作用，营造良好的河流景观	对河床的要求较高，若坎下土层较薄，河床冲深后会坍塌，注意形成跌坎溯源运动	新兴
石垫湍滩技术	自然石；达到国家C3防腐标准以上的直径200mm左右防腐木桩；2000mm×2000mm的纤维基础垫板；用指定材料编织再进行防腐涂层处理后的纤维网体；用于锚栓与石头固定连接处的金属板；40g/m^{2}的无纺布	（1）适用于河道内水流较平缓的地方。 （2）适用于河道上游蓄水。 （3）结合汀步一起运用	有效地连接河道的上游及下游，使其在具有一定坡度的地方，防止水流引起的湍滩上端冲刷，保护河床	需要定期清除自然石上杂物，从而保持河道水流畅通	试用型

（1）丁坝的长度应根据河岸与治导线距离确定。

（2）丁坝的间距可为坝长的1～3倍；河口与滨海地区的丁坝，其间距可为坝长的3～8倍。

（3）非淹没丁坝宜采用下挑形式布置，坝轴线与水流流向的夹角可采用30°～60°；潮

汐河口与滨海地区的丁坝，其坝轴线宜垂直于潮流方向。

（4）丁坝的结构尺寸应根据水流条件、运用要求、稳定需要、已建同类工程的经验分析确定，并应符合下列要求：

1）抛石丁坝坝顶的宽度宜采用1.0～3.0m，坝的上、下游坡度不宜陡于1∶1.5，坝头坡度宜采用1∶2.5～1∶3.0。

2）土心丁坝坝顶的宽度宜采用5～10m，坝的上、下游护砌坡度宜缓于1∶1，护砌厚度可采用0.5～1.0m；坝头部分宜采用抛石或石笼。

3）沉排丁坝坝顶宽宜采用2.0～4.0m，坝的上、下游坡度宜采用1∶1～1∶1.5；护底层的沉排宽度应加宽，其宽度应满足河床最大冲刷深度的要求。

（5）土心丁坝在土与护坡之间应设置垫层。垫层可采用砂砾石，厚度不应小于0.15m；也可采用土工织物上铺砂砾石保护层，保护层厚度不应小于0.1m。

在中细砂组成的河床修建丁坝，坝根与岸滩衔接处应加强防护；坝头处和坝上、下游侧宜采用沉排护底，沉排的铺设宽度应满足河床产生最大冲刷深度情况下坝体不受破坏的要求。

（6）不透水淹没式丁坝的坝顶面宜做成坝根斜向河心的纵坡，其坡度可为1%～3%。

（7）河口与滨海地区用于消浪保滩的顺坝宜布置在滩岸前沿，顺坝坝顶高程宜高于平均高潮位，迎浪面可根据风浪情况采用不同形式的异形块体。顺坝与滩岸之间可设置透水格坝。

（8）丁坝冲刷深度计算应符合下列规定：丁坝冲刷深度与水流、河床组成、丁坝形状与尺寸以及所处河段的具体位置等因素有关，其冲刷深度计算公式应根据水流条件、河床边界条件以及观测资料分析、验证选用。

1）非淹没丁坝冲刷深度的计算为

$$\frac{h_s}{H_0}=2.80k_1k_2k_3\left(\frac{U_m-U_c}{\sqrt{gH_0}}\right)^{0.75}\left(\frac{L_D}{H_0}\right)^{0.08} \tag{4-1}$$

$$k_1=\left(\frac{\theta}{90}\right)^{0.246} \tag{4-2}$$

$$k_3=e^{-0.07m} \tag{4-3}$$

$$U_m=\left(1.0+4.8\frac{L_D}{B}\right)U \tag{4-4}$$

$$U_c=\left(\frac{H_0}{d_{50}}\right)^{0.14}\sqrt{17.6\frac{\gamma_s-\gamma}{\gamma}d_{50}+0.000000605\frac{10+H_0}{d_{50}^{0.72}}} \tag{4-5}$$

$$U_c=1.08\sqrt{gd_{50}\frac{\gamma_s-\gamma}{\gamma}}\left(\frac{H_0}{d_{50}}\right)^{\frac{1}{7}} \tag{4-6}$$

式中：h_s为冲刷深度，m；k_1、k_2、k_3为丁坝与水流方向的交角θ、守护段的平面形态及丁坝坝头的坡比对冲刷深度影响的修正系数，位于弯曲河段凹岸的单丁坝，$k_2=1.34$；位于过渡段或顺直段的单丁坝，$k_2=1.00$；m为丁坝坝头坡率；U_m为坝头最大流速，m/s；U为行近流速，m/s；L_D为丁坝的有效长度，m；B为河宽，m；U_c为泥沙起动流速，m/s，对于黏性与砂质河床可采用张瑞瑾公式（4-5）计算；d_{50}为床沙的中值粒径，m；

H_0 为行近水流水深，m；γ_s、γ 为泥沙与水的容重，kN/m^3；g 为重力加速度，m/s^2。

对于卵石的起动流速，可采用长江科学院的起动式（4－6）计算。

2）顺坝及平坝护岸冲刷深度的计算为

$$h_s = H_0\left[\left(\frac{U_{cp}}{U_c}\right)^n - 1\right] \tag{4-7}$$

$$U_{cp} = U\frac{2\eta}{1+\eta} \tag{4-8}$$

式中：h_s 为局部冲刷深度，m；H_0 为冲刷处的水深，m；U_{cp} 为近岸垂线平均流速，m/s；n 为与防护岸坡在平面上的形状有关，取 $n=1/4\sim1/6$；η 为水流流速不均匀系数，根据水流流向与岸坡交角 α 查表 4－2 采用。

表 4－2　　水流流速不均匀系数

α	≤水流流速	20°	30°	40°	50°	60°	70°	80°	90°
η	1.00	1.25	1.50	1.75	2.00	2.25	2.50	2.75	3.00

2. 跌坎设计

跌水口的泄流能力按照堰流公式计算，即

$$Q = mb\varepsilon\sqrt{2g}H_0^{\frac{3}{2}} \tag{4-9}$$

其中

$$H_0 = H + \frac{v_0^2}{2g}$$

式中：m 为流量系数，采用 $m=0.42\sim0.45$；ε 为侧收缩系数，采用 $\varepsilon=0.85\sim0.95$；H_0 为上游总水头，m；H 为上游渠道水深，m。

消力池长度 L 可计算为

$$L = l_1 + l_2 - C \tag{4-10}$$

式中：l_1 为射流距离，m；l_2 为池内水跃长度，m，可按闸后消力池一样计算式中各尺寸如图 4－5 所示。

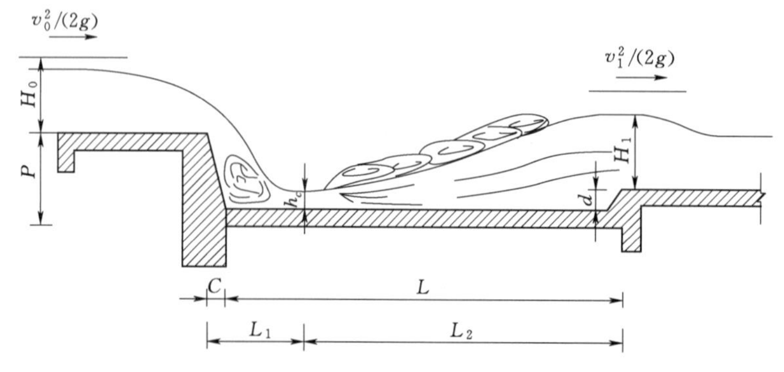

图 4－5　闸后消力池水跃长度计算简图

水跃长度 l_2 按下式计算，即

$$H_0 + P = h_c + \frac{q^2}{2g\Phi^2 h_c^2} \tag{4-11}$$

$$h''=\frac{h_c}{2}\times\left(\sqrt{1+\frac{8q^2}{gh_c^3}}-1\right) \tag{4-12}$$

$$l_2=0.8\times2.5\times(1.9h''-h_c) \tag{4-13}$$

式中：Φ 为流速系数，通常选取 0.95～1.0；h_c 为跃前水深，即为收缩断面处水深；h''为跃后水深；q 为单宽流量。

当跌水口为平底时，挑流距离 l_1 的计算为

$$l_1=1.74\times\sqrt{H_0\times(P+0.24H_0)} \tag{4-14}$$

式中：P 为跌差；H_0 为跌水坎上总水头。

4.1.1.4 施工工艺

1. 丁坝施工

(1) 石丁坝、混凝土块体丁坝施工工艺。

1) 丁坝施工时要注意施工顺序，首先选择流势较缓和的地点先行施工，然后再推向流势较急之地点，以保证工程安全。其中：①在施工中应注意观测研究已修丁坝对上、下游及对岸之影响；②应考虑按照现有沟道之冲淤变化，不能简单地将丁坝基础按照现有沟底一律向下挖一定深度；③在丁坝开挖坑内回填大石，以抵抗冲刷。

2) 丁坝的间距包括：①丁坝的间距与淤积效果有密切的关系。间距过大，丁坝群就和单个丁坝一样，不能起到互相掩护的作用，间距过小，丁坝的数量就多，造成浪费；②为防止坝头、坝根受到冲刷，应使下一条丁坝的壅水影响能避免上一条丁坝的坝头发生较大的跌水现象。同时应使水流绕过坝头后形成的扩散水流边线能达到下一条丁坝有效长度范围内，避免坝根冲刷；③能控制整治线的各个部位，特别是关键部位。使各条丁坝后的回流区边线的连线组成趋近于整治线的平滑曲线，不致因丁坝间距过大影响束水攻沙效果；④应防止坝田内产生较大的流速，影响坝田淤积；⑤治理浅滩时，淹没情况下，通过坝区的流量小，主流区流量大。

3) 坝基处理。对于基岩和卵石覆盖的河床，坝基一般不需要处理。在卵石粒径较小且松散的地方，可先沿坝轴线平抛一层块石护底，然后再进行筑坝。在河床易冲刷的河段，应采取可靠的护底措施护底，可采用柴排或土工织物软体排。由于梢料来源困难，目前一般都采用土工织物软体排。

4) 坝面的防护措施。施工水位以上，一般选用较大的石块嵌紧或用条石浆砌。在潮汐河口，丁坝坝面一般采用大型的混凝土人工块体或模袋混凝土压顶，两边边坡应设置25～40cm 的干砌块石或浆砌块石护面，或采用混凝土人工块体护面。

(2) 桩式丁坝施工工艺。

1) 由于丁坝头部受水流的影响大而且低于坝身，因此需要使头部的高度高于平均水位 15～30cm。

2) 为了使每个木桩接受同等水流冲力、不形成局部弱点，要交错打桩，同时使最接近上游列和最前面列的木桩略低，或增加间隔。

3) 在一定区间内配置丁坝群时，为了发挥丁坝群的综合作用效果达到减缓流速的目的，上游丁坝要短而低，这样可以减轻上游丁坝的负担。

4) 桩的埋入深度要充分考虑河床的冲刷深度，为了增加抵抗水流冲击的强度，需要

确保足够的埋桩深度。同时，河床有被冲刷的危险时，可同时使用梢捆沉排和蛇笼等作为护脚固槽工程。

5）打桩时，不要使桩头部产生破损，因为头部的破损处可使雨水侵入导致木桩腐烂。

2. 跌坎施工

（1）基坑开挖采用人工进行，基坑开挖时必须严格按测量放线位置进行开挖，在开挖过程中随时检查其开挖尺寸是否满足要求，否则不准进入下一道工序施工。

（2）浆砌石使用的砂、水泥等原材料，经取样试验合格后才可以使用；砂浆制作要严格按施工配合比要求进行拌制。

（3）砌体材料经挑选、加工、并进行抽样试验，以满足设计要求；防水材料必须经取样试验合格后才可以使用。

（4）测量放线，根据设计图放跌水步级位置和标高控制线，然后按放样开挖基槽，开挖基槽后重新对基槽平面位置、标高进行放样。

（5）预埋件的尺寸、位置等必须严格按设计要求进行定位放样。

3. 石垫湍滩施工

（1）土地平整：测量放线，保持两端水位落差以及坡度平缓。

（2）铺设无纺布：采用 $40g/m^2$ 无纺布，铺设于河道底部。

（3）钉入防腐木桩。

（4）用吊车安放已装配完成的自然石群。

（5）连接各个石垫，把整个石垫湍滩连接在一起。

4.1.1.5 应用案例

长春市莲花山受损河道生态修复工程基于近自然设计，采用土木工程和生态工程相结合的技术方案，人工辅助受损的河流生态系统恢复正常的侵蚀、搬运、沉积作用，具备自净能力和自我修复能力，提高河流形态多样性、生态系统多样性和生物多样性水平。工程中对河道内部栖息地的改善与加强主要采取以下修复技术方案：通过在河道内部设置各种生态措施来增加水流多样性，使水流对河床产生不同程度的冲刷，改善河道内部微地形、加强河道栖息地功能，以增加河道内栖息地多样性水平和生物多样性水平。本次工程主要采用丁坝、溢流堰和生态跌水工、人工岛等措施来改善和加强河道内部栖息地。

1. 丁坝

该工程主要采用木桩、块石、活体树桩等自然材料来建造多孔隙透水丁坝，调整水流的同时也为生物提供栖息地。该丁坝主要有以下优点：材料成本低，施工简单；丁坝稳定性好，便于维护；丁坝多孔隙，可以为动植物提供栖息和避难环境；与周围环境相协调，优化提升河流景观性。

方法：在河床上打入长 2m，直径约 15cm 的松木桩，桩头露出水面约 20cm，桩与桩纵向间距 20cm，横向间距 60cm。向木桩围成的槽内投放粒径大于 20cm 的抛石，抛石高度和桩头基本平齐。向木桩空隙间及抛石缝隙间扦插长 60cm、直径约为 2cm 的活体柳条。

功能：调整水流，降低河水流速，有效保护河岸不被侵蚀，增加河流横向稳定性；丁坝间形成的缓流区、静水区以及丁坝坝头部分形成的急流区增加河流流场多样性；营造多样化的河流栖息地，为水生生物提供栖息、觅食、避难场所；采用自然材料修建的丁坝与周围环境相协调，可创造出优美的河流景观。

2. U形溢流堰

该工程的溢流堰采用直径0.13m、长1.8m的松木桩，粒径约为0.5m的块石，粒径约为0.1m的碎石，沙土和长11m、宽6m的无纺布等材料进行构建。

方法：用长度为1.8m的松木桩在河床上行成间隔为50cm的两排木桩，两侧桩头露出地面约为40cm，靠近中央部分的桩露出地面约为35cm，使两侧的桩头高于中间，呈U形。在两排桩之间铺设无纺布起防渗作用，无纺布内填充细沙，两侧用巨石镇压，上面用碎石铺盖，使水流从堰顶漫过。

功能：平水期，溢流堰可抬高上游水位，增加上游水深，使上游形成较大面积的水域环境，营造多样化的河流生境，为水生动物提供栖息和避难所。洪水期，溢流堰可营造出瀑布效果，增加河流曝气性，同时，使下方形成深潭，下游形成浅滩。采用原木和石块为材料，使之与周围环境相协调。

3. 生态跌水工

除上面两种措施外，该河流生态修复工程还采用了在河床上植入木桩、堆放巨型块石、碎石等自然材料来构建生态跌水工，生态跌水工的透水性较溢流堰高，更容易创造适于生物生存的河流生境。

方法：在河床上横向打入长1.5m的松木桩，桩头露出河床约为20cm。在桩头前后堆放粒径约为40cm的自然块石。

功能：营造出多样化的河流生境；增加水流活力，提高水流流场多样性；给鱼类等水生动物创造栖息环境或洄游时的过渡场所。

4. 人工岛

该工程采用在湿地中央修建人工岛的措施改善河流内部栖息结构、加强河流内部栖息地功能。

方法：开挖土方时在人工湿地中央留出一部分土方，保留原始地貌上的植被，采用木桩护岸，木桩外侧种植菖蒲，人工岛上栽植柳树、菖蒲等水生植物。

功能：为水生动物提供安全、静谧、郁闭的休憩和繁殖场所；增加河流空间异质性和景观价值。

4.1.2 生态护岸技术

4.1.2.1 生态护岸的概念

生态护岸是指通过一些方法和措施将河岸恢复到自然状态或具有自然河岸“可渗透性”的人工型护岸，将护岸型式由传统的硬质结构改造成为可使水体和土体、水体与生物之间相互融合，适合生命栖息和繁殖的仿自然形态的护岸。它拥有渗透性的自然河床与河岸基底，丰富的河流地貌，可以充分保证河岸与河流水体之间的水分交换和调节功能，同时具有一定的抗洪强度。生态护岸是城市河道生态修复的重要组成部分，兼具安全与生态的综合任务。

4.1.2.2 生态护岸的功能及特点

1. 防洪效应

生态护岸作为一种护岸型式，同样具备抵御洪水的能力，生态护岸的植被可以调节地表和地下水文状况，使水循环途径发生一定的变化。

在夏季洪水来临的时候，由于生态护岸技术采用大量植被及根系发达的树木作为其抵御洪水的有效措施，洪水经过堤岸坡面时候，不能对河岸进行有效的冲刷，而且还能将大量的洪水通过渗入储存在土壤中；洪水过后，储存在土壤中的大量水又会反渗入河流，对河流洪水起到了调节作用，使河流错开洪峰，减少两岸的洪涝灾害。故生态护岸不但具有防洪的作用，而且还可以调节地表和地下水状况，使水循环途径发生变化，朝着对人类有利的方向发展。

2. 生态效应

大自然本身就是一个和谐的生态系统，大到整个社会，小至一条河流，无不是这个生物链中不可或缺的重要一环。当采用传统的方法进行堤岸防护时，河道大量地被衬砌化、硬质化，这固然对防洪起到了一定的积极作用，但同时对整个生态系统的破坏也是显而易见的，混凝土护坡将水、土体及其他生物隔离开来，阻止了河道与河畔植被的水气循环。相反，生态护岸却可以把水、河道与堤防河畔植被连成一体，构成一个完整的河流生态系统。生态护岸的坡面植被可以带来流速的变化，为鱼类等水生动物和两栖类动物提供觅食、栖息和避难的场所，对保持生物多样性也具有一定的积极意义。

3. 自净效应

生态护岸不仅可以增强水体的自净功能，还可改善河流水质。当污染物排入河流后，首先被细菌和真菌作为营养物而摄取，并将有机污染物分解为无机物。水体的自净作用，即按食物链的方式降低污染物浓度。生态护岸上种植于水中的柳树、菖蒲、芦苇等水生植物，能从水中吸收无机盐类营养物，其庞大的根系还是大量微生物吸附的好介质，有利于水质净化。生态护岸营造出的浅滩、放置的石块、修建的丁坝、鱼道形成的紊流，有利于氧从空气传入水中，增加水体的含氧量，有利于好氧微生物、鱼类等的生长，促进水体净化，使河水变得清澈、水质得到改善。

4. 景观效应

近10～20年来，生态护岸技术在国内外被大量地采用，从而改变了过去的那种“整齐划一的河道断面、笔直的河道走向”的单调观感，现在的生态大堤上建起绿色长廊，昔日的碧水涟漪、青草涟涟的动态美得以重现。生态护岸顺应了现代人回归自然的心理，并且为人们休憩、娱乐提供了良好的场所，提升了整个城市的品位。

4.1.2.3 护岸安全性设计

安全是护岸工程的基本要求，包括可靠的岸坡防护高度和满足岸坡自身的安全稳定要求。

1. 岸坡防护高度

按照岸与堤的相对关系，河岸防护可大致分为三类：第一类是在堤外无滩或滩极窄，要依附堤身和堤基修建护坡与护脚的防护工程；第二类是堤外虽然有滩，但滩地不宽，滩地受水流淘刷危及堤的安全，因而需要依附滩岸修建护岸工程；第三类是堤外滩地较宽，但为了保护滩地，或是控制河势而需要修建的护岸工程。第一类和第二类都是直接为了保护堤的安全而修建的，因此统称为堤岸防护工程。

堤岸防护工程是堤防工程的重要组成部分，是保障堤防安全的前沿工程。针对第一类、第二类堤岸防护，常按《堤防工程设计规范》（GB 50286—2013）来确定堤顶高程。护岸超高计算公式为

$$T=R+e+A \tag{4-15}$$

式中：T 为护岸超高；R 为波浪爬高；e 为风壅水面高；A 为安全加高值，按表 3－3 选取。

表 4－3　堤防安全加高值 A

堤防级别		1	2	3	4	5
安全加高值/m	不允许越浪的堤防工程	1.0	0.8	0.7	0.6	0.5
	允许越浪的堤防工程	0.5	0.4	0.4	0.3	0.3

波浪爬高 R 的计算如下：

（1）在风的直接作用下，正向来波在单一斜坡上的波浪爬高可按下列要求确定，即

1）当斜坡坡率 $m=1.5\sim5.0$、$\overline{H}/L=1.5\sim5.0$ 时，波浪爬高的计算为

$$R_P=\frac{K_\Delta K_V K_P}{\sqrt{1+m^2}}\sqrt{\overline{H}L} \tag{4-16}$$

$$\frac{g\overline{H}}{V^2}=0.13\text{th}\left[0.7\left(\frac{gd}{V^2}\right)^{0.7}\right]\text{th}\left\{\frac{0.0018\left(\frac{gF}{V^2}\right)^{0.45}}{0.13\left[0.7\left(\frac{gd}{V^2}\right)^{0.7}\right]}\right\} \tag{4-17}$$

$$\frac{gt_{\min}}{V}=168\left(\frac{g\overline{T}}{V}\right)^{3.45} \tag{4-18}$$

$$L=\frac{g\overline{T^2}}{V}\text{th}\frac{2\pi d}{L} \tag{4-19}$$

式中：R_P 为累积频率为 P 的波浪爬高，m；K_Δ 为斜坡的糙率及渗透性系数；K_V 为经验系数；K_P 为爬高累积频率换算系数；m 为斜坡坡率，$m=\cot\alpha$，α 为斜坡坡脚；$\overline{H}$ 为堤前波浪平均高；L 为堤前波浪的波长。

K_Δ 按表 4－4 确定。

表 4－4　斜坡的糙率及渗透性系数 K_Δ

护面类型	K_Δ	护面类型	K_Δ
光滑不透水护面（沥青混凝土、混凝土）	1.0	砌石	0.80
混凝土板	0.95	抛填两层石块（不透水堤心）	0.60～0.65
草皮	0.90	抛填两层石块（透水堤心）	0.50～0.55

注：m：50～，砌石护面取 $K_\Delta=1.0$。

K_Δ 可根据风速 V(m/s)、堤前水深 d(m)、重力加速度 g(m/s^2）组成的无维量 $V/\sqrt{gd}$，按表 4－5 确定。

表 4-5 经验系数 K_V

$V/\sqrt{gd}$	≤1	1.5	2	2.5	3	3.5	4	≥4.5
K_V	1	1.02	1.08	1.16	1.22	1.25	1.28	1.30

K_P 按表 4-6 确定，对不允许越浪的堤防，爬高累积频率宜取 2%。对允许越浪的堤防，爬高累积频率宜取 13%。

表 4-6 爬高累积频率换算系数 K_P

H/d	$P/\%$									
	0.1	1	2	3	4	5	10	13	20	50
<0.1	2.66	2.23	2.07	1.97	1.90	1.84	1.64	1.54	1.39	0.96
0.1～0.3	2.44	2.08	1.94	1.86	1.80	1.75	1.57	1.48	1.36	0.97
>0.3	2.13	1.86	1.76	1.70	1.65	1.61	1.48	1.40	1.31	0.99

2）当 $m \leqslant 1.0$、$\overline{H}/L_0$ 时，波浪爬高的计算为

$$R_P = K_\Delta K_V K_P R_0 \overline{H} \tag{4-20}$$

式中：R_0 为无风情况下，光滑不透水护面 $K_\Delta=1$、$\overline{H}=1\text{m}$ 时的爬高值，m。

R_0 可按表 4-7 确定。

表 4-7 R_0 值

$m=\cot\alpha$	0	0.5	1.0
R_0	1.24	1.45	2.20

3）当 $1.0<m<1.5$ 时，可由 $m=1.0$ 和 $m=1.5$ 的计算值按内插法确定。

（2）带有平台的复式斜坡堤（图 4-6）的波浪爬高，可先确定该断面的折算坡率 m_e，再按坡率为 m_e 的单坡断面确定其爬高。折算坡率 m_e 如下：

1）当 $\Delta m = m_下 - m_上 = 0$ 时，有

$$m_e = m_上\left(1-4.0\frac{d_W}{L}\right)K_b \tag{4-21}$$

$$K_b = 1+3\frac{B}{L} \tag{4-22}$$

2）当 $\Delta m>0$ 时，有

$$m_e = (m_上 + 0.3\Delta m - 0.1\Delta m^2)\left(1-4.5\frac{d_W}{L}\right)K_b \tag{4-23}$$

3）当 $\Delta m<0$ 时，有

$$m_e = (m_上 + 0.5\Delta m - 0.08\Delta m^2)\left(1+3.0\frac{d_W}{L}\right)K_b \tag{4-24}$$

式中：$m_上$ 为平台以上的斜坡坡率；$m_下$ 为平台以下的斜坡坡率；d_W 为平台的水深，m，当平台在静水位以下时取正值，当平台在静水位以上时取负值（图 4-6），$|d_W|$表示取绝对值；B 为平台宽度，m；L 为波长，m。

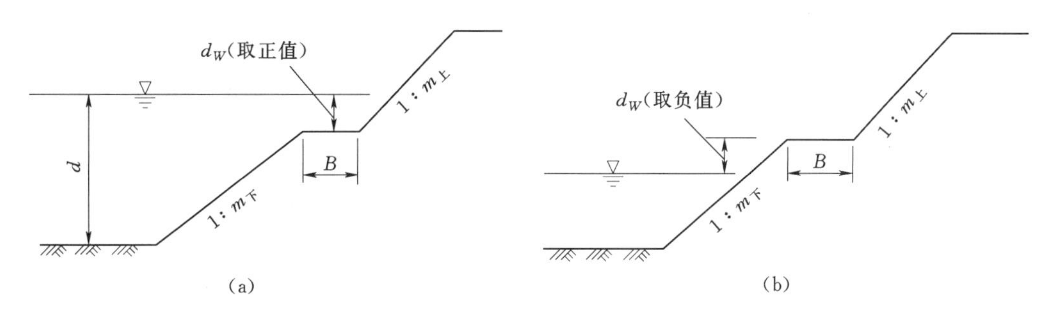

图 4-6 带平台的复式斜坡堤

折算坡率法适用条件为 $m_上=1.0\sim4.0$，$m_下=1.5\sim3.0$，$d_W/L=-0.025\sim+0.025$，$0.05<B/L<0.25$。

(3) 当来波波向线与堤轴线的法线成 β 角时，波浪爬高应乘以系数 K_β，当堤坡坡率 m 坡时，K_β 可按表 4-8 确定。

表 4-8 系数 K_β 值

β/(°)	≤15	20	30	40	50	60	90
K_β	1	0.96	0.92	0.87	0.82	0.76	0.6

(4) 1 级、2 级堤防或断面形状复杂的复式堤防的波浪爬高，宜通过模型试验验证。护岸的防护高度一般可防护至设计堤顶或护岸顶高程，但宜根据冲刷程度及可能受到冲刷的概率、特性（直接冲刷、波浪爬高区，浪溅区，安全超高区等）分区进行。如：在某一标准的设计洪水位（常遇洪水位）以下，采取可安全抵抗冲刷的护岸型式，在其高程以上，由于受到冲刷的概率较小或仅仅只是受到波浪的冲刷或浪溅，可采用生态护岸或将护岸材料隐藏在种植防护之下，也可结合亲水平台等设计一并考虑。

2. 岸坡防护安全性指标

(1) 天然土质岸坡的护岸安全。天然岸坡自身稳定安全与水流流速有关，流速越大，土壤中抗击水流的土粒越容易被水流带走。土层岩性不同，抗击水流的能力也不同，与河道土壤的类别级配情况、密实程度以及水深有关。不同土性的抗击水流的能力，即河床允许不冲流速见表 4-9、表 4-10。

表 4-9 黏性土质河床允许不冲流速

土质名称	不冲流速/(m/s)	土质名称	不冲流速/(m/s)
轻壤土	0.00～0.30	重壤土	0.70～1.00
中壤土	0.65～0.85	黏土	0.75～0.95

注：条件是 R（水力半径，下同）=1m，但当 $R>1$m 时，不冲流速需乘以 R^a，$a=1/3\sim1/5$。

表 4-10　　非黏性土质河床允许不冲流速

土质	粒径/mm	不冲流速/(m/s)			
		0.4m	1m	2m	≥4m
淤泥	0.005～0.05	0.12～0.17	0.15～0.21	0.17～0.24	0.19～0.26
细砂	0.05～0.25	0.17～0.27	0.21～0.32	0.24～0.37	0.26～0.4
中砂	0.25～1.0	0.27～0.47	0.32～0.57	0.37～0.65	0.4～0.7
粗砂	1.0～2.5	0.47～0.53	0.57～0.65	0.65～0.75	0.7～0.8
细砾石	2.5～5	0.53～0.65	0.65～0.8	0.75～0.9	0.8～0.95
中砾石	5～10	0.65～0.8	0.8～1.0	0.9～1.1	0.95～1.2
大砾石	10～15	0.8～0.95	1.0～1.2	1.1～1.3	1.2～1.4
小卵石	15～25	0.95～1.2	1.2～1.4	1.3～1.6	1.4～1.8
中卵石	25～40	1.2～1.5	1.4～1.8	1.6～2.1	1.8～2.2
大卵石	40～75	1.5～2.0	1.8～2.4	2.1～2.8	2.2～3.0
小漂石	75～100	2.0～2.3	2.4～2.8	2.8～3.2	3.0～3.4
中漂石	100～150	2.3～2.8	2.8～3.4	3.2～3.9	3.4～4.2
大漂石	150～200	2.8～3.2	3.4～3.9	3.9～4.5	4.2～4.9
顽石	>200	>3.2	>3.9	>4.5	>4.9

注：条件为 $R=1\text{m}$，但当 $R>1\text{m}$ 时，不冲流速需乘以 R^a，$a=1/3\sim1/5$。

当设计水流流速大于土质允许不冲流速时，土粒随水流流失而形成冲刷，岸坡将被淘蚀，造成塌岸，应当对河段采取岸坡防护措施。

通常岸坡防护应根据河道上下游工程布局、河势以及功能需求，决定采取相应的工程防护措施，工程防护措施、生物防护措施或者二者相结合的方法进行，以达到经济合理并有利于环境保护的效果。

(2) 生物防护岸坡的护岸安全。生物防护是一种有效的防护措施，具有投资省、易实施、效果好的优点，对水深较浅、流速较小的河段，通常多采用生物防护措施。草皮抵抗水流冲击能力的大小与其根部状态、草面完整状况、土壤结构、植物种类、植被生长的密度、不均匀程度等有很大关系。

(3) 工程防护岸坡的护岸安全。工程防护岸坡按型式主要分为坡式、墙式，也有坡式与墙式相结合的混合型式，桩坝式等。工程型式分类不是绝对的，各类相互有一定的交叉。

1) 坡式护岸整体稳定。坡式护岸的稳定性，应考虑护坡连同地基土的整体滑动稳定、沿护坡地面的滑动及护坡体内部的稳定。

对于沿护坡底面通过地基整体滑动的护坡稳定计算，基础部分沿地基滑动可简化为折线状，用极限平衡法进行计算。

瑞典圆弧法不计算条块间的作用力，计算简单。简化毕肖普法考虑了条块间的作用力，理论上比较完备，精度较高，但计算工作量较大。目前，我国的计算机应用已基本普及，简化毕肖普法比瑞典圆弧法坝坡稳定最小安全系数可提高 5%～10%。当土质比较均匀时，护岸的整体稳定宜采用瑞典圆弧法和简化毕肖普法；当地基中存在比较明显的软弱夹层时，容易在这些软弱层中形成滑动，宜采用改良圆弧法。

2）墙式护岸整体稳定。重力式护岸稳定计算，应包括整体滑动稳定计算和挡土墙的抗滑、抗倾、地基应力计算：整体滑动稳定计算可采用瑞典圆弧法，计算时应考虑工程可能发生的最大冲深对稳定的影响。

a. 挡墙的抗滑稳定计算公式为

$$K_c=\frac{f\sum G}{\sum N} \tag{4-25}$$

式中：K_c 为沿挡墙基底面的抗滑稳定安全系数；f 为挡墙基底面与地基之间的摩擦系数，可由试验或根据类似地基的工程经验确定，当没有试验资料时可参考《水闸设计规范》（SL 265—2016）中所列的数值确定；$\sum G$ 为作用在挡墙上的全部竖向荷载，kN；$\sum N$ 为作用在挡墙上的全部水平荷载，kN。

b. 挡墙的抗倾覆稳定计算公式为

$$K_0=\frac{f\sum M_V}{\sum M_H} \tag{4-26}$$

式中：K_0 为挡墙的抗倾覆稳定安全系数；$\sum M_V$ 为对挡墙前趾的抗倾覆力矩，kN·m；$\sum M_H$ 为对挡墙前趾的倾覆力矩，kN·m。

3）护岸基础安全。护岸工程以设计枯水位分界，上部和下部工程情况不同，上部护坡工程除受水流冲刷作用外，还受波浪的冲击及地下水外渗侵蚀，同时处在水位变动区。下部护脚工程经常受到水流冲刷和淘刷，是护岸工程的根基，关系着防护工程的稳定，因此上部及下部工程在型式、结构材料等方面一般不相同。通常情况下，下部护脚工程应适应近岸河床的冲刷，以保证护岸工程的整体稳定。

通常情况下，直接临水的护滩工程的上部护坡工程顶部与滩面相平或略高于滩面，以保证滩沿的稳定；下部护脚工程延伸适应近岸河床的冲刷，以保证护岸工程的整体稳定。不直接临水的堤防护坡及护岸，要考虑洪水上滩后对护坡和坡脚的冲刷，也要慎重考虑护脚工程。

当河道底无防护时，河道护岸的基础应保证足够的埋深，以保证护岸的安全。基础埋置深度宜低于河道最大冲深 0.5～1m。

a. 护岸冲刷计算。水流平行于岸坡时产生的冲刷计算为

$$h_B=h_p\left[\left(\frac{v_{cp}}{v_{允}}\right)^n-1\right] \tag{4-27}$$

式中：h_B 为局部冲刷深度（从水面算起），m；h_p 为冲刷处的深度，以近似设计水位最大深度代替；v_{cp} 为平均流速；$v_{允}$ 为河床面上允许不冲流速，参考表 4-9、表 4-10；n 为系数，与防护岸坡在平面上的形状有关，一般取 $n=1/4$。

水流斜冲岸坡时产生的冲刷为

$$\Delta h=\frac{23v_j^2\tan\dfrac{\alpha}{2}}{g\sqrt{1+m^2}}-30d \tag{4-28}$$

式中：Δh 为自河底算起的局部冲刷深度，m；α 为水流轴线与坡岸的夹角；d 为坡脚处

土壤计算粒径，mm，对非黏性土，取大于15%（按质量计）的筛孔直径；对黏性土，取当量粒径值；m 为防护建筑物迎水面边坡系数；v_j 为水流的局部冲刷流速，m/s。

b. 弯道最大冲深计算。当知道河床颗粒情况时，宜采用理论公式计算。当不知道河床颗粒情况时，可采用两种经验公式计算、比较或取均值。

弯道最大冲深理论计算公式为

$$H_{max}=\left(\frac{\lambda Q}{Bd^{\frac{1}{3}}\sqrt{g\dfrac{\gamma_s-\gamma}{\gamma}}}\right)^{\frac{6}{7}} \tag{4-29}$$

式中：H_{max}为最大冲深，m，从水面算起；Q 为流量，m^3/s；B 为水面宽，m；d 为河床砂平均粒径，m；γ_s、γ 为床砂、水的重度；λ 为系数。

λ 受河湾水流及土质影响，可计算为

$$\lambda=0.64e^{3.61\frac{d}{H_0}} \tag{4-30}$$

式中：H_0 为直线段平均水深。

弯道最大冲深经验计算为

$$\frac{1}{R}=0.03H_{max}^2-0.23H_{max}^2+0.78H_{max}-0.76 \tag{4-31}$$

式中：R 为河道中心曲率半径，km；H_{max}为最大冲深值，m。

$$\frac{H_{max}}{H_m}=1+2\frac{B}{R_1} \tag{4-32}$$

其中
$$H_m=\frac{\omega}{B}$$

式中：H_m 为计算断面平均水深；ω 为断面面积；B 为河面宽；R_1 为凹岸曲率半径。

3. 防护厚度

(1) 斜坡干砌块石护坡的斜坡坡率为1.5～5.0时，护坡厚度的计算为

$$t=K_1\frac{\gamma}{\gamma_b-\gamma}\frac{H}{\sqrt{m}}\sqrt[2]{\frac{L}{H}} \tag{4-33}$$

式中：K_1 为系数，对一般干砌石取0.266；γ_b 为块石的重度，kN/m^3，取2.65；γ 为水的重度，kN/m^3，取10；H 为计算波高，m，当 d/L 高，干砌石时，取 $H_{4\%}$，当 $d/L<0.125$ 时，取 $H_{13\%}$，d 为坝垛前水深，m；L 为波长，m；m 为斜坡坡率，$m=\cot\alpha$，α 为斜坡坡角，(°)。

(2) 当采用人工块体或分选的块石做护坡面层时，单个块体的质量 Q 及护面层厚度 t 的计算为

$$Q=0.1\frac{\gamma_b H^2}{K_D\left(\dfrac{\gamma_b}{\gamma}-1\right)^3 m} \tag{4-34}$$

$$t=nc\left(\frac{Q}{0.1\gamma_b}\right)^{\frac{1}{2}} \tag{4-35}$$

式中：Q 为主要护面层的护面块体、块石个体质量，t，当护面由两层块石组成时，块石

质量可以在（0.75～1.25）Q，但应有50%以上的块石质量大于Q；γ_b为人工块体或块石的重度，kN/m^3；γ为水的重度，取$10kN/m^3$；H为设计波高，m，当平均波高与水深的比值$H/d<0.3$时，宜采用$H_{5\%}$，当H/d采用0.3时，宜采用$H_{13\%}$；K_D为稳定系数；t为块体或块石护面层厚度，m；n为护面块体或块石的层数。

（3）当混凝土面板作为土堤护面时，满足混凝土板整体稳定所需要的护面厚度t的计算为

$$t=\eta H\sqrt{\frac{\gamma}{\gamma_b-\gamma}\frac{L}{Bm}} \tag{4-36}$$

式中：t为混凝土护面板的厚度；η为系数，对开缝板可取0.075，对上部为开缝板、下部为闭缝板可取0.10；H为计算波高，m，取$H_{1\%}$；γ_b为混凝土板的重度，kN/m^3；γ为水的重度，取$10kN/m^3$；L为波长，m；B为沿斜坡方向（垂直于水边线）的护面板长度，m；m为斜坡坡率，$m=\cot\alpha$，α为斜坡坡角，(°)。

4. 根石及单块重的确定

在水流作用下，防护工程护坡、护根块石保持稳定的抗冲粒径（折算粒径）按下式计算

$$d=\frac{v^2}{C^2\times 2g\dfrac{\gamma_s-\gamma}{\gamma}} \tag{4-37}$$

式中：d为折算粒径，m，按球形折算；v为水流流速，m/s；g为重力加速度，m/s^2；C为石块运动的稳定系数，水平底坡$C=0.9$，倾斜底坡$C=1.2$；γ_s为块石的重度，取$2.65kN/m^3$；γ为水的重度，取$10kN/m^3$。

4.1.2.4 生态护岸类型

生态护岸主要以栽种植物，或者植物与土木工程措施以及非生命的植物材料相结合的方式，在防护坡面稳定的同时减少岸坡侵蚀程度。

根据采用的技术不同，生态护岸主要包括下列类型：生态袋护岸、生物毯护岸、木排桩护岸、网格生态护岸、格网石笼护岸、植被混凝土护岸、连锁式植生块护坡技术、阶梯式生态护坡技术、可拼装式木质框格边坡、原木块石复合结构护岸技术、硬质驳岸生态绿化技术。

1. 生态袋护岸

（1）技术原理。生态袋护岸技术是指利用植物或植物与土木工程相结合，将生态聚乙烯、聚丙烯等高分子材料制成土工网袋，袋内通常填充植物生长所需要的土壤和营养成分，植被在生态袋上生长，根系穿过生态袋进入工程土壤中，使生态袋固定在河道坡面，更加稳固。生态袋本身为柔性结构且之间采用连接扣紧密相连，叠铺在岸坡上，利用生态袋透水不透土的过滤功能，及生态袋上植物生长形成的绿色保护层，可经受高水、大流速的冲刷，从而达到对河道坡面进行防护的效果。生态袋护岸效果如图4-7所示。

（2）技术指标。生态袋内含草种以及袋装种植土和肥料，土壤成分包含：（体积）有机物质：10%～15%；小于50mm大于2mm的颗粒：60%～70%；大于0.05mm小于2mm的颗粒：10%～15%；黏土：0%～5%。在经历至少10min的中到大雨或水冲刷60min后不能看见任何驻水。

图4-7 生态袋护岸效果图

生态袋填装前：810mm×430mm（长×宽），单位面积质量不小于160g/m²。断裂强度：纵向不大于9kN/m，横向不小于8.5kN/m；断裂伸长率：纵向不大于65%，横向不大于70%；抗*UV*强度不大于90%@150h；垂直渗透系数不小于5.5×10^{-2}cm/s；抗水流冲刷不小于4m/s。生态袋内适量掺加30%中粗砂和壤土及长效缓释肥料（每立方米种植土中掺入保水剂150g，肥15kg）。生态袋填充饱满度须在85%以上，生态袋较长时，每装1/3，将袋内填料抖紧，填料上下两层生态袋搭接长度不小于10cm。

铺设生态袋时，在坡上底部三层及坡面上每隔3m（梅花状布置）安装砂土生态袋，袋内填装砂土，比例8∶2（粗砂∶土），绿化覆盖率大于95%。出苗15天后，施氮肥5g/m²一次，再过10天施复合肥15g/m²一次。护坡厚度允许偏差为±5%设计值，护坡平整度2m靠尺检测凹凸不超过5cm。检测数量为沿堤轴线长每10～20m不少于一个点。生态袋护岸技术护岸坡比为0.3～1.5构造物可使用流速范围为流速$v<3$m/s。

（3）使用条件。

1）适用于洪水位低、冲蚀力小、流速低的河岸。

2）适用在岸坡为硬土层耐冲蚀处，基脚稳定处。

3）适用于流速不大于2m/s的河道。

（4）关键材料。关键材料为种植土、生态袋、PVC排水管、复合防水膜、防水彩条布、土工格栅、土工织物等。

（5）施工工艺。

1）清坡，即清除坡面浮石、浮根，尽可能平整坡面。

2）生态袋填充，即将基质材料填装入生态袋内。采用封口扎带（高强度、抗紫外线）或现场用小型封口机封制。每垒砌4m²生态袋，墙体中有一生态袋填充中粗砂以利排水。

3）生态袋和生态袋结构扣及加筋格栅的施工，将生态袋结构扣水平放置两个袋子之间在靠近袋子边缘的地方，以便每一个生态袋结构扣跨度两个袋子，摇晃扎实袋子以便每一个标准扣刺穿袋子的中腹正下面。每层袋子铺设完成后在上面放置木板，并由人在上面行走踩踏。铺设袋子时，注意把袋子的结合缝线一侧向内摆放，每垒砌三层生态袋便铺设一层加筋格栅，加筋格栅一端固定在生态袋结构扣上。

4）生态袋和标准扣摆放步骤如下：

a. 将生态袋水平放置。

b. 将标准扣骑缝放置。

c. 上层生态袋叠砌其上。

d. 将结构压实成整体互锁结构。

e. 重复上述施工砌叠步骤，直至完成。

f. 在墙的顶部，将生态袋的长边方向水平垂直于墙面摆放，以确保压顶稳固。

(6) 运行管理。

1) 生态袋属于土工合成织物，要在施工完毕后的较短时间内就被植被覆盖来防止受太阳光照射影响其寿命，从而防止袋内的填充物流失。

2) 要求植被覆盖率在生态袋施工3个月内符合以下要求：常水位以上至少90%以上；常水位以下300mm及挺水植被种植区至少80%以上。

2. 生物毯护岸

(1) 技术原理。生物毯护岸技术是由一种复合纤维织物与多样化草种等配套养护材料合成，把强韧的草根织物与特殊材质的土工织物紧密结合成整体的一体化的新型生态护坡技术，达到控制水力侵蚀、抗冲刷、耐流速的目的，同时达到保护岸坡稳定、生态修复及景观绿化的功能。生物毯护岸结构如图4-8所示，其效果如图4-9所示。

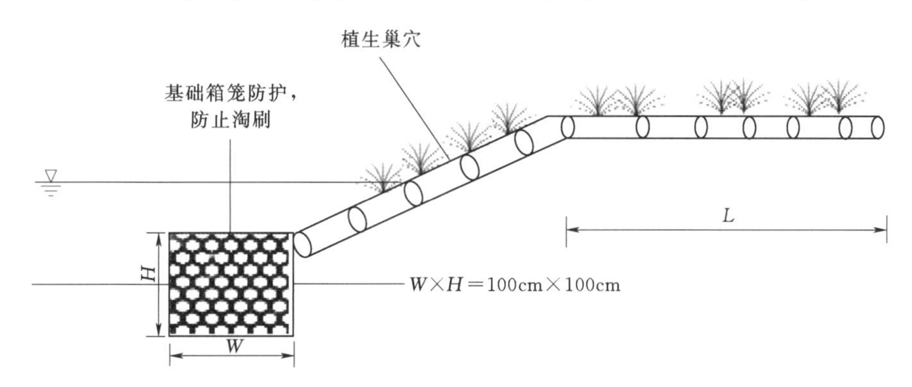

图4-8 生物毯护岸结构图

图4-9 生物毯护岸效果图

（2）技术指标。生物毯护岸坡度须缓于1：1.5，低流速、河床质小及腹地大的河岸，流速小于3m/s。生物毯可预先缝制成型或配合现场地形裁剪，充填水泥砂浆或混凝土时可确实贴合地形不留空隙。抗冲生物毯材质为高强度涤纶，包覆PVC，其纵向抗拉强度不小于11.6kN/m，第三层当地草坪草种、肥料、保水剂层，株高0.1～0.3m。椰丝毯是河道边坡绿化护理的新型材料，椰丝毯规格为2m×30m（宽×长），椰丝单位重量200～1000g/m^2，抗拉强度不小于0.8kN/m。生物毯结构如图4-10所示。

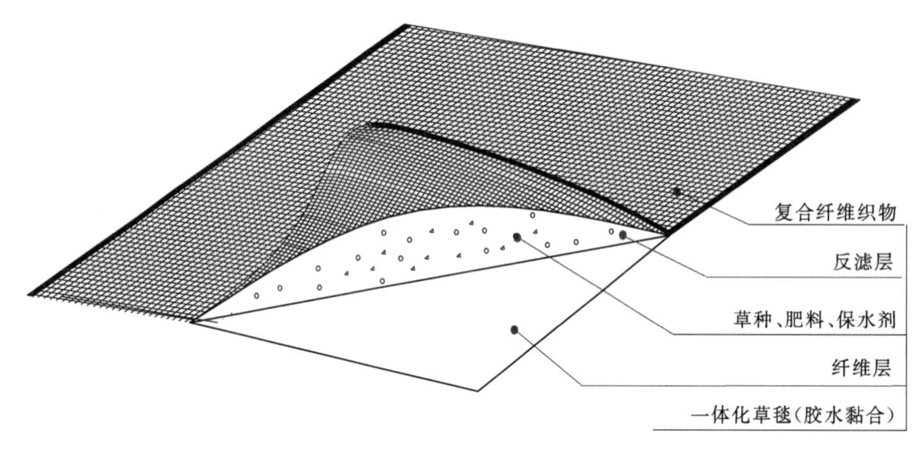

图4-10 生物毯结构图

（3）使用条件。

1）适用于流速不大于3m/s的河道。

2）适用于坡比在1：2及更缓时。

3）适用于河床质小及腹地大的河岸。

4）可用在岸坡为硬土层耐冲蚀处，基脚稳定处，河岸结构或植生无显著损害处。

（4）关键材料。复合纤维织物，其材质为高强度涤纶，包覆PVC，由机械编织而成，其纵向抗拉强度不小于11.6kN/m；材质为无纺布的反滤材料；草种、肥料、保水剂层，选用当地草坪草。

（5）施工工艺。抗冲生物毯是一种复合纤维织物与多样化草种等配套养护材料一体化的新型生态护坡、水土保持产品。一般铺设于河川堤坝的护岸边坡上，借以控制水力侵蚀、防止土壤流失，同时达到保护岸坡稳定、生态修复及景观绿化的功能，抗冲生物毯结构共有四层。

1）第一层是复合纤维织物，其材质为高强度涤纶，包覆PVC，由机械编织而成，其纵向抗拉强度不小于11.6kN/m。主要承受来自外界的流体力，保证了在草种发芽及后期阶段的抗冲性能。

2）第二层反滤材料，材质为无纺布。主要起反滤作用，当遇到水流冲刷时，防止土壤、草种及肥料的流失。

3）第三层草种、肥料、保水剂层，建议选用当地草坪草，以后株高0.1～0.3m。

4）第四层纤维层，材质为复合纤维。起固定草种，防止草种洒落的作用。

（6）运行管理。

1）施工完成后，在植被完全覆盖前不要在上面走动。

2）夏天在蒸发量比较大的时候铺盖草栅子，可以保持水分。

3）根据现场实际情况，进行必要的维护管理。

3. 木排桩护岸

（1）技术原理。木排桩护岸是利用木桩对河道坡面进行防护的一种新型护岸形式。构造物可帮助营造生物多样性，从而使水流形态多样化，最终起到避免生态廊道受阻断的作用。木排桩护岸结构如图 4－11 所示，其效果如图 4－12 所示。

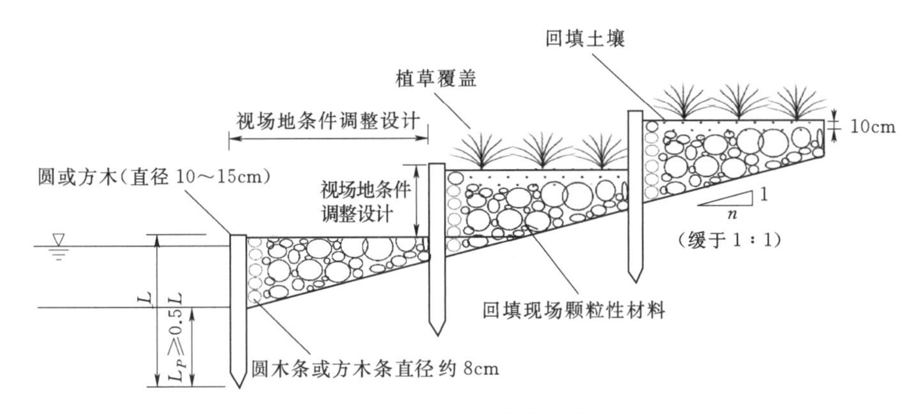

图 4－11　木排桩护岸结构图

(a) 单排木排

(b) 多排木排

图 4－12　木排桩护岸效果图

（2）技术指标。木排桩护岸技术采用圆或方木桩（10～15cm）及圆木条或方木条（≈8cm）做防腐处理之后对岸坡进行保护，台阶高度限制在 1m 内，木桩打设角度可视河岸情况调整，顺直河段多采用 200cm 木条设计，弯曲河段则采用 100cm 设计。桩木护岸后接斜坡段，桩前后挡土高度差控制在 50cm 内。

此技术中桩木护岸也可采用双排桩，临水侧（前排）桩选用梢头直径不小于 14cm 的杉木桩，桩长 4.0m，桩顶高程 4.00m。在相邻的杉木桩间（临土侧）布置梢头直径 9～11cm 的短杉木桩，以防漏土，桩长 1.5m。桩径按设计要求严格控制，梢头直径不小于

14cm的杉木桩，且外形直顺光圆，小端削成30cm长的尖头，利于打进持力层。

（3）使用条件。

1）适用于流速3m/s以下的河流。

2）用于凸岸或直线段岸坡（非水力攻击面）及岸脚局部冲蚀流失处。

3）用于静水体或河流流速较低，现场石块稀少，机械不易到达施工的河段。

（4）关键材料。经过防腐处理之后的15～20cm的圆木桩或方木桩及约为8cm的圆木条或方木条，木桩外形要保持顺直光滑，尖部要削成30cm长的尖头。

（5）施工工艺。

1）护岸施工。桩木护岸后接斜坡段，桩前后挡土高度差控制在50cm以内。桩木护岸采用双排桩，临水侧（前排）桩选用梢头直径不小于14cm的杉木桩，桩长4.0m，桩顶高程4.00m。在相邻的杉木桩间（临土侧）布置梢头直径9～11cm的短杉木桩，以防漏土，桩长1.5m。

施工工艺：测量放线→清基→挖泥船打临水侧木桩→挖泥船打临土侧木桩→土方回填→平整

2）施工准备，包括以下方面：

a. 木桩采购及存放。木桩在木材市场进行采购，采用汽车运至工地现场仓库，施工时装在泥驳船上。木桩采购时注意木材质地，桩长略大于设计桩长。所有木桩须材质均匀，不得有过大弯曲的情形。木桩首尾两端连成一条直线时，各截面中心与该直线之间的偏差程度不得超过相关规定；另桩身不得有蛀孔、裂纹或其他足以损害强度的瑕疵。

木桩吊运、装卸、堆置时，桩身不得遭受冲击或振动，以免损坏桩身。木桩使用时，应按运抵工地的先后次序使用，同时应检查木桩是否完整。木桩存储地基须坚实而平坦，不得有沉陷现象，避免木桩变形。

b. 打试桩，确定桩长。为确保设计木桩长度能满足实际工作要求，在沿河岸打桩前先试桩，每50m打一根试桩，以大概确定桩长。若发现有不满足地段，报监理、业主更改木桩长度，以满足施工要求。

c. 打桩前，桩顶须先截锯平整，其桩身需加以保护，不得有影响功能的碰撞伤痕，桩头部位宜采用铁丝扎紧。

d. 木桩制作。桩径按设计要求严格控制，梢头直径不小于14cm的杉木桩，且外形直顺光圆；小端削成30cm长的尖头，利于打入持力层；待准备好总桩数80%以上的桩时，调挖泥船进行打桩施工，避免挖泥船待桩窝工；将备好的桩按不同尺寸及其使用区域分别就位，为打桩做好准备；严禁使用沙杆等其他木材代替；所有木桩均采用桐油作防腐处理。

e. 施工放样。木桩施工前，由测量人员依据设计图纸进行放样，确定打桩位置。

f. 清基处理。测量放样后，沿打桩位置用挖泥船清理岸边杂草、淤泥、石块等杂物，确保打桩的正常施工。

（6）运行管理。

1）在桩排间最好填土以降低冲蚀。

2）构造物的植生空间可利用程度高，可运用当地原生植物，诱蝶、诱鸟植物及复层绿化种植方法不易受限制。

4. 网格生态护岸

(1) 技术原理。网格生态护岸技术是由砖、石、混凝土砌块、现浇混凝土等材料形成网格，在网格中栽植植物，形成网格与植物综合护坡系统，既能起到护坡作用，同时达到恢复生态、保护环境的效果。网格生态护岸结构如图 4-13 所示，其效果如图 4-14 所示。

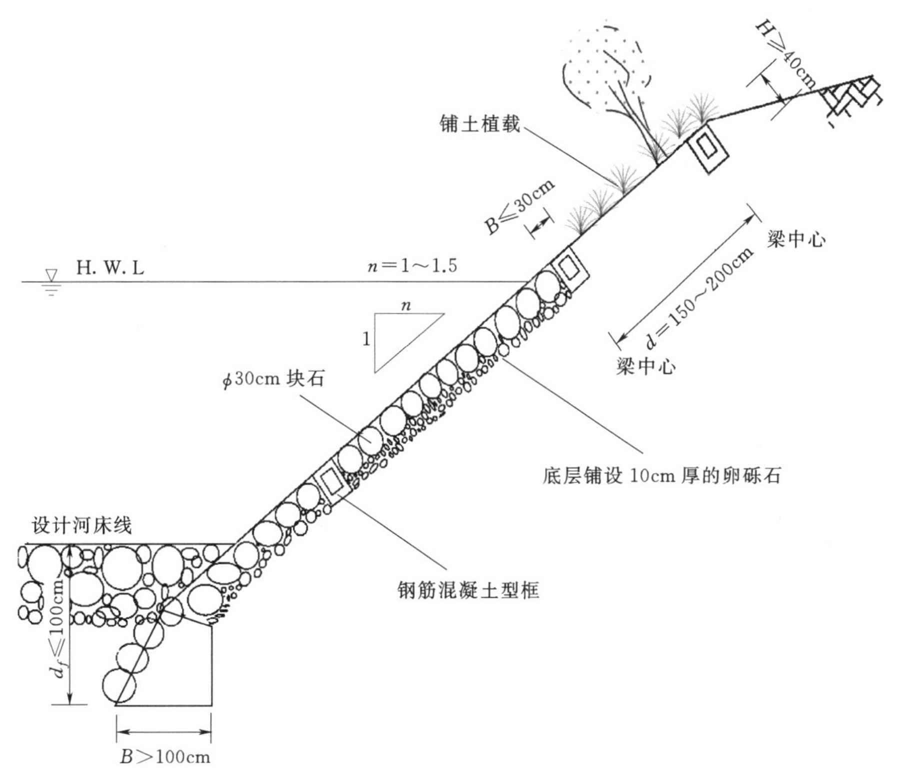

图 4-13　网格生态护岸结构图

图 4-14　网格生态护岸效果图

(2) 技术指标。网格生态护岸技术中格框宽度视工程具体情况而定，构造物可使用流速范围为3～7m/s，高流速河道格框内填混凝土及排水管，增加稳定性，最高水位上的型框可回填植生壤土，并铺草栽植，提供河岸遮阴效果及调节水温。坡脚基础混凝土浇筑采用C20混凝土，施工时选用30振捣棒振捣密实。

此技术中直线段每10m挂两条横向固定标线、曲线段每5m挂两条横向固定标线，坡脚纵向挂两条活动线进行坡度及平整度控制，先在两个急流槽之间从底部进行整体护砌，2～4层后再分段拉线施工。

（3）使用条件。

1）适用于中低流速的河道。

2）使用在岸坡为砂、黏质壤土冲蚀严重处。

3）用于基础相对较差，没有有效植生的地方。

（4）关键材料。关键材料为格框、C20混凝土、土壤和植被。

（5）施工工艺。施工准备→测量放样→管线探查→基础开挖→支立基础模板→坡脚基础混凝土浇筑→修整边坡→网格铺设→回填种植土→质量检查。

1）网格坡脚基础开槽。测量放样完成经验收通过，并探明施工区域无地下管线后方可进行开槽施工。开槽施工严格按设计图纸、规范进行，严格控制开槽深度并夯实。

2）坡脚基础模板支立。基础模板采用木胶板按设计尺寸进行拼装。模板线形在曲线段时每5m放一控制点挂线施工，保证线形顺畅，符合施工要求。

3）坡脚基础混凝土浇筑。坡脚基础浇筑C20混凝土，施工时选用30振捣棒振捣密实，顶面用光抹压光。

4）修整边坡。待基础混凝土达设计强度后进行边坡修整，测量挂线后用人工进行削坡，局部比较厚的地方用挖掘机进行施工，不得超挖。施工过程中预留10cm厚进行人工修整，保证坡面压实度符合设计要求，用自制坡度尺进行坡度控制，保证成型坡度符合设计要求。

5）网格护砌。施工过程中直线段每10m挂两条横向固定标线、曲线段每5m挂两条横向固定标线，坡脚纵向挂两条活动线进行坡度及平整度控制，先在两个急流槽之间从底部进行整体护砌，2～4层后再分段拉线施工。

6）网格护砌的稳定性。为了保证网格整体的稳定性，集成网格必须与基础紧贴，护砌到现状路床面停止施工，待路肩施工中上坡角与网格紧贴后，向下继续网格护砌与路床面的网格相接，把两次护砌产生的楔形块留在中间。

7）网格与急流槽顺接。为了保证急流槽与网格紧贴，网格施工前应先排实物大样，网格一端紧贴急流槽，另一端如果没有紧贴急流槽，可将急流槽位置适当垂直坡面移动，使网格与急流槽紧贴，保证此处密实。

8）网格与路肩边缘石接缝。网格铺砌完成，统一铺砌路基边缘石。路肩边缘石底部使用素土夯实成形，挂线码放路基边缘石，用橡皮锤打至平稳牢固，顶面平整，缝宽均匀，线条直顺。要求网格与路肩边缘石接缝紧密，局部有缝隙的部分使用水泥砂浆或低标号混凝土进行填充处理。

9）肩边缘石施工及其他保护要求。铺砌路肩边缘石时，要随时对顶面及侧面进行校测，要做到直线直顺、曲线圆顺，否则及时修整。网格砖锥坡防护完成后，注意成品保护。所有施工机械或人员不得踩踏尚未填充种植土的护坡。

（6）运行管理。

1）施工完成后，在植被完全覆盖前不要在上面走动。

2）应注意植物栽培乃是季节性活动，会受到一年中特定时间的限制。

3）在初始种植后的两年或更长时间内要继续进行检查，最好确定单一的机构负责种植和后期照护。

5. 格网石笼护岸

（1）技术原理。格网石笼护岸技术是用机编六边形抗腐蚀、耐磨损的低碳镀层钢丝网面制成不同规则矩形网笼，笼子内填充符合一定要求且直径不大的自然石块，利用其柔性大和允许护坡堤面变形的特点，置于河岸边坡和坡脚，形成具有设定抗洪能力并具有高孔隙率、多流速变化带的护岸。石块之间的缝隙给植物根系的生长提供了必要的空间，相连的单个网笼又可独立发挥作用，有利于水体与土体间的水循环，同时达到绿化环境的效果。石笼护岸结构如图 4-15 所示，其效果如图 4-16 所示。

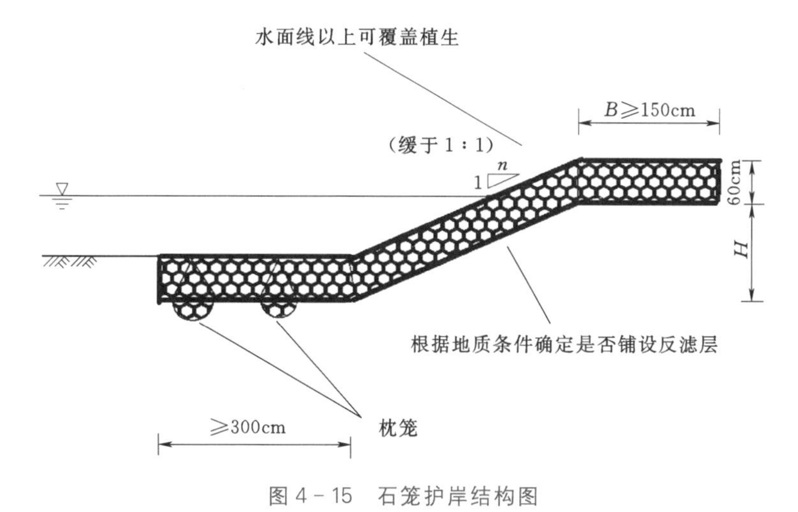

图 4-15　石笼护岸结构图

图 4-16　石笼护岸效果图

（2）技术指标。此技术中格网石笼填充石材的粒径为石笼网目孔径的1.5～2.0倍，蛇笼单元的尺寸及种类依护岸的高度（H）及斜度（$1:n$）来调配选用，护岸坡比为0.3～1.5，单个钢筋笼尺寸为2.5m×1.0m×0.5m，钢筋采用$\phi 8$热轧钢筋，钢筋网格间距为5cm×5cm，交叉点采用焊接连接。

（3）使用条件。

1）可用在陡坡度河岸，河岸腹地狭窄位置，河床质粒$D\geqslant$20cm的河道，构造物可使用流速范围$v>$7m/s。

2）也适用于河流用地较为宽广，河流流速较大，岸坡须加固的河段。

3）不适合于在倒木及含砂量较多的河流。

（4）关键材料。钢丝笼；块径较大、质量合格的石块。

（5）施工工艺。

1）基底开挖：石笼护坡应置于稳固地基上，施工前应清理坡脚处植被、虚渣，夯实整平基础，清除大块孤石。

2）格网石笼放置。①格网石笼网箱铺设前，基面应平整，置放前先组合各单元结构。②把组合后的单元结构放于施工地点，并用扣件或ϕ2.2mm同质镀层钢丝双股以上将相邻各单元结构（包括上、下层的单元）连接起来，绑扎间距不大于20cm。③沿格网笼长度方向每1.0m设一道间隔网（机编网），间隔网须四边绑扎，绑扎间距同上。

在结构中填装石料后，配合人工整平，以确保加盖捆绑到位前把石块装密实，将结构加盖并用扣件或ϕ2.2mm同质镀层钢丝双股系好，绑扎间距不大于10cm。加盖绑扎时，宜先端部后中间。

3）石料及其施工。①填充石料必须密实、坚硬、新鲜、抗风化，表层不能风化、带土，石料单轴饱和抗压强度不小于35MPa。②0.5m高网箱中石料粒径150～250mm，0.3m高网箱中石料粒径100～150mm，如有缝隙，必须以小石料填塞，但小于网目大小的石料不得超过15%。③每组网箱空间须同时均匀投料，严禁将单格网箱一次性投满，每层填筑厚度20～30cm，并以机械或人工整平。顶面填充石料宜适当高出网箱，且必须密实，空隙处宜以小碎石填塞。填充石料外部裸露部位的石料须以人工砌垒、摆放整齐，以求美观。④沿高度方向每25～30cm设一道水平拉筋，每道拉筋以两网目为间距，向内拉筋并绞紧，以正反八字形设置。

4）格网石笼砌筑。格网石笼网箱须错缝砌筑，且顺水流方向上下两层石笼之间的搭接长度不小于1.0m。格网石笼的基底及其密实度、轮廓线长度及宽度，要按图施工，符合设计要求。现场如遇较差的地基时，另作地基处理，处理后的地基必须符合设计要求。

（6）运行管理。石笼外的钢丝易遭腐蚀，尤其在水位升降频繁的河岸，方基角位置最易遭锈蚀，局部损坏后修复难度较大。

6. 植被混凝土护岸

（1）技术原理。植被型混凝土具有良好的透水性和透气性，不仅能够抵抗堤岸受到的侵蚀，而且可以保证植被正常生长。植物护坡形成的自然河道在长期的紊乱流动下，有利于水体增氧。利用植物地上部分形成堤防迎水坡面，可以改善土壤结构，增加表层土壤团数目，提高表层土壤的抗剪强度，故减少迎坡面的侵蚀作用及坡面的水土流失，从而建成具有自然生态性的护坡，进而使生态得到修复。植被混凝土生态护岸效果如图 4-17 所示。

图 4-17 植被混凝土生态护岸效果图

(2) 技术指标。植被混凝土生态护岸技术中，边坡铆钉采用 HRB400 ϕ18 钢筋，铆钉长 60～100cm，软质岩取大值，硬质岩取小值，间距 100cm×100cm，布设角为水平下倾 15°，铆钉均外露 10cm，在坡体岩性较差，节理裂隙较发育处，若坡体不稳定，应适当增加锚杆和注浆数量。植被混凝土厚度 10cm，其中基层 8cm，面层 2cm。

铁丝网与坡面的间距不小于 6cm，喷灌系统的喷洒覆盖率大于 95%，坡顶设置截排水沟。采用 ϕ14 的铁丝网、网孔 5.5cm×5.5cm，网搭接 5～10cm 并绑扎牢固，挂至坡顶 1.5m；坡顶用 ϕ16 螺纹钢制成的长锚钉（40～100cm）锚固，锚钉间距 1m；坡面锚杆用 ϕ12 螺纹钢制成的长锚钉（40～100cm）锚固，间距 1m×1m 锚固。所有锚钉均外露 10cm，在露头 5～7cm 处与铁丝网绑扎牢固，该技术能抵御强暴雨（120mm/h 以内）和地表径流的冲刷。

(3) 使用条件。

1) 适应于土质、岩质边坡，缓坡、陡坡。

2) 适用于洪水位低、冲蚀力小、流速低的溪流河岸。

(4) 关键材料。经风干粉碎过筛、土壤中砂粒含量不超过 5%、最大粒径小于 8mm、含水量不超过 20%的种植土；P42.5 普通硅酸盐水泥；酒糟、醋渣或新鲜有机物料（稻壳、秸秆、树枝）粉碎组成的有机物料；植被混凝土绿化添加剂；混合植物种子。

(5) 施工工艺。

1) 坡面清理：清除坡面的淤积物和浮砂，如有倒坡需修整。

2) 测量放线：仔细测量边坡面积，以便于及时备料。

3) 挂网锚固：采用 ϕ14 的铁丝网、网孔 5.5cm×5.5cm，网网搭接 5～10cm 并绑扎牢固，挂至坡顶 1.5m；坡顶用 ϕ16 螺纹钢制成的长锚钉（40～100cm）锚固，锚钉间距 1m；坡面锚杆用 ϕ12 螺纹钢制成的长锚钉（40～100cm）锚固，间距 1m×1m 锚固。所有锚钉均外露 10cm，在露头 5～7cm 处与铁丝网绑扎牢固。

4) 基材制备（含物种配置）：植被混凝土生态基材由砂壤土、水泥、有机物料、植被混凝土绿化添加剂混合组成，各组分材料的选择须根据设计要求确定。

5）植被混凝土喷植：将拌和物通过空压机送风、喷浆机喷射到铺挂稳定的山体坡面上；要求喷枪口距坡面1m左右，一般应垂直于坡面，最大倾斜角度不能超过10°；分基层和面层2次喷射；在基层喷射过程中，应注意喷射均匀；喷层厚度要控制好，应符合设计要求；喷射过程中还应控制好水灰比，保持喷射物湿润光滑，不允许出现干斑或滑移流淌现象；喷射应正面进行，不应仰喷，凹凸部及死角要充分注意，禁止漏喷。

6）无纺布覆盖：在植被混凝土表层覆盖14g/m² 的无纺布，营造混合植绿物种快速发芽的环境；种植灌木部位无须覆盖。无纺布应同坡面接触紧密，防止风吹。覆盖目的如下：①减少边坡表面水分蒸发，给混合植绿物种发芽和生长提供一个较湿润的生态环境；②缓冲坡面温度，减少边坡表面温度波动，保护幼苗免遭温度变化过大而受到伤害；③减缓浇灌水滴的冲击能量，防止面层流失。

（6）运行管理。

1）养护管理主要包括喷灌洒水、病虫害防治和局部修复等措施。

2）水分补充以喷灌方式进行，整个幼苗生长期不允许出现缺水现象。

3）发现病虫害，及时防治防止蔓延。

4）由于施工、养护等其他原因造成的局部斑秃现象，及时修复。

7. 连锁式植生块护岸技术

（1）技术原理。连锁式植生块护岸技术，是指通过在每框格块体中央的空洞中，播种草籽和栽植水草，草及草皮生根后，草、土、预制块体联成一体，每一个连锁式植生块被相邻的六个连锁式植生块锁住，保证每一块位置准确且避免发生侧向移动。连锁式植生块提供了稳定、柔性和透水性的坡面保护层。此种护岸方式不仅能够减少土中水分的蒸发和水流对草皮的冲蚀，而且能够有效防止坡面被雨水冲刷成沟，进而减缓水流速度，达到提高边坡稳定性的效果。连锁式植生块护岸设计如图4-18所示，其效果如图4-19所示。

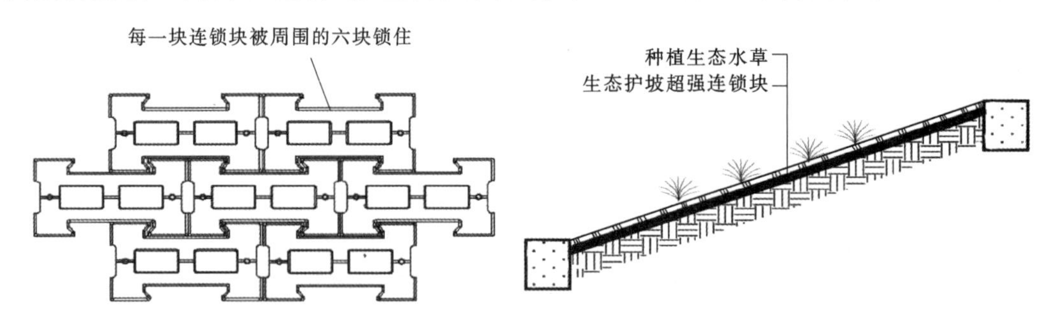

图4-18 连锁式植生块护岸设计图

（2）技术指标。连锁式植生块的常用规格：450mm×302mm×100mm和448mm×300mm×100mm，连锁式植生块强度为C30，级配碎石粒径为20～40mm，反滤土工织布250g/m²。

（3）使用条件。

1）适应于低速或中速水流条件下的河道。

2）用于排水沟的护面。

图4-19 连锁式植生块护岸效果图

3）用于湖泊和水库岸坡。

（4）关键材料。强度为C30、经试验合格的植生块；级配碎石的粒径为20～40mm、经筛分试验合格的碎石；反滤土工布250g/m^2；工程所在地附近原有地表砂壤土；混凝土拌和机、土料运输自卸车、挖掘机等。

（5）施工工艺。

1）按照设计岸坡坡度要求，进行岸坡地基处理，清除杂草、树根、突出物，用适当的材料填充空洞并振实，使岸坡表面平整、密实，并符合设计岸坡要求。

2）在已完成的基础面上铺设级配碎石。

3）挖掘边沿基坑，坑底填以适当的材料并振实，砌筑下沿趾墙，用混凝土将剩余部分趾墙联同锚固入趾墙的连锁块一起砌筑，使趾墙符合设计要求的尺寸。

4）从下边沿开始连锁铺设三行联锁式护坡块，块的长度方向沿着水流反向铺设，下沿第一行有一半砌入趾墙中，与混凝土趾墙相锚固，下沿的第二行连锁块的下边沿与趾墙墙面相交。

5）从左（或右）下角铺设其他护坡块，铺设方向与趾墙平行，不得垂直趾墙方向铺设，以防产生累计误差，影响铺设质量。

6）将连锁块铺设至上沿挡墙内，砌筑上沿挡墙，使上沿部分连锁块与上沿挡墙锚固。

7）用干砂、碎石或土填充孔和接缝。

8）检查坡面平整度，对不符合的局部地区进行二次处理，直至达到设计标准。

（6）运行管理。连锁式植生块高强的耐久性使它具有比较高的使用寿命，如有破坏只需及时更换即可，运行管理简单。

8. 阶梯式生态护岸技术

（1）技术原理。阶梯式生态护岸技术是指将植物、预制构件、土壤或岩石进行结合，植物生长在预制构件的中空部位，其植物根系将预制构件紧密的锚固在护坡上，预制构件本身就能够加固土壤防止水土流失，使预制构件、植物和护岸形成完整的自然循环，减少坡面的不稳定和侵蚀，既能够起到护坡作用，同时还能恢复生态、保护环境。阶梯式生态护岸设计如图4-20所示，其效果如图4-21所示。

（2）技术指标。阶梯式生态护岸技术应符合《预制混凝土生态护坡构件》（Q/HCY

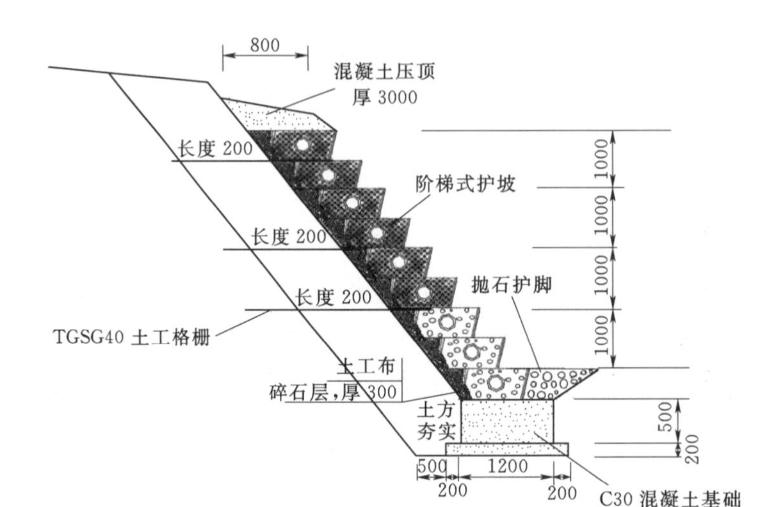

图4-20　阶梯式生态护岸设计图（单位：mm）

图4-21　阶梯式生态护岸效果图

01—2018）的标准，护坡混凝土强度不小于C30，阶梯式生态护坡基础采用C20及以上的混凝土浇筑，连接螺栓采用强度等级为4.8级及以上热浸镀锌螺栓或不锈钢螺栓。

此技术中若螺栓使用单螺帽时，应配置一平垫一弹垫，若螺栓使用双螺帽时，可只配置一平垫，土工布采用厚10mm、引张强度为9.8kN/m的硬质土工布。阶梯式生态护坡模具的首要规格为2000mm×1000mm×500mm（长×宽×厚），阶梯状生态护岸中每一阶之间形成的角度为90°。

（3）使用条件。

1）适应于中小河两岸岸坡，施工河段常水位不宜超过40cm，对河流水质无特殊要求。

2）适用于对防洪有一定要求的河流。

（4）关键材料。双向受力80kN、玻璃纤维的土工格栅；原材料经验证试验合格、250g/m^{2}的反滤土工布；原材料经验证试验合格、粒径为20～40mm的级配碎石；经试验合格、强度为C30的挡墙砌块；工程所在地附近原有地表砂壤土；混凝土拌和机，土料运输自卸车、挖掘机等。

（5）施工工艺。

1）基础施工应按设计图纸及相关标准进行挖掘施工，基础面应平整，若有软土基需要采取有效措施进行施工。

2）基础混凝土宜采用C20及以上混凝土浇筑，若采用预制混凝土基础时，基础底部必须先铺C10的混凝土垫层。

3）基础混凝土浇筑完成后，面层应采用工具进行抹平。

4）基础面处于纵段斜坡时，若斜坡面与水平面的夹角在5°内，可沿着斜坡面施工；若斜坡面与水平面的夹角超过5°，需将基础做成阶梯形基础。

5）阶梯式生态护坡构件的安装应上下对齐安装，平铺式生态护坡构件应对角安装，生态石护坡构件应上下错开安装。

6）若需要安装成一定弧度时，两个构件之间的连接开口宽度在70mm以下，可用标准的连接件进行连接；超过70mm，则需要用现浇混凝土进行连接。

7）安装起吊时应将绳索连接在预埋在产品上的起吊螺栓上，起吊设备的起吊能力应在产品重量3倍以上。

8）安装时尽可能在没有冲击力的情况下，将产品安装在基础或下层产品上。

9）安装时可使用撬棍等工具使产品对准位置。

10）铺设土工布时，应沿产品背面形状铺设土工布，土工布的接缝应保证上部土工布在上，并且搭接部位的宽度在10cm以上。

11）产品背面回填碎石，需满足相关技术要求。

12）箱形产品内部回填石材时，需间歇式填入，防止产品出现移位。

13）箱形产品内部的石材不能突出超过表层，回填石材的高度要低于产品高度，上段产品的回填石材要与下段的石材咬合，并均匀放置。

14）若产品表层需要绿化时，则在回填石材的缝隙填充石砂，产品的开口处及底部需要铺设土工布。

15）对于用于吊装的预埋螺栓部位在产品安装完成后，采用水泥砂浆进行填充。

16）相邻两个产品的间隙可采用土石材料进行填充，填充时应采用洒水等办法使其密实。

17）产品安装完成后，可根据需要设置混凝土压顶或排水沟。

（6）运行管理。

1）应及时补种修剪植物、清除杂草。

2）岸坡出现坍塌时，应及时进行加固。

3）阶梯式生态护岸的高强的耐久性使它具有比较高的使用寿命，阶梯式生态护岸是干垒的，所以有必要时很容易拆卸并可以重复利用，运行管理简单。

9. 可拼装式木质框格边坡

（1）技术原理。可拼装式木质框格边坡可降低坡面温度，利于植物生长，迅速防治边坡水土流失，植物多样性好，可在河道坡面任意位置施工的技术方法。可拼装式木质框格边坡结构如图4-22所示，其效果如图4-23所示。

（2）技术指标。可拼装式木质框格边坡技术中应选取当地耐淹植物新鲜截枝施工，枝

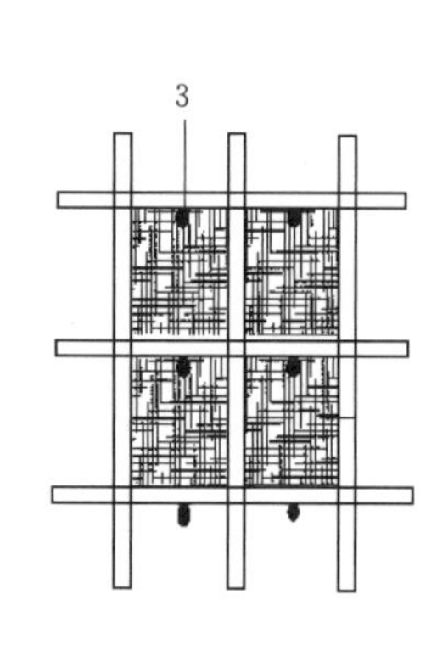

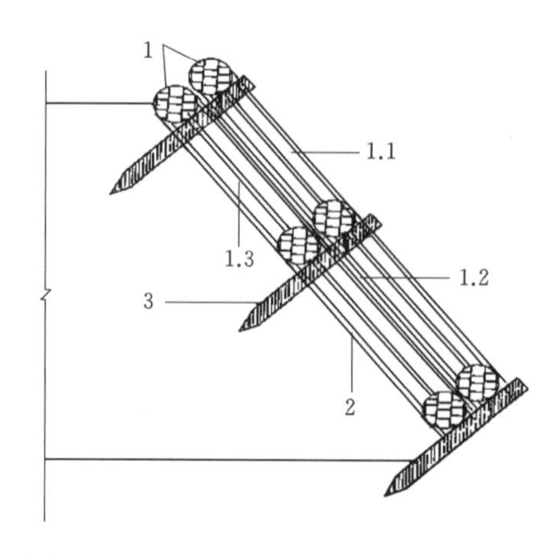

图4-22 可拼装式木质框格边坡结构图

1—框格结构组件；1.1—上层框格结构；1.2—防护袋；1.3—下层框格结构；2—边坡；3—新鲜植物截枝

图4-23 可拼装式木质框格边坡效果图

条长度为1～1.5m，直径为4～6cm，土壤中砂粒含量不超过5%，最大粒径应小于8mm，含水量不超过20%。制作天然的木质或竹质的框格结构，可拼装式木质框格边坡技术中，框格结构组件是由长度为1～1.5m，直径为50～100mm的原木或竹制成。

（3）使用条件。

1）适用于岸坡坡面的防护，结合相关护脚工程施工。

2）适用于各种水质的河流。

（4）关键材料。长度为1～1.5m、直径为50～100mm的原木或竹制成框格结构组件；当地耐淹植物新鲜截枝施工、长度为1～1.5m、直径为4～6cm的新鲜植物枝条；草籽；经风干粉碎过筛、土壤中砂粒含量不超过5%、最大粒径小于8mm、含水量不超过20%的种植土。

（5）施工工艺。

1）制作天然的木质或竹质的框格结构，框格结构的每个边由长度为1～1.5m，直径为50～100mm的原木或竹制成。

2）将两个框格结构上、下对应叠放，将装有草籽和土壤的防护袋夹装在上、下两层框格结构中制成框格结构组件。

3）对土质岸坡进行整平处理。

4）将多个框格结构组件平铺于坡面并相互连接固定。

5）将新鲜植物截枝向下穿过框格结构组件打入土质边坡的土壤中。

（6）运行管理。

1）养护管理主要包括病虫害防治和局部修复等措施，如施工期为枯水期，则要关注植物是否缺水，定期浇灌，发现病虫害，及时防治防止蔓延。

2）由于施工、养护等其他原因造成的局部斑秃现象，及时修复。

3）养护周期为植物开始生长后6个月。

10. *原木块石复合结构护岸*

（1）技术原理。原木块石复合结构护岸是一种抗冲性能好、可营造河道景观，同时具有净化水体功能的河岸生态治理复合护岸结构。原木块石复合结构护岸结构如图4-24所示。

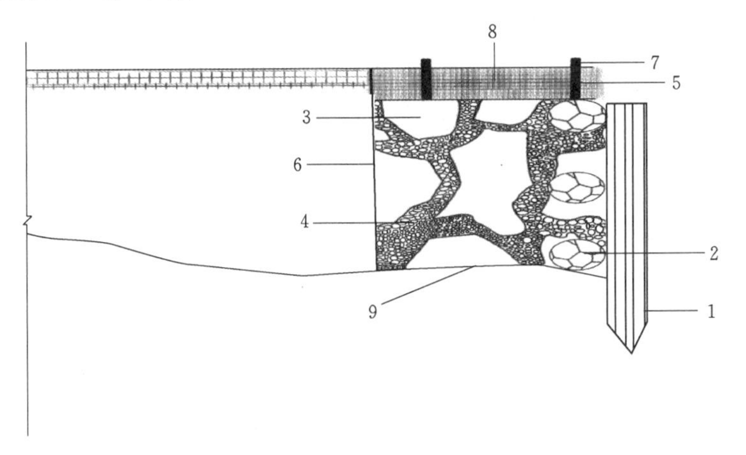

图4-24　原木块石复合结构护岸结构图

1—垂直原木；2—水平原木；3—块石；4—混合物；5—种植土层；6—壁面；7—新鲜植物枝条；8—草皮；9—河床

（2）技术指标。原木块石复合结构护岸中块石直径为10～25cm，需选取当地耐淹植物新鲜截枝施工，枝条直径为1～3cm，枝条可生成不定根。土壤中砂粒含量不超过5%，最大粒径应小于8mm，含水量不超过20%。石英砂、陶粒和土壤的混合物，混合质量比为1∶1∶2～2∶2∶3。

河床垂直均匀打入多根垂直原木的长度为1.5～2m、直径为150～200mm，相邻垂直原木的间距为1～2m。由下至上，均匀固定多根平行于河床的原木，长度不小于2m，直径为150～200mm，在块石表面覆盖厚度为20～30cm的种植土层，并撒播草籽。

（3）使用条件。

1）适用于缓流或流速2m/s及以上河岸生态治理。

2）适用于各种水质的河流。

（4）关键材料。直径为10～25cm的块石；当地耐淹植物新鲜截枝施工、枝条直径为

1～3cm的植物枝条；植草籽；经风干粉碎过筛，要求土壤中砂粒含量不超过5%，最大粒径应小于8mm、含水量不超过20%的填充物；混合质量比为1∶1∶2～2∶2∶3的石英砂、陶粒和土壤的混合物。

(5) 施工工艺。

1) 对整个岸坡或沿坡脚开挖，修整出垂直于河床的壁面。

2) 向河床垂直均匀打入多根垂直原木，长度为1.5～2m、直径为150～200mm。相邻垂直原木的间距为1～2m。

3) 由下至上，均匀固定多根平行于河床的原木，长度不小于2m，直径为150～200mm。

4) 向原木后方空间内逐层填充块石，块石间隙中填充石英砂、陶粒和土壤的混合物。

5) 在块石表面覆盖厚度为20～30cm的种植土层，并撒播草籽。

(6) 运行管理。

1) 养护管理主要包括病虫害防治和局部修复等措施，如施工期为枯水期，则要关注植物是否缺水，定期浇灌，发现病虫害，及时防治防止蔓延。

2) 由于施工、养护等其他原因造成的局部斑秃现象，及时修复。

3) 养护周期为植物开始生长后6个月。

11. 生态桥砌块护岸技术

(1) 技术原理。生态桥砌块护岸取其上端高度和常水位，设置植被基础材料形成水栖生物群落处，通过混凝土砌块外表面附着的椰棕层，可在夏季有效地降低砌块的外表面温度，可使相关水生陆生的两栖类动物或昆虫繁衍繁殖，开辟水陆两区域间的生存通道。因混凝土砌块本身的重量较大，可较好的固定岸坡，防止水土流失。生态桥砌块护岸设计如图4-25所示。

(2) 使用条件。

1) 适用于河道内难以生成植被带的地区。

2) 适用于洪水位高、冲蚀力大、流速强的溪流河岸；对河流水质无特殊要求。

3) 适用于对水生动物包括（鱼类、两栖类等）有保护或繁殖要求的河道。

(3) 关键材料。

1) 带孔椰棕卷ϕ300mm×1700mm：一种用椰棕纤维网体制作而成的高密度筒形卷。

2) 混凝土砌块。

3) 土壤：营养土。

4) 植物：水生植物。

(4) 运行管理。对植物生长的管理，要按照所选植物的生态学要求和生长习性，精心管理。河道中的生物生长对温度有一定的适应范围，如芦苇在温度低于8℃时，生命活动明显降低；在夏季的6月，要及时将快要衰退腐烂的菹草收割、清理出水体，在11月要及时将已经干枯的芦苇、香蒲以及水草收割、清理出水体。水生植物在冬季死亡之后，由于温度比较低，腐烂分解速度比较缓慢，并不会立即产生水质污染。但到了来年晚春季节，随着水温的上升，植物残体的腐烂速度加快，迅速释放出大量的有机物和营养盐，使河道水色加深，有时还伴随着藻类及原生动物的大量生长，严重时下层水缺氧，导致鱼虾

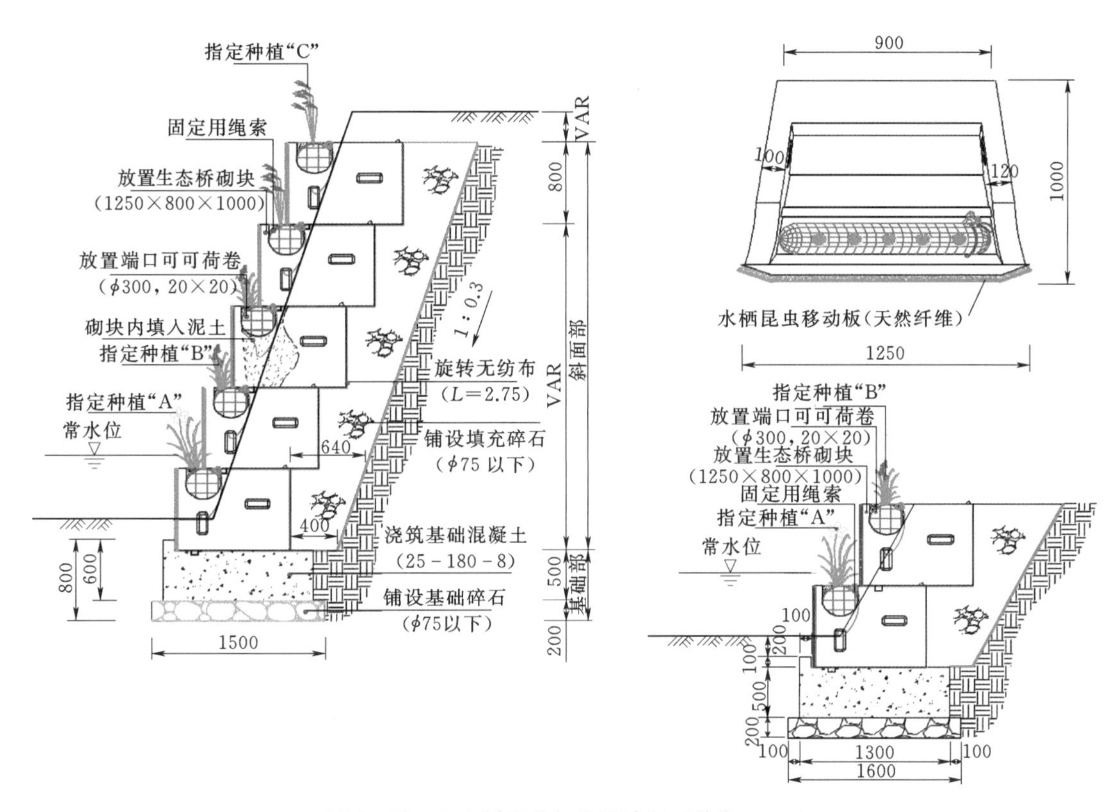

图 4-25　生态桥砌块护岸设计图（单位：mm）

死亡。因此，必须定期对水面漂浮的腐叶枯枝及垃圾杂物进行清除。重视对大型水生植物收获利用，防止水生植物死亡后营养物质重新回到水体，减少自然凋落量，减轻因凋落物腐烂分解引起的二次污染。

12. 硬质驳岸生态绿化技术

垂直绿化生态改造是根据不同的地理条件，在构筑物或结构表面栽植或铺贴攀附植物或其他植物的绿化形式。根据应用方式的不同，可分为：藤蔓式、悬挂式、模块式和铺贴式 4 个种类。

(1) 藤蔓式垂直绿化驳岸软化技术。

1) 技术原理。藤蔓式垂直绿化驳岸软化技术利用藤蔓植物生长迅速，管护方便，靠自身的攀爬特性使它们自身很容易把绿色铺满墙面的特性，来进行驳岸墙体迎水面绿化的手段。根据藤蔓类植物的攀爬方式、攀爬能力和技术手段的不同而将藤蔓式绿化分为吸附攀爬型、缠绕攀附型和垂吊型。

a. 吸附攀爬型是指植物在茎干上分生出具有吸附能力的吸盘，可在一定的生长期内分泌出黏液，把植物和依附的物体紧密地结合在一起，不需牵引设施，只需在使用过程中满足植物的生长需求，最终达到垂直绿化效果。吸附攀爬型绿化在硬质驳岸改造软化中的应用如图 4-26 所示。

b. 缠绕攀附型是指植物依靠自身生长的卷须和钩刺来攀附、钩刺在物体表面，或者利用自己的缠绕茎干来缠绕物体使自己向上生长，从而达到垂直绿化效果。缠绕攀附型绿

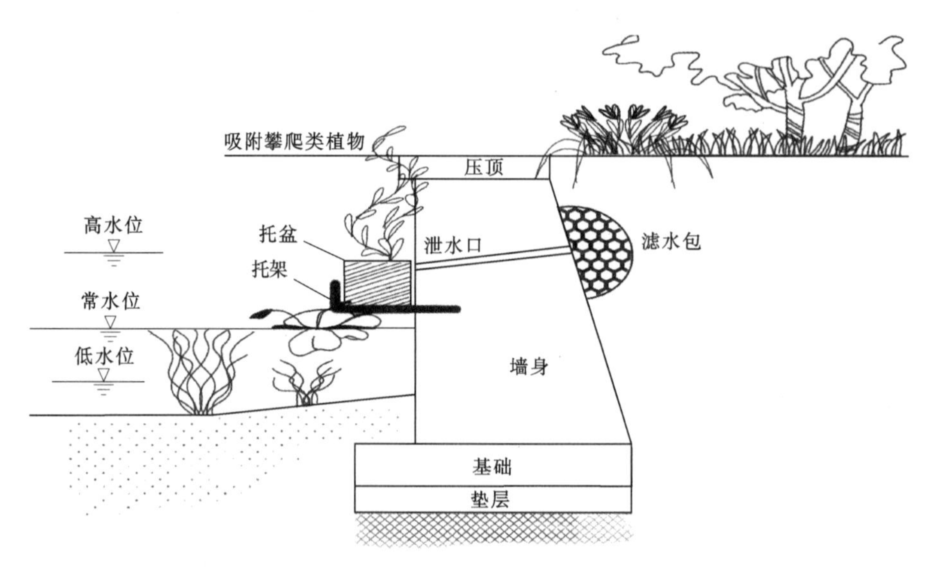

图 4-26 吸附攀爬型绿化在硬质驳岸改造软化中的应用

化在硬质驳岸软化改造中的应用如图 4-27 所示。

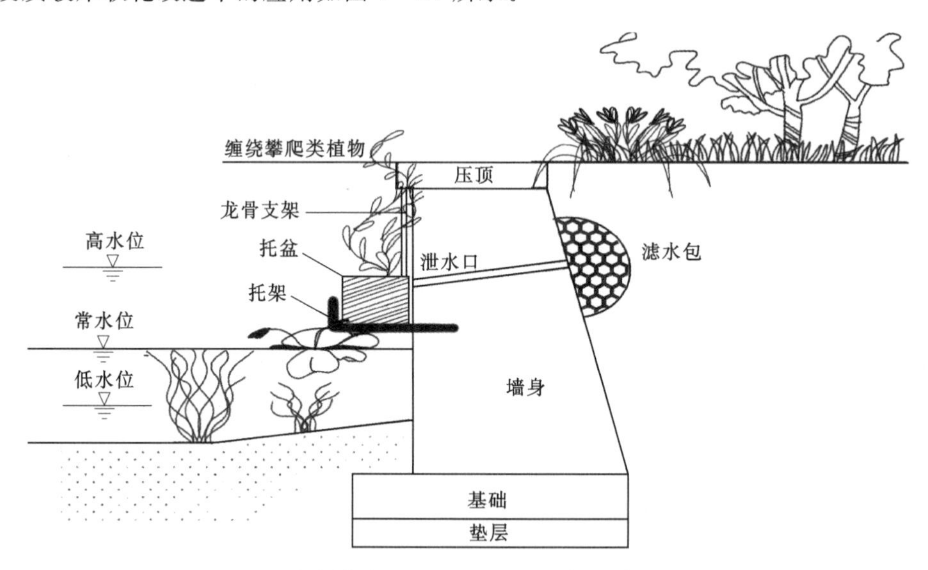

图 4-27 缠绕攀附型绿化在硬质驳岸软化改造中的应用

c. 垂吊型是在岸顶种植蔓生植物，利用其攀缘、俯垂的特点，形成理想的垂直绿化效果。垂吊型绿化在硬质驳岸软化改造中的应用如图 4-28 所示。

d. 藤蔓式绿化可在驳岸迎水面沿着驳岸坡向布置自然式花坛，种植藤蔓类植物，打破大面积的阶梯式硬质驳岸呆板、枯燥、规矩、生硬的轮廓。藤蔓式绿化在阶梯式硬质驳岸软化改造中的应用如图 4-29 所示。

2）技术指标。藤蔓植物的种植要根据施工环境准备适宜的藤蔓植物，注意苗木质量，种植场地要翻地深度大于 40cm，种植池宽度要大于 40cm，种植坑不能紧靠墙体，要留适当空间，种植以 3～5 株/m，穴位大于根茎 10～20cm，肥料每穴施 0.5～1.0kg，种植时

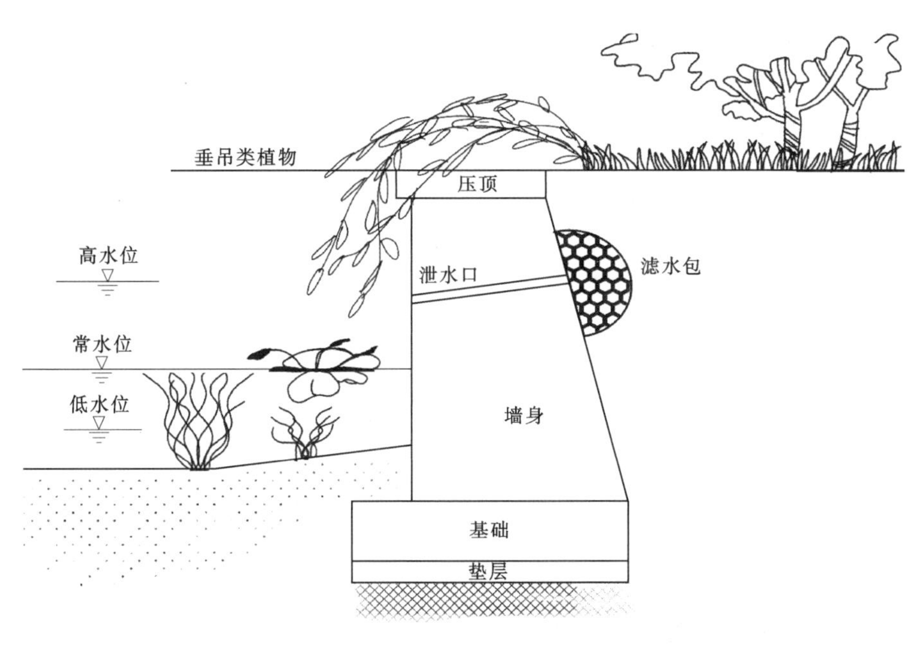

图 4-28　垂吊型绿化在硬质驳岸软化改造中的应用

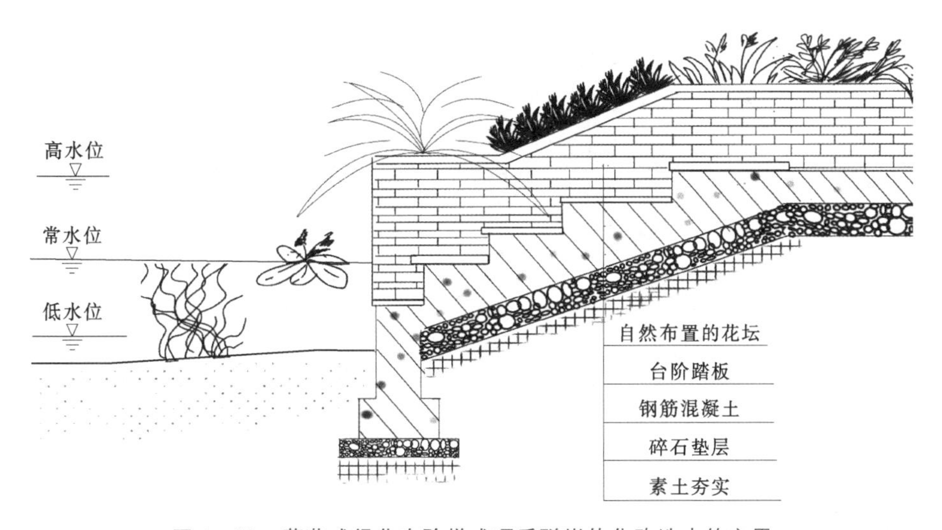

图 4-29　藤蔓式绿化在阶梯式硬质驳岸软化改造中的应用

间宜在春季，若墙体过于光滑，可沿墙体设牵引物等。

3）使用条件。

a. 适用于河水流速急，水位大，无法扩大泄洪空间，不能对硬质护坡更多改造时。

b. 缠绕攀爬型适用于水位变化不大的河段。

c. 垂吊型适用面很广。

4）关键材料。关键材料为藤蔓植物，包括吸附攀爬型植物、缠绕攀爬型植物和垂吊型植物。

5）施工工艺。

a. 根据布置墙块的面积制作相应大小的网状物、拉索或栅栏。

b. 将网状物、拉索或栅栏固定在垂直墙边。

c. 在墙面设置种植基槽，基槽深 15～25cm，槽内装土，土要完全润湿，按照每米 1 个基槽设置。

d. 根据基槽位置，设置滴灌设施。

e. 选择藤蔓植物幼苗或者种子，将植物幼苗植入基槽内，或者将种子撒入基槽，并覆盖一层 1.5mm 的土壤。

6）运行管理。

a. 若种植的墙体过于光滑，可沿墙体设牵引铅丝做面沿丝网，以利于植物攀缘。

b. 藤蔓栽植后应在穴缘处筑起高 10～15cm 的土（树）堰，土堰应坚固，夯实土埂，拍牢，以防漏水。

c. 栽植 24h 内必须浇足第一遍水，第二遍水在 2～3 天后浇灌，第三遍水隔 5～7 天后进行。如遇跑水、下沉等情况，应随时填土补浇。

（2）悬挂式垂直绿化驳岸软化技术（图 4－30）。

图 4－30　悬挂式垂直绿化驳岸软化技术

1）技术原理。悬挂式垂直绿化驳岸软化技术，是指把每株植物单独栽植在不同的容器中，悬挂在不锈钢、钢筋混凝土或者其他材料做成的支架上，形成立体绿墙的绿化方式。

悬挂式绿化在硬质驳岸软化改造中的应用如图 4－31 所示。

2）技术指标。栽植容器可由混凝土、烧结土、金属、塑料、合成纤维等材料制成，尺寸灵活，可栽植的植物种类选择范围较大，对驳岸墙体的要求较低，绿化效果容易控制，可采取拼图的方式来达到更好的植物景观效果。在悬挂式绿化系统中，只要充分满足

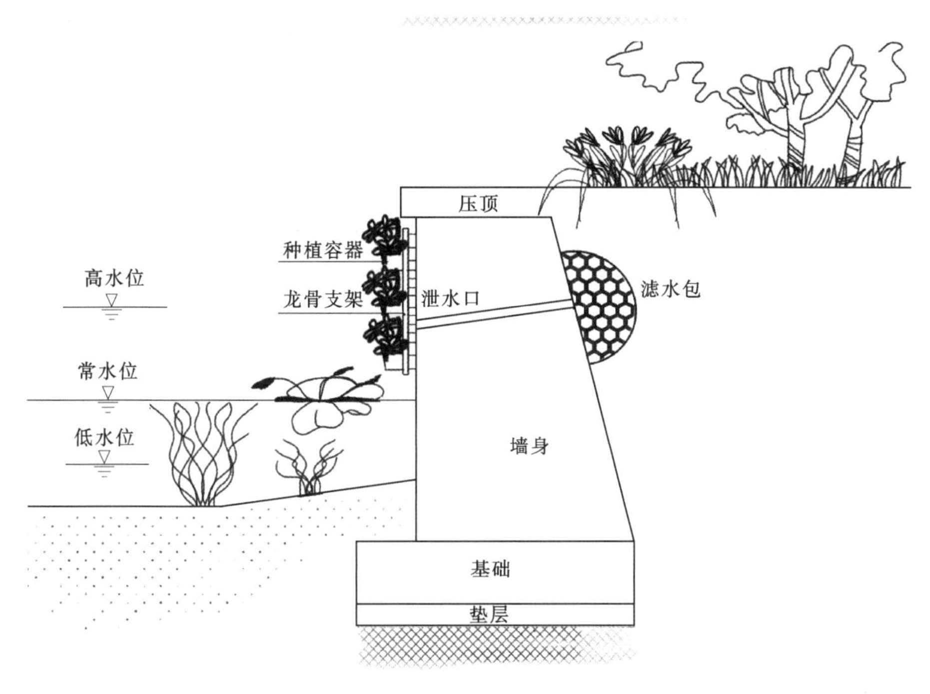

图 4-31 悬挂式绿化在硬质驳岸软化改造中的应用

植物生长所需的必要条件，一般情况下，在水中的植物生长状态与在地面上基本相同。

3）使用条件。

a. 适用于水位变化不大的直立式驳岸河段。

b. 不适宜于阶梯式硬质驳岸。

4）关键材料。关键材料包括植物；不锈钢、钢筋混凝土或其他材料的固定支架；驳岸墙体。

5）施工工艺。

a. 选好一定大小的吊带种植袋或者带钩的花盆。

b. 在种植袋或花盆内放入种植基质（如土壤、矿物棉、椰棕等），进行培育。

c. 在墙上按照要求和图案设计设置钢结构或者骨架。

d. 设置自动滴灌系统。

e. 将培育好的植物种植袋或花盆，悬挂在钢结构或骨架上。

6）运行管理。

a. 定期检查固定的支架是否保持稳定。

b. 掌握好在3—7月植物生长关键时期的浇水量，同时做好冬初冻水的浇灌，以有利于防寒越冬。

c. 悬挂植物根系浅、占地面积少，因此在土壤保水力差或天气干旱季节应适当增加浇水次数和浇水量。

（3）模块式垂直绿化驳岸软化技术。

1）技术原理。模块式垂直绿化驳岸软化技术，是指通过结构系统固定到驳岸墙面上形成绿化面，滴灌系统沿着结构系统布置，为绿化模块提供水分或液态肥料。从而以植物为依托，运用植物的枝叶、花朵、果实等来装饰硬质驳岸的立体面，软化或减弱硬质驳岸呆板、枯燥、冰冷、生硬的外轮廓，协调硬质驳岸与周围环境的关系，增加其景观性和视觉感。模块式绿化在硬质驳岸软化改造中的应用如图4-32所示。

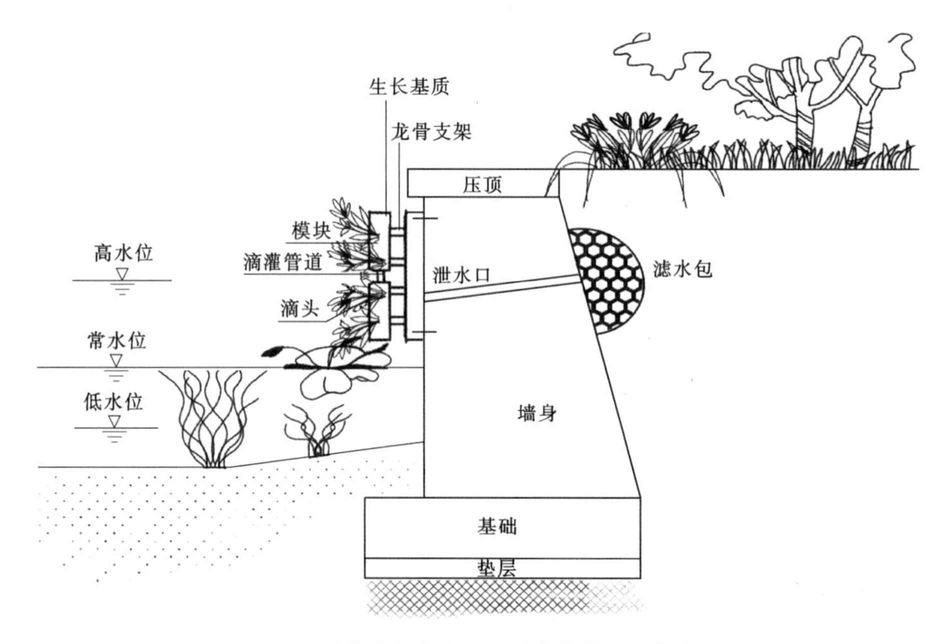

图4-32 模块式绿化在硬质驳岸软化改造中的应用

绿化模块可分为容器骨架式、卡盆式、种植盒式和介质式（图4-33）。

2）技术指标。

a. 容器骨架式模块：容器内生长基质采用人工改良土壤，配以不锈钢等固定骨架起固定容器的作用。

b. 卡盆式模块：在容器里面培育好植物，然后将容器插入固定容器的HDPE垂直绿化种植框，容器内固定性好且不易松散掉落的轻质生长基质，供水采用滴灌方式，绿化模块由钢托架固定在支架上。

c. 种植盒内是如海绵状一样的聚酯混合基质，自动滴灌系统与结构框架相结合，将水分输送到每一个种植盒内。GSKY系统种植盒模块种植基盘尺寸为300mm×300mm×90mm，植物的幼苗在标准基体里栽植培养，种植一段时间之后直接安装在框架结构上，不是对单株植物进行移栽，植物覆盖率可达到100%。

d. 介质模块没有种植基盘，通过合理的搭接或者绑缚固定在驳岸墙体表面的不锈钢或木质骨架上。

3）使用条件。

a. 适用于水位变化不大的常水位以上直立式驳岸河段。

b. 不适宜于阶梯式硬质驳岸。

4）关键材料。关键材料为植物；混合粉末、椰子纤维外皮、发泡膜组成的介质模块；

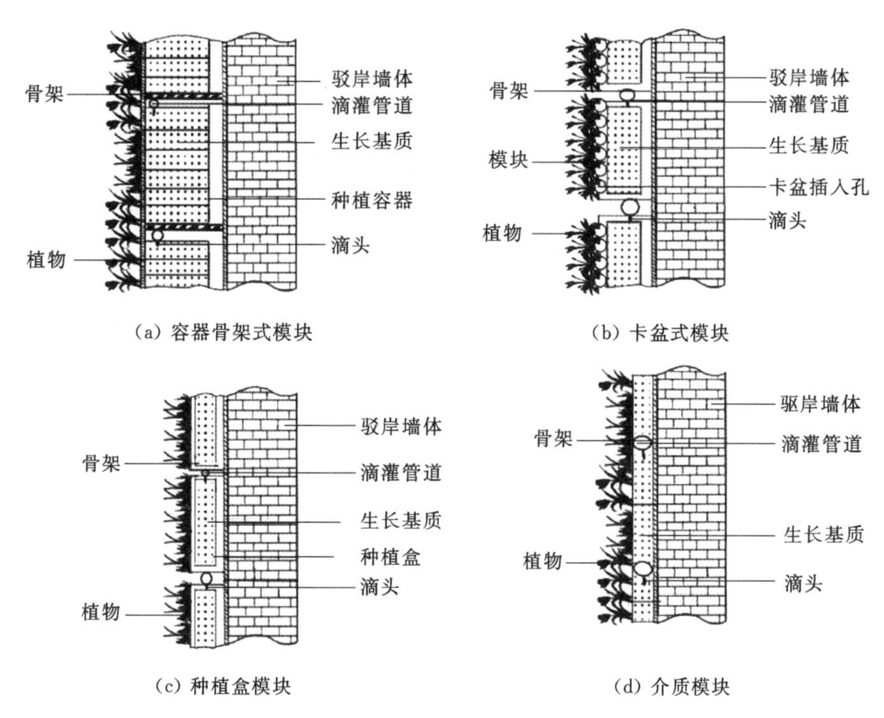

图 4-33　绿化模块的结构方式

不锈钢等材质的固定支架；驳岸墙面。

5）施工工艺。

a. 根据布置墙块的面积，将一定大小的单体构件（如较大的浅塑料花盆，托盘或铁盒）合理的搭接和绑缚，制作成较大的模块。

b. 在模块内覆上种植基质（如土壤、矿物棉、椰棕等），预先栽培植物。

c. 在墙体上按照一定的图案设置好不锈钢等骨架。

d. 将种植好植物的模块固定在骨架上。

e. 设置自动滴灌系统。

6）运行管理。

a. 防止培养基裸露在外面，当出现暴雨或大风天气，造成水土流失，存在安全隐患，后期需及时关注培养基状况。

b. 浇灌时要均匀，不然会导致下部潮湿。

（4）铺贴式垂直绿化驳岸软化技术。

1）技术原理。铺贴式垂直绿化驳岸软化技术，是指在墙面直接铺贴栽植有植物的种植毯，或者采用喷播技术在墙面形成一个能生长植物的种植系统。种植毯上有多个整齐排列的小袋，袋里装有生长基质，通过种植毯的保水性、弹性、通气性和韧性，以供植物生长，从而装饰硬质驳岸的立体面，协调硬质驳岸与周围环境的关系，增加其景观性。铺贴式垂直绿化驳岸软化技术如图 4-34 所示。

2）技术指标。种植毯采用滴灌技术维持布毡的湿润状态，并将滴灌系统布满整个面板。种植毯和驳岸墙体之间通过构件固定，种植毯绿化墙面厚度相对较薄，安装方便，绿

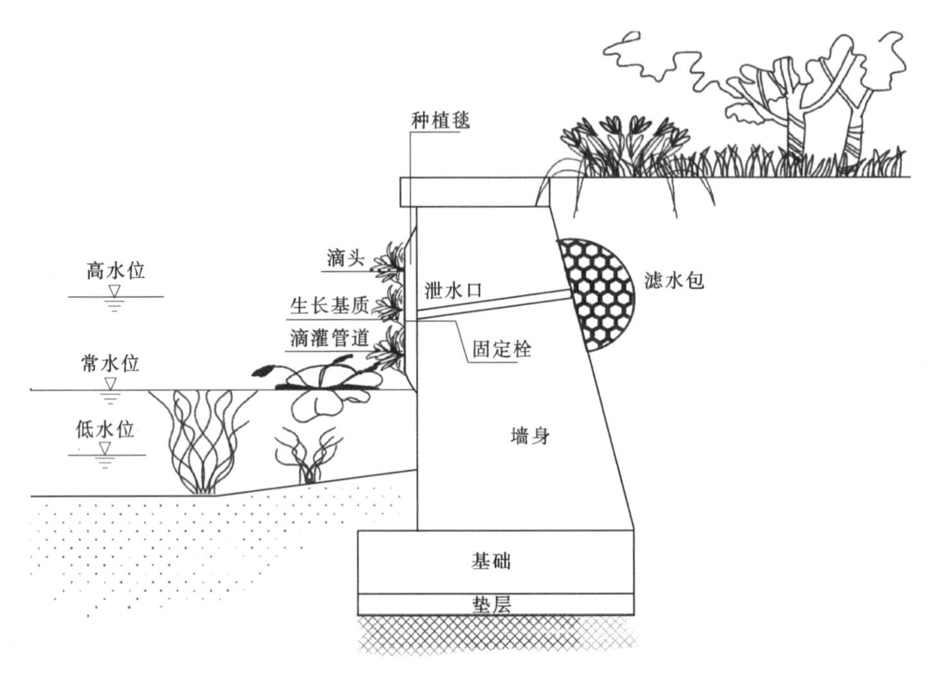

图4-34 铺贴式垂直绿化驳岸软化技术

化覆盖率可达100%。种植毯及其绿化效果如图4-35所示。

图4-35 种植毯及其绿化效果

3）使用条件。

a. 种植毯：适用于水位变化不大的直立式驳岸河段；不适宜于阶梯式硬质驳岸。

b. 喷播技术：适用于水流冲刷和淘蚀严重的河段，对水位变化适应性强。

4）关键材料。尼龙、聚丙烯、聚酯等制成的带有小袋的种植毯；土壤、肥料、植物种子、黏合剂、保水剂、强吸水树脂等混合材料；驳岸墙面。

5）施工工艺。

a. 用毛毡、无纺布、椰丝纤维等材料加一定的土壤基质制作植物的载体，一般厚度为5～15cm。

b. 将植物幼苗或种子植入载体进行培育。

c. 在墙体设置厚度为1cm左右的防水层。

d. 将培育好的绿化植物块，通过铺贴的方式附在墙上，并用锚钉固定。

e. 设置自动滴灌系统。

6）运行管理。

a. 培养基裸露在外面，容易造成水土流失，存在安全隐患，后期需及时关注培养基状况。

b. 培养基基袋暴露在外面，时间长了会杂草滋生、影响整体效果。

c. 滴灌系统不要采用从最上面一层一层向下渗的方法，要做到喷灌均匀。

4.1.2.5 生态护岸类型要素对比

根据河流生态修复的不同技术，将各种不同生态修复技术中关键材料、适用条件、优缺点等要素进行对比，见表4-11。

表4-11　　生态修复技术要素对比表

名称	关键材料	适用条件	优点	缺点	市场应用程度
生态袋护岸	种植土、生态袋、PVC排水管、复合防水膜、防水彩条布、土工格栅、土工织物等	（1）适用于洪水位低、冲蚀力小、流速低的溪流河岸。 （2）适用在岸坡为硬土层耐冲蚀处，基脚稳定处。 （3）适用于流速不大于2m/s的河道	生态袋具有较高的挠曲性，可适应坡面的局部变形；生态袋内基质不易流失，可堆垒成任何贴合坡体的形状，施工简单	大面积使用造价很高，植物生长缓慢，需要配套草种喷播技术，才能尽快实现绿化效果	新兴
生物毯护岸	（1）复合纤维织物，其纵向抗拉强度不小于11.6kN/m。 （2）材质为无纺布的反滤材料。 （3）草种、肥料、保水剂层，选用当地草坪草	（1）适用于流速不大于3m/s的河道。 （2）适用于坡比在1：2及更缓时。 （3）适用于河床质小及腹地大的河岸。 （4）可用在岸坡为硬土层耐冲蚀处，基脚稳定处，河岸结构或植生无显著损害处	抗冲性能好，维护岸坡稳定、增强岸坡生态景观效果	（1）夏天在蒸发量比较大的时候铺盖草棚子，保持水分。 （2）需根据现场实际情况，进行必要的维护管理	试用型
木排桩护岸	（1）经过防腐处理之后的15～20cm的圆木桩或方木桩。 （2）约8cm的圆木条或方木条	（1）适用于流速为3m/s以下的河流。 （2）用于凸岸或直线段岸坡（非水力攻击面）及岸脚局部冲蚀流失处。 （3）用于静水体或河流流速较低，现场石块稀少，机械不易到达施工的河段	（1）桩排间填土可以降低河岸冲蚀，维护边坡稳定。 （2）采用木桩等生态材料，可增加河岸自然景观效果	木桩需进行防腐、防蚀处理，否则易遭受流水侵蚀、病虫害破坏	新兴

续表

名称	关键材料	适用条件	优点	缺点	市场应用程度
网格生态护岸	(1) 格框。 (2) C20混凝土。 (3) 土壤。 (4) 植被	(1) 适用于中低流速的河道。 (2) 使用在岸坡为砂、黏质壤土冲蚀严重处。 (3) 用于基础相对较差，没有有效植生的地方	成本低、施工方便、恢复植被、美化环境	材料老化后，容易在土壤中形成二次污染	新兴
格网石笼护岸	(1) 尺寸为2.5m后，容易在土壤中形成热轧钢筋的加工钢筋笼。 (2) 块径较大、质量合格的石块	(1) 适用于河流用地较为宽广，河流流速较大，岸坡须加固的河段。 (2) 适合于流速不大于4m/s的河道。 (3) 不适合于在倒木及含砂量较多的河流	(1) 具有很好的柔韧性、透水性、耐久性、防浪能力强。 (2) 挠曲性能好，能适应比较大的安排不均匀沉陷变形。 (3) 绿化坡面景观	金属材料易腐蚀、覆塑材料老化镀层质量及编织质量等问题	成熟
植被混凝土护岸	(1) 经风干粉碎过筛、土壤中砂粒含量不超过5%、最大粒径小于8mm、含水量不超过20%的种植土。 (2) P42.5普通硅酸盐水泥。 (3) 酒糟、醋渣或新鲜有机物料。 (4) 植被混凝土绿化添加剂。 (5) 混合植物种子	(1) 适应于土质、岩质边坡，缓坡、陡坡。 (2) 适用于洪水位低、冲蚀力小、流速低的溪流河岸	能够实现永续性、多样性绿化，抗冲刷能力强，具有很强的生态功能和景观功能	(1) 柔性不够、适应地基不均匀沉降能力较差。 (2) 在寒冷地区应用时应考虑基层冻土、植物生长抗冻性等不利条件，养护成本高	成熟
连锁式植生块护岸	(1) 强度为C30、经试验合格的植生块。 (2) 级配碎石粒径为20～40mm、经筛分试验合格的碎石。 (3) 反滤土工布250g/m^2。 (4) 工程所在地附近原有地表砂壤土。 (5) 混凝土拌和机、土料运输自卸车、挖掘机等	(1) 适应于低速或中速水流条件下的河道护坡。 (2) 用于排水沟的护面。 (3) 用于湖泊和水库岸坡	植生块类型统一、强度高、耐久性强、透水性好；能减少土体内静水压力，防止管涌现象；面层可植草，形成自然坡面；施工方便快捷，维护方便、经济	连锁式植生块发生破损时需及时更换	新兴

续表

名称	关键材料	适用条件	优点	缺点	市场应用程度
阶梯式生态护岸	(1) 双向受力80kN、玻璃纤维的土工格栅。 (2) 原材料经验证试验合格、250g/m^{2}的反滤土工布。 原材料经验证试验合格、粒径为20～40mm的级配碎石。 (3) 经试验合格、强度为C30的挡墙砌块。 (4) 工程所在地附近原有地表砂壤土。 (5) 混凝土拌和机，土料运输自卸车、挖掘机等	(1) 适应于中小河两岸岸坡，施工河段常水位不宜超过40cm，对河流水质无特殊要求。 (2) 适用于对防洪有一定要求，且需要构造亲水平台的河流	(1) 阶梯式生态护坡耐久性好，容易拆卸并可以重复利用，运行管理简单。 (2) 加固土壤防止水土流失，减少坡面的不稳定和侵蚀，恢复生态、美化环境	需及时补种修剪植物、清除杂草，定期养护	新兴
可拼装式木质框格边坡	(1) 长度为1～1.5m、直径为50～100mm的原木或竹制成框格结构组件。 (2) 当地耐淹植物新鲜截枝条。 (3) 草籽。 (4) 经风干粉碎过筛、土壤中砂粒含量不超过5%、最大粒径小于8mm、含水量不超过20%的种植土	(1) 适用于岸坡坡面的防护，结合相关护脚工程施工。 (2) 适用于各种水质的河流	可降低坡面温度，利于植物生长，迅速防治边坡水土流失，植物多样性好	木质框格使用前需进行防腐、防蚀处理，并定期进行养护及病虫害防治	新兴
原木块石复合结构护岸	(1) 直径为10～25cm的块石。 (2) 当地耐淹植物新鲜截枝枝条。 (3) 植草籽。 (4) 经风干粉碎过筛，要求土壤中砂粒含量不超过5%，最大粒径应小于8mm、含水量不超过20%的填充物。 (5) 混合质量比为1∶1∶2～2∶2∶3的石英砂、陶粒和土壤的混合物	(1) 适用于缓流或流速2m/s及以上河岸生态治理。 (2) 适用于各种水质的河流	抗冲性能好、可净化水体、防护河岸稳定	(1) 圆木易遭受腐蚀破坏，使用前需进行防腐蚀处理。 (2) 需定期进行养护、防治病虫害和局部修复	新兴

续表

名称		关键材料	适用条件	优点	缺点	市场应用程度
生态桥砌块护岸		（1）带孔椰棕卷Φ孔椰棕卷Φ岸技术前需进行。（2）混凝土砌块。（3）土壤：营养土。（4）植物：水生植物	（1）适用于河道内难以生成植被带的地区。（2）适用于洪水位高、冲蚀力大、流速强的溪流河岸；对河流水质无特殊要求。（3）适用于对水生动物包括（鱼类、两栖类等）有保护或繁殖要求的河道	高温季节可降低砌块的外表面温度，促进水生动物或昆虫繁衍繁殖；自身重量较大，可较好地固定岸坡，防止水土流失	需定期清理死亡植物，以免对水体、环境造成二次污染	新兴
硬质驳岸生态绿化	藤蔓式垂直绿化驳岸软化技术	藤蔓植物	（1）适用于河水流速急，水位大，无法扩大泄洪空间，不能对硬质护坡更多改造时。（2）缠绕攀爬型：适用于水位变化不大的河段。（3）垂吊型：适用面很广	藤蔓植物生长迅速，管护方便，靠自身的攀爬特性快速铺满墙面，达到驳岸墙体迎水面绿化的目的	（1）墙体过于光滑时，需沿墙体设牵引铅丝网，以利于植物攀缘。（2）栽植需定期浇水养护	成熟
	悬挂式垂直绿化驳岸软化技术	（1）植物。（2）不锈钢、钢筋混凝土或其他材料的固定支架。（3）驳岸墙体	（1）适用于水位变化不大的直立式驳岸河段。（2）不适宜于阶梯式硬质驳岸	栽植容器尺寸灵活，栽植植物种类选择范围较大，对驳岸墙体的要求较低，易于达到预期绿化效果	（1）需定期检查固定的支架的稳定性。（2）悬挂植物根系浅、占地面积少，因此在土壤保水力差或天气干旱季节应适当增加浇水次数和浇水量	新兴
	模块式垂直绿化驳岸软化技术	（1）植物。（2）混合粉末、椰子纤维外皮、发泡膜组成的介质模块。（3）不锈钢等材质的固定支架。（4）驳岸墙面	（1）适用于水位变化不大的常水位以上直立式驳岸河段。（2）不适宜于阶梯式硬质驳岸	软化或减弱硬质驳岸呆板、枯燥、冰冷、生硬的外轮廓，增加其景观性和视觉感	滴灌系统运行要求高，需定期进行管路检查和维修	新兴
	铺贴式垂直绿化驳岸软化技术	（1）尼龙、聚丙烯、聚酯等制成的带有小袋的种植毯。（2）土壤、肥料、植物种子、黏合剂、保水剂、强吸水树脂等混合材料。（3）驳岸墙面	（1）种植毯：适用于水位变化不大的直立式驳岸河段；不适宜于阶梯式硬质驳岸。（2）喷播技术：适用于水流冲刷和淘蚀严重的河段，对水位变化适应性强	种植毯绿化墙面厚度相对较薄，安装方便，绿化覆盖率高	需在整个墙面内设置滴灌系统，以维持种植毯布毡的湿润状态。滴灌系统需定期检查维修	新兴

4.1.2.6 应用案例

1. 生态护岸技术在北京转河生态修复工程中的应用

（1）项目简介。转河位于北京市西城区，西起长河的高梁桥，东到北护城河，是北环水系的一段，全长 3.7km。随着城市的发展，转河几经变迁。1905 年詹天佑修建京张铁路时河道改线，向北绕过西直门火车站，再向南呈“几”字形与北护城河相接。1975—1982 年间修建地铁时将转河填埋，以暗涵同北护城河相接。2001 年，市领导决定将转河打开，恢复它应有的风貌。

在转河修复工作进行之前，为了河道行洪和排水，曾用大量钢筋混凝土挡墙或浆砌石的岸坡代替天然泥土和植被，河岸的生态功能丧失。少数岸坡虽有植被覆盖，但由于受周边土地利用的束缚，河岸带很窄，坡度过大，植被类型单一，生态功能有限。同时，出于水利功能设计，城市河道两旁的地表径流多被路缘石阻隔，未通过植被缓冲带，而经地下雨水管网直接进入河道中，因此大量污染物随着地表径流直接进入河道，尤其是初期径流对河水污染严重，而且这种污染状况随周边城市化的高速发展而越发严重。

（2）技术方案。2002 年，北京市水利规划设计研究院对北京北二环附近的转河河道和河岸带进行了一系列工程改造和生态修复。转河生态景观设计方案所确定的原则如下：尊重历史、传统与现代共存；以人为本，提供沟通与交流的平台；恢复生物多样性，回归自然；以亲水为目的，与城市相协调的景观设计；保护水质，扩大水面。

转河整治工程主要从城市河道的生态属性和景观属性两大方面对转河进行修复。在对河岸带的设计上要求形成有层次的岸坡绿化，具体采取了以下措施：

1）改造河漫地。包括设置不同的河岸曲度，以改变水流速度；种植水生植物（如芦苇、菖蒲、水葱等），投放鱼苗，滨水游廊区两侧河岸为直立式重力挡土墙，为避免单调的景观效果，设计在一侧结构允许的范围内掏空挡土墙地下部分形成游廊。遵循江内风情，结合都市元素，设有绿化台阶亲水平台、雕塑、喷泉等景观。不能开挖的一侧墙体表面设计为卵石墙、镌刻名家咏水词和卵石笼形式，体现艺术与文化。

2）修复护岸。不规则的堆叠石块，用泥土填充石块缝隙，使水体直接与石块和泥土接触，叠石水景区河岸采用天然石与人工石结合塔砌而成，两岸交替配有亲水平台、亲水台阶、瀑布等景观。

3）改造护坡。减少硬化坡面和直立式护坡，减缓坡度，种植草本和灌木等植被。转河的生态治理采用了多种形式的生态护岸，以尽可能恢复河道的自然生态属性，具体有木桩护岸、仿木桩护岸、卵石缓坡护岸、山石护岸、种植槽护岸等，以上形式护岸的内部存在不同程度的间隙，创造了多孔隙的空间，为各种生物的生存、繁衍提供了可能性。

4）历史文化园位于转河的上游开端，西起北展后湖，东至高梁桥。河道全长 550m，此段河道的修复设计充分尊重历史文化背景，河道两岸及河道内栽植大量的柳树、芦苇等植物，并在河岸恢复了绮红堂码头、高梁桥等历史遗迹，将自然与人文融合在一起，展现出绮丽的转河风景。

5）亲水家园区流经新建住宅小区，景观设计侧重于亲水与人文景观，近小区一例栽种植物，形成大面积绿化带，沿河设有仿水栈道、亲水平台等亲水设施，在另一侧 260m 直立壁岸雕刻 56 条中华民族的图腾龙，增加人文元素。

6）绿色航道区两岸为直立的岸墙，没有可利用的外拓空间。在此前提下，本区主要采用水生、攀藤植被绿化岸墙的方法，形成以绿化植被为主的景观效果图。

7）生态公园段可用空间相对较大，河道设计主要采取河岸边坡缓化方案，在近岸区形成大量浅水湾，河道内大面积栽种水生、湿生植物，如芦苇、荷花、茭白等。河岸两侧堆有卵石、巨石，间或配有亲水栈道，形成自然、生态的河道效果。转河治理过程中，在河岸带、近岸水域、种植槽及河道中种植大量的植物，以起到增加河流自净功能、为水生动物及昆虫等提供栖息地、绿化、景观等作用，具体栽种的有柳树芦苇、香蒲、莲、茭白等。

8）防洪排水标准按20年一遇洪水设计，100年一遇洪水校核。河道整治要求严格控制污水排放，并扩大水面，水面宽度为15～25m。为了发展旅游，河段全线通航。设计河流平面形态的原则是宜宽则宽，宜弯则弯，提高河流生境的空间异质性。在河道管理范围内形成历史文化园、生态公园、叠石公园、滨水游廊、亲水家园和绿色航道6个景区。在滨水区营造环境宜人的亲水空间。另外，河边码头、水榭等均按照自然化的手法绿化。

（3）工程效果。2002年始进行转河整治工程建设，恢复其历史原貌，其工程建设目标除防洪外，主要是改善河道景观，为本地居民提供一个优良的休闲娱乐环境，并发展旅游业。转河整治后，生物多样性水平也有所提高，河道内明显可见到鱼、青蛙等生物物种，植被和人文景观也获得了大多数居民的认可，成为北京市的一道亮丽风景线，为市民创造了良好的休闲娱乐空间，又带动了周边的兴旺和发展。

经过这几年的精心治理，转河的修复工作取得了很大的成果，现在的转河，在满足防洪、排水、输水功能的同时，以它蜿蜒曲折的走势、宽窄不一的水面、高低错落的河岸给高楼林立的城区增添了活泼的气氛，给久居闹市的人们增添了几分恬静。

河流下游由于临近街道和居民区，河道受地形限制和人为活动的干扰，对转河生态修复的效果有所影响，但总的来说，转河的生态修复效果是显著的。尽管还远达不到也无法达到自然状态下河流的标准，但在经过修复后，污水处理、生态环境构成、人文景观等方面都有很大改善，也满足了附近居民对河流环境的基本要求。工程效果如图4-36～图4-43所示。

图4-36 藤本植物绿化挡土墙

图4-37 亲水平台

图 4-38 大块石堆砌护坡

图 4-39 游廊入口缓坡通道

图 4-40 河道近岸水生植物

图 4-41 恢复的绮红堂码头

图 4-42 沿河栽植的柳树

图 4-43 仿木桩护岸

2. 生态护岸技术在广西桂林市两江四湖生态修复工程中的应用

(1) 项目简介。桂林两江四湖古而有之，是漓江、桃花江、榕湖、杉湖、桂湖、木龙湖的统称，地跨叠彩、秀峰、象山等桂林中心城区。两江四湖区域石山林立，水域蜿蜒曲折，空间紧凑，由于年代久远，部分湖塘被淤泥堵塞或填没。为了恢复“千山环野立，一水抱城流”的景观特色，再现古代桂林“水城”的繁荣与辉煌，进一步推动旅游产业的发展，同时为居民提供优美的生活和休闲环境，1999年，桂林正式启动“两江四湖”改造工程。

(2) 技术方案。针对桂林城市水环境质量现状，提出了以河岸带为核心的“河道（湖床）清淤截污与辅助溶氧—河岸缓冲带—绿色走廊”一体化城市水环境生态修复技术方案，构建了完整的城市水环境河岸带生态修复技术理论框架。通过考察，提出并深入研究了介质筛护岸技术，论证了其滞洪补枯功能，确定了介质筛护岸的工程技术结构，并将片状介质筛和介质筛—植被护岸技术应用于“两江四湖”工程实践。

建设者根据地形的起伏变化，结合桂林山水文化、民俗风情、历史传承等特点，营造了形式多样、材质丰富、高低结合、整体协调的水体驳岸，辅以相应的园林植物，构建了观象极为丰富的滨水景观。榕杉湖采用叠石驳岸，结合日月塔、木栈道、青石路、古廊桥、观景台等。桂湖采用直立式石砌岸，破解了场地狭小，视野不宽、亲水平台局限等难题。桃花江采用水生植物驳岸和木桩驳岸等方式，恢复河流生态系统原貌，沿河修建骑行绿道。

在对缓冲带宽度研究和分析的基础上，建立了地形分析与污染物迁移模拟相结合的缓冲带宽度设计框架和方法，测算了缓冲带安全宽度，确定了河湖植被缓冲带的植被种类结构。提出了基于感知调查的河流绿色走廊规划和设计方法，并初步应用于工程实践。

引水入湖工程水源自市区北郊上南洲洲头。为保证入湖水质，避开沿程污染，引水工程采用“一沟二渠”的方法，即在原引水沟中整修一条明渠满足沿途居民、城市居民生产生活用水。与明渠并列修一段全封闭混凝土箱涵与拱涵、隧洞相连的水路，专用于向“四湖”输水。这样既满足了入湖的水质，又解决了农民灌溉用水的问题。

引水济湖工程增强了“四湖”水体自净能力，增大了“四湖”水环境容量。采用了“平湖清淤，管道输送污泥”的施工工艺，用压力泵、压力管将湖塘淤泥直接抽送到8km之外的相人山堆积场。

为控制外源污染的输入，四湖周边原有的雨、污合流地下排水管道全部分流，沿湖污水排放口全部截流。对城区地下排水管线结合道路扩建进行全面规划实施，彻底清除湖的污染源，杜绝污水入湖。生活、工业污水经污水厂处理达标后排放或重复利用，重修内湖生态岸线，桂湖区完成设置截污管道、检查井、雨水井、跌水井，工程完工后，“四湖”周边的污水全部流入第四污水处理厂，除桂湖区及榕湖北区雨水入湖外，其余雨水截入漓江。

(3) 工程效果。以自然生态修复理念为主线，紧密结合桂林市“两江四湖”工程，实施“河道（湖床）清淤截污与辅助溶氧—河岸缓冲带—绿色走廊”的一体化城市水环境河岸带生态修复技术方案，并应用于“两江四湖”工程实践，取得了显著的社会、环境和经济效益。同时验证了城市水环境河岸带生态修复技术的科学性、先进性和可行性，实现了理论研究与工程实践的良好结合，为我国城市水环境综合整治提供了河岸带生态修复技术的新思路和新的技术措施。在“两江四湖”工程中应用了理论研究成果，“两江四湖”主要水域水质达到地表水Ⅲ类标准。目前的“两江四湖”水系如图4-44所示。

图 4－44　目前的“两江四湖”水系

4.1.3　河道内生境修复技术

河流生物群落的时空变化，反映了非生物和生物因子的变化及其交互作用，包括水质、温度、流速、流量、底质、食物和营养物质等，这些因子将影响水生生物的发育、生存和繁殖。一些河道内生境修复技术能调整这些因子的时空变化。

河道内生境修复技术主要指利用木材、块石、适宜植物以及其他生态工程材料相结合，而在河道内局部区域构筑的特殊结构。这类结构可通过调节水流及其与河床或岸坡岩土体的相互作用，而在河道内形成多样性地貌和水流条件，例如水的深度、湍流和均匀流、深潭或浅滩等，从而增强鱼和其他水生生物栖息地功能，促使生物群落多样性的提高。

工程设计中要致力于满足尽可能多的物种对适宜栖息地的要求，例如满足鱼类的洄游需求，维护生态系统的多样性等。具体设计目标包括：创建深水区，重建深潭栖息地；缩窄局部河道断面，增强局部冲刷作用，调整泥沙冲淤变化格局，重建浅滩；增加掩蔽物，为鱼类创建了能躲避被捕食或休息的区域；通过添加木质残骸，为水生生物提供了适宜的河床底质和食物。

河道内生境修复技术分为生态潜坝、植被构架生境构造技术、遮蔽物、砾石群 4 大类。

4.1.3.1　原理及分类

1. 生态潜坝

利用圆木或块石在河道中横向修建的河道内栖息地修复结构，一般淹没在水体中，在潜坝下游形成水流扰动，甚至冲刷出深潭，最终形成与自然的深潭—浅滩相似的生物栖息环境。通过增大水流阻力，缓解河床冲刷程度，从而增加河床底质形态的多样性，塑造多样性的地貌与水域环境，进而为水生生物提供庇护场所和多样的水力环境。

2. 植被构架生境构造技术

取构架上端高度和常水位设置植被基础材料，形成水栖生物群落栖息处，通过水生植物自身生长代谢吸收大量氮、磷等营养物质，分解水中大部分可降解有机物，从而控制水体富营养化。为水生动物提供空间生态位，增加生物多样性和系统稳定性，最终提高水生态系统自净能力。

3. 遮蔽物

在自然状态下，河岸上洞穴、植物树冠、河道内的漂浮植物以及浮叶植物等可被利用作为遮蔽物；人工可用多根较粗圆木形成木框挡土墙或叠木支撑，与植物纤维垫组合构成护坡、遮蔽、挑流等结构。可向水中补充有机物碎屑，采用带树根的圆木（树墩）控导水流，保护岸坡抵御水流冲刷，并为鱼类和其他水生生物提供栖息地、避难所和遮阴场所，为水生昆虫提供食物来源，起到护坡和保护栖息地的作用。

4. 砾石群

在均匀河道内安放单块砾石或砾石群，砾石之间的空隙及其后的局部水域为鱼类及其他水生生物提供了良好的生物避难、休息场所和繁殖栖息地。砾石可形成较大的水深、气泡、湍流和流速梯度，此流速梯度条件能够使幼苗和成鱼在不消耗很大能量的情况下，在激流中保持在某一个位置。砾石群技术有助于创建具有多样性特征的水深、底质和流速条件，从而起到增加平滩河道栖息地多样性的作用。

4.1.3.2 关键材料的优缺点对比

河道内生境修复技术要素对比见表4-12。

表4-12 河道内生境修复技术要素对比表

名称	关键材料	适用条件	优点	缺点	市场应用程度
生态潜坝	（1）大尺寸石块。 （2）木桩或钢桩等。 （3）土工织物反滤材料。 （4）大型圆木	（1）顺直河道。 （2）比降较小的河段。 （3）缺乏深潭浅滩结构的河段	（1）可以形成与自然的深潭—浅滩相似的生物栖息环境。 （2）缓解河床冲刷程度。 （3）塑造多样性的河床底质地貌与水域环境	由于拦蓄作用，水速减缓，随着河流水量的加大，比较容易在其局部形成密集的有机质群	成熟
植被构架生境构造技术	（1）采用椰棕纤维网体制作而成的高密度筒形卷。 （2）防腐木材。 （3）粒径小于等于200mm的石材。 （4）水生植物	（1）难以生成植被带的地区。 （2）洪水位低、冲蚀力小、流速低的河岸。 （3）对河流水质无特殊要求。 （4）对水生动物有保护或繁殖要求的河道	（1）水生植物自身生长代谢可以吸收分解水中大部分可降解有机物。 （2）为水生动物提供空间生态位，增加生物多样性和系统稳定性	（1）因自然凋落腐烂分解可能会引起二次污染，要及时清理快要腐烂干枯的植物及垃圾杂物。 （2）注意水生态平衡，控制生物种群数量，及时将多余的营养盐和有机物移出	新兴
遮蔽物	洞穴、植物树冠、河道内的漂浮植物、浮叶植物以及圆木等	（1）受水流顶冲比较严重的弯道凹岸坡脚防护。 （2）局部防护，可以联成一排，也可以单独使用	保护岸坡抵御水流冲刷，为鱼类和其他水生生物提供栖息地，为水生昆虫提供食物来源	（1）钢筋要进行防锈防腐处理工序。 （2）当接触部位钢筋断裂或锈蚀严重时，要及时进行修补替换	试用

续表

名称	关键材料	适用条件	优点	缺点	市场应用程度
砾石群	砾石	（1）较小的局部河道区域。 （2）顺直、稳定、坡降在0.5%～4%的河道。 （3）河床材料为砾石的宽浅式河道。 （4）不宜在细沙河床上应用	（1）有助于创建具有多样性特征的水深、底质和流速条件。 （2）可以提供良好的生物避难和休息场所。 （3）有助于形成相对较大的水深、气泡、湍流以及流速梯度	砾石群能否得到充分发挥取决于河道坡降、河床底质条件、泥沙组成及其运动力学问题等，在设计中必须给予重视	试用

4.1.3.3 技术指标

1. 生态潜坝

潜坝的高度不超过30cm，抛石潜坝顶面使用较大尺寸块石，下游面较大块石之间间距约20cm，潜坝上游面坡度1∶4，下游面坡度1∶10～1∶20，潜坝的最低部分应位于河槽的中心，块石要延伸到河槽顶部，以保护岸坡。圆木潜坝的高度不超过30cm。圆木可采用木桩或钢桩等材料来固定，并用大块石压重，桩埋入沙层的深度应大于1.5m，若应用圆木潜坝控制河床侵蚀，应在圆木的上游面安装土工织物作为反滤材料，土工织物在河床材料中的埋设深度应不小于1m。

2. 植被构架生境构造技术

植被构架主体框架采用国家防腐等级C3标准以上150mm×150mm的防腐方木，整组框架长度2000mm，宽度1350mm，高度600～900mm。构架采用规格为直径16mm的304不锈钢固定棒连接。构架底部铺设直径100mm以内的基石，内部填充直径200mm以内的碎石，上部铺设直径300mm×1700mm带孔椰棕卷。碎石垫层平整采取人工修整水平度，保证垫层四周大于构架200mm。钻孔组装木框架挖掘机吊装就位，木框架采取长柄直径16mm麻花钻钻孔。

3. 遮蔽物

圆木树墩根部的直径为25～60cm，树干长度为3～4m，树墩主要应用于受水流顶冲比较严重的弯道凹岸坡脚防护，可联成一排使用，也可以单独使用，树根盘针对上游水流流向，树根盘的1/3～1/2埋入枯水位以下，若冲坑较深，可在树墩首垫一根枕木。若河岸不高（平滩高度的1～1.5倍），需在树墩尾端用漂石压重；若河岸较高，且植被茂密、根系发育，也可不用枕木和漂石压重。

4. 砾石群

在平滩断面上，砾石所阻断的过流区域在20%～30%范围内，取决于河道规模，一组砾石群一般包括3～7块砾石，间距在0.15～1.0m之间，砾石群之间的间距介于3～3.5m之间。砾石布置需靠近主河槽，约在深泓线两侧各1/3的范围，以便加强枯水期栖息地功能。

4.1.3.4 施工工艺

1. 生态潜坝

W形堆石潜坝结构示意如图4-45所示。土工布在圆木潜坝上的安装如图4-46所示。

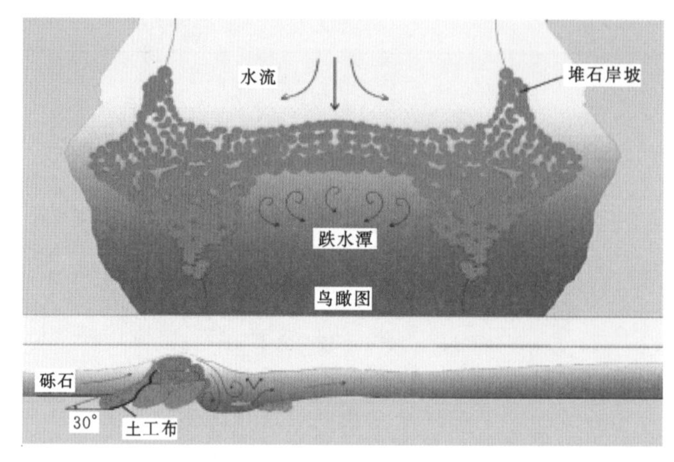

图4-45 W形堆石潜坝结构示意图
（摘自《河流生态修复》中国水利水电出版社，董哲仁，等著）

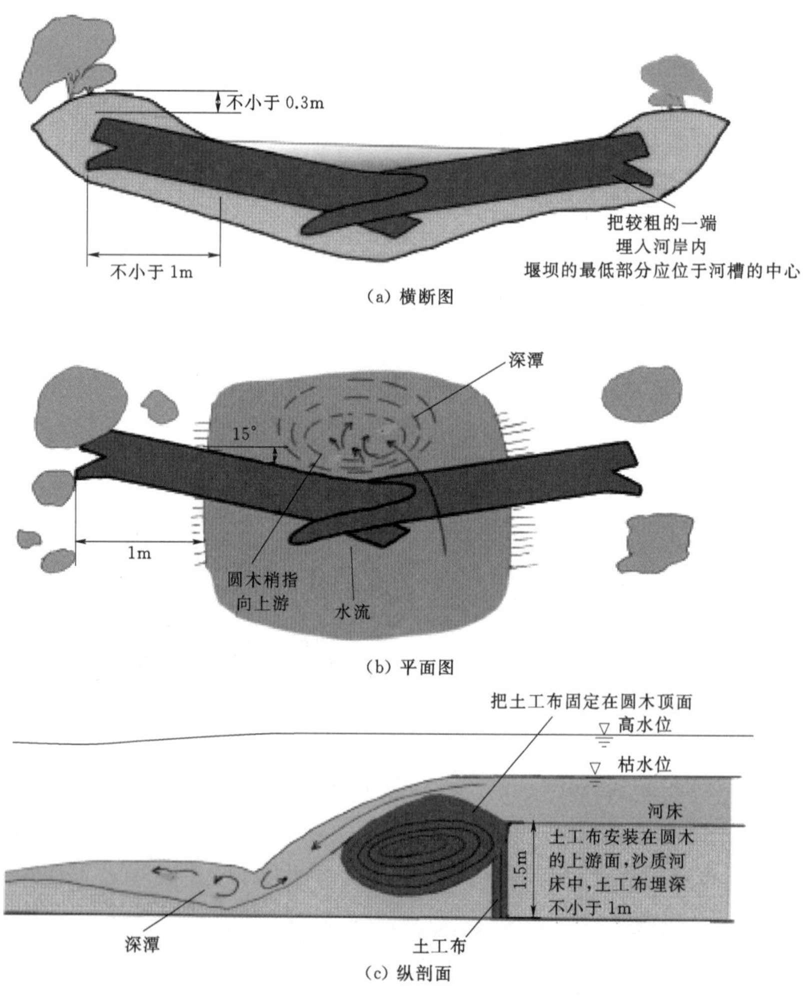

图4-46 土工布在圆木潜坝上的安装
（摘自《河流生态修复》中国水利水电出版社，董哲仁，等著）

（1）抛石潜坝。主抛石区设置于深潭上游，采用粒径不大于30cm的块石均匀摆放，大块石间空隙采用小粒径块石填塞。主抛石砌筑高度20cm左右时，沿主抛石的上游面设置一道土工布，土工布的顶端用主抛石区大块石压顶，另一端沿坡面铺设至地面后，向地面延伸一定长度，延伸长度不小于1.5m。

次抛石区位于土工布上游，采用小粒径块石均匀摆放于土工布上游，摆放坡度1∶10～1∶20。抛石沿河床布置完成后，向两岸延伸至河槽顶部，并沿河槽顶部的上下游1～1.5m范围内均匀摆放小粒径块石，以保护两岸边坡。

（2）圆木潜坝。将2根直径小于30cm的圆木呈“木”字形放置于深潭上游，其中圆木梢端采用嵌固方式进行搭接，并使梢端指向上游，另外两端分别埋入两河岸内，埋入深度不小于1.0m。为避免水流对两岸圆木的冲击破坏，两岸埋入岸坡圆木与岸坡的夹角应不小于75°。

圆木的上游铺设土工布，土工布一端固定于圆木上，另一端埋设于地下，埋深不小于1.0m。

2. *植被构架生境构造技术*

（1）木框架基础碎石采用吊车吊入指定位置。

（2）铺设碎石垫层并平整。及时铺设碎石垫层，平整采取人工与机械相结合的方式逐段进行，即人工修整水平度，保证垫层四周大于构架200mm。

（3）钻孔组装木框架挖掘机吊装就位。木框架采取长柄直径16mm麻花钻钻孔。挖掘机配合组装及吊装就位。固定螺栓拧紧。

（4）吊入一组木框架至指定位置。

（5）吊入木框架内填充碎石，人工填平填实。

（6）木框架内设置带孔椰棕卷，并用不锈钢钢丝绳及钢丝绳扣件固定牢固。

（7）在带孔椰棕卷内种植水生植物。

3. *遮蔽物*

树墩的施工方法有两种：插入法和开挖法。

（1）插入法。使用施工机械把树干端部削尖后插入坡脚土体，为方便施工，树根盘一端可适当向上倾斜。这种方法对原土体和植被的干扰小，费用较低。

（2）开挖法。其施工步骤如图4-47所示，首先根据树墩尺寸和设计思路，对岸坡进行开挖，然后根据需要，进行枕木施工，枕木要与河岸平行放置，并埋入开挖沟内，沟底要位于河床之下，然后把树墩与枕木垂直安放，并用钢筋固定，要保证树根直径的1/3以上位于枯水位之下。树墩安装完成后，将开挖的岸坡回填至原地高程。为保证回填土能够抵御水流侵蚀并尽快恢复植被，可应用土工布或植物纤维垫包裹土体，逐层进行施工，在相邻的包裹土层之间扦插活枝条。

4. *砾石群*

砾石群的施工方法如下：

（1）向主河槽的一侧由底层至上层投放砾石堆，底层砾石采用粒径为5～10cm的砾石，上层砾石采用粒径为15～40cm的砾石，砾石堆近岸点与远岸点间距为主河槽宽度的1/5。

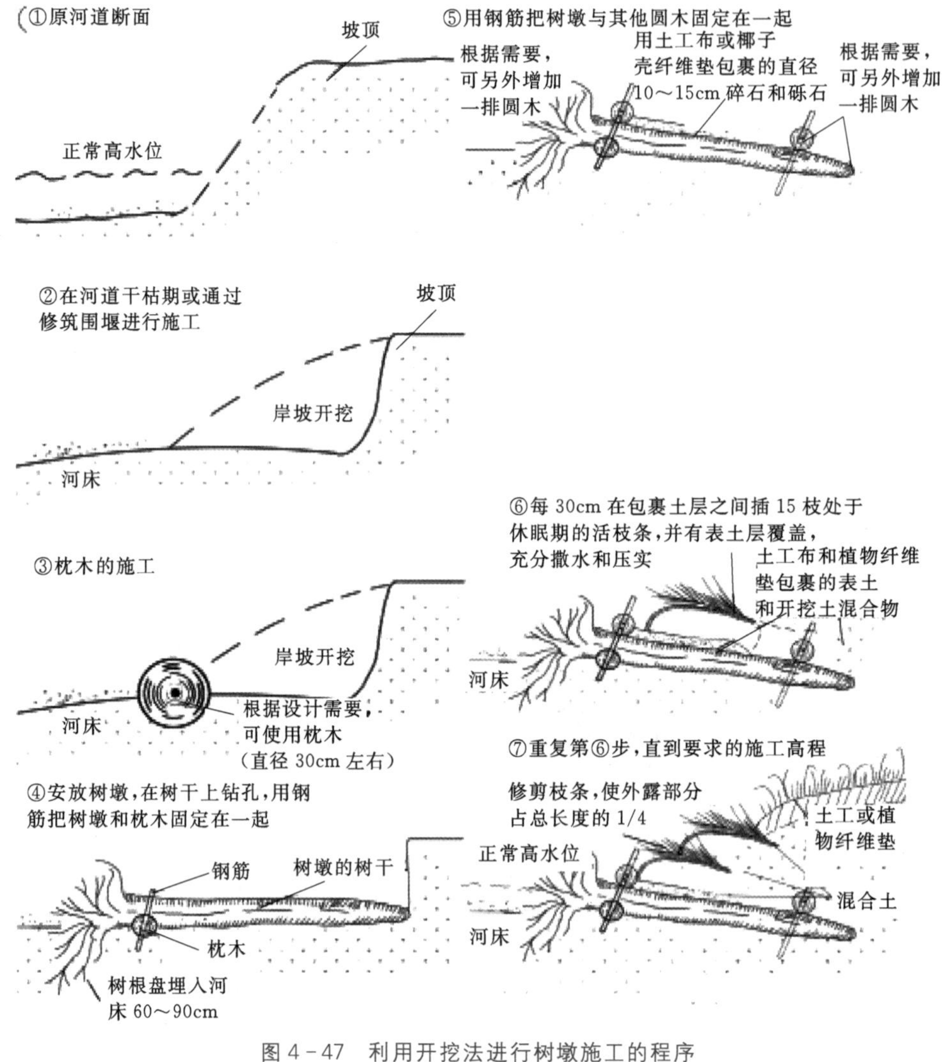

图 4-47 利用开挖法进行树墩施工的程序

（摘自《河流生态修复》中国水利水电出版社，董哲仁，等著）

（2）在砾石堆迎水面及侧面放置石笼固定砾石堆，防止水力冲击造成砾石堆结构破坏。

（3）对砾石堆对岸的河道改造，使主河槽向外扩展，向外扩展距离为主河槽宽度的1/5。

（4）对河道改造一侧的河床向下挖掘，构成深潭，深潭面积小于砾石堆占主河槽面积，并在深潭中种植沉水植物，挖掘出的土方堆砌到砾石堆背水面，构成浅滩。

（5）在砾石堆下游按上述步骤（1）～（4）相同的方法构造砾石堆，两个砾石堆分别位于河道两岸，形成一组砾石堆，砾石堆背水面形成浅滩结构，对岸改造后形成深潭结构，在深潭中种植沉水植物。

（6）在直线段河道内设置 3～5 组砾石堆，形成生态砾石群，增加河道局部蜿蜒度，实现河道蜿蜒形态构建。

4.1.3.5 应用案例

1. 砾石群在龙岗河干流综合治理工程中的应用

（1）工程简介。龙岗河发源于广东省深圳市梧桐山，是东江二级支流淡水河的干流，近年来，龙岗河的水质不断退化，受到严重的污染且工业的大幅度推进导致生态系统的破坏。龙岗河受到破坏的程度较深，导致其内的水生动物和植物的种类急剧减少，影响了河流生态系统中物种的多样性。

龙岗河的整体系统受到破坏以后，其对周边居民的生活以及对社会所做出的贡献逐渐降低，以此受到了人们的关注。由此，出现了龙岗河干流综合治理工程。治理的主要目的是恢复健全的河流生态系统，处理河流中出现的污染，以改善水质，改善河流整体生态环境。

（2）水质改善工程设计。主要采取沿河对排放口截污。其截污施工范围广泛，截污口数量众多，在设计方案中强调了对雨水和污水的完全截留，在实际的工程中则体现为充分利用横岭污水厂的富余能力，对收集的雨污水进行处理。在完成截污操作后，将关注点放在提高河流的自净能力上，利用各种技术，包括原位生态修复技术、河道水生植物带等生态修复技术等，提高河流水体自身对污染物的降解能力。

在本工程中，改善水质的另一个重要措施是安装砾石群，主要将两处砾石群安放在了河心沙洲群和横岭污水处理厂出水口处河道断面上，使得河道水利条件得以改善。砾石本身就具有对水质净化的功能，再加上砾石的设置能够对激流进行拦截，并制造跌水，使水中的溶解氧量增加，从而提升水体的自净能力。

（3）砾石群的具体应用。龙岗河干流在使用砾石群技术时，结合河道断面地形的具体特征，选择了合适的砾石或砾石群的安放位置，即局部顺直、稳定、坡降介于0.5%～4%的河道断面。此外，还将90m和250m的砾石群设置在了河心沙洲和横岭污水厂的河道处，在设置时，施工人员严格按照技术方案要求确定了砾石群的间距，为3～3.5m。

（4）工程效果。经修复的龙岗河生态系统，水质得以明显的改善，且其生态功能得到了相应的恢复，使得龙岗河干流的生态景观更加和谐。结合龙岗河干流的生态修复设计与应用可知，在设计时，要遵循设计原则，实现防洪、供水等的协同设计，以切实提高河流的综合生态效益。

2. 植被构架生境构造技术在首尔市清溪川改造工程项目中的应用

（1）工程简介。清溪川发源于韩国首尔西北部的仁王山、北岳的南边山脚、南山的北部山脚，在土城中央汇合，由西到东贯穿首尔市中心并与中浪川汇合后流往韩国最大的河流汉江。

20世纪五六十年代，由于城市经济快速增长及规模急剧扩张，清溪川曾被混凝土路面覆盖，成为城市主干道之下的暗渠，因工业和生活废水排放其中，其水质也变得十分恶劣，与之相伴的是交通拥堵、噪声污染等十分严重的“城市病”。2001年，清溪川高架桥因老化而引起的安全问题必须拆除，同时，伴随韩国经济的腾飞，为提升首尔作为国际大都会的品位和吸引力，首尔市政府开始实施清溪川内河的生态恢复以及周边环境的生态化改造工程。

（2）工程设计。工程细分为拆除建筑物、生态化改造河流、保障用水供应、维修下水道、建设两侧及附近道路等，包括了排水供水、桥梁建设、照明、景观、历史文化遗迹复原等22个小工程。

在景观设计方面，充分考虑河流区位的特点，在自然与实用原则相结合的基础上，在不同的河段采取了不同的设计理念。

除了自然化和人工化的溪流以外，还运用了跌水、喷泉、涌泉、瀑布、壁泉等多种水体表现形式。

平面绿化与垂直绿化结合，以乡土自然植被为主，采用不同种类和不同花朵颜色的植物分片种植，旨在对清溪川原有的自然环境系统进行生态恢复。

清溪川河岸设计采取了多种形式，包括西部上游花岗岩石板铺砌的人工化河岸，中部以块石和植草的护坡为主的半人工化河岸，以及东部下游以生态植被覆盖的自然化河岸。无论是哪一部分河岸，都强调亲水性的设计理念，充分体现人与自然的和谐。

清溪川复兴改造工程注重通过建设有特色的人文景观来保护和传承历史文化。其中一个重要的举措就是对部分历史遗迹的恢复和重塑，如恢复重建了极具历史特色的、有代表性的石桥“广通桥”“水标桥”以及清溪川向首尔城外排水的“五间水门”。

（3）植被构架生境构造技术的具体应用。采用植被构架生境构造技术进行生态修复，分解了水中大部分生物降解有机物（BOD），控制了水体富营养化，为水生动物提供空间生态位，增加生物多样性和系统稳定性，提高水生态系统自净能力。

平面绿化与垂直绿化结合，以乡土自然植被为主，从芦苇、水边植物、一般草本植物到爬藤植物，采用不同种类和不同花朵颜色的植物分片种植，对清溪川原有的自然环境系统进行生态恢复，如栽种野蔷薇、光三棱、水葱、垂柳等，这些乡土植物不仅有较强的生命力，而且多具有发达的根系，可以起到保护河岸的作用。

（4）工程效果。清溪川的改造与修复成功打造了一条现代化的都市内河，修建了滨水生态景观及休闲游憩空间，改善了首尔居民的生产生活环境，塑造了首尔人水和谐的国际绿色城市形象，也为其他国家城市内河水环境治理提供了学习借鉴的案例。

4.2 城市河道生态补水技术

4.2.1 生态需水量的概念

生态需水研究是近年来国内外广泛关注的热点，涉及生态学、水文学、环境科学等多个学科。现阶段生态需水的概念还未得到统一，其研究主体不明确，在实际应用中存在不同的理解。诸多学者根据研究对象的具体情况对其进行界定，因此出现了不同的定义。

1998年，Gleick明确给出了基本生态需水的概念，即提供一定质量和一定数量的水给自然生境，以求最少改变自然生态系统的过程，并保证物种多样性和生态完整性。在其后续研究中将此概念进一步升华并同水资源短缺、危机与配置相联系。

在国内，研究的生态需水更广泛，涉及水域（河流、湖泊、沼泽湿地等）、陆地（干旱区植被）、城市等诸多生态系统，不同研究者的研究侧重点不同，生态需水的定义也不同。真正具有普适性的生态环境需水定义，是2001年钱正英等在《中国可持续发展水资源战略研究综合报告》及各专题报告中提出的。

从广义上讲，生态需水是指维持全球生态系统水分平衡包括水热平衡、水盐平衡、水沙平衡等所需用的水。狭义的生态环境需水是指为维护生态环境不再恶化并逐渐改善，所需要消耗的水资源总量。这一定义得到了众多学者的肯定与支持。综合国内外学者观点，城市河道生态需水量是指维护河道自身生态系统健康所需水量。

4.2.2 城市河道生态需水量的计算方法

河流生态需水量包括河道内和河道外的需水量。河道内生态需水主要指功能生态需水，功能生态需水是为了维持生态系统某项功能或几项功能所需要的最小水量，其中包括维持生物多样性生态需水、冲沙生态需水、稀释污染物需水与景观文化需水等。河道外的需水是指河道范围以外的生态系统需水，如周边绿地灌溉、需要从河道取水的农业灌溉等。

4.2.2.1 城市河道内生态需水量计算方法

国内外学者对河道内生态需水量计算和评价方法做了大量研究，并取得了重大进展。归纳为以下 4 种：水文学方法、水力学方法、栖息地法和综合法，不同方法的评价方式、优缺点见表 4－13。

表 4－13　河流生态需水量计算方法优缺点比较

研究方法	评价方法	代表方法	优点	缺点
水文学方法	水文资料、流量的历史资料，非现场测量数据	Tennant 法、7Q10 法、Texas 法	计算简单，容易操作，数据要求不高	简化了河流的实际情况，没有考虑生物影响、河道形状
水力学方法	水力参数河宽，水深，流速等可以实测，也可以用曼宁公式计算	R2CROSS 法、湿周法	简单的河道测量，不需要详细的物种—生境数据	体现不出季节变化因素
栖息地法	水力、生物特定水力条件和鱼类特定栖息地参数	IFIM 法	生物资料与河流流量相结合，更具有说服力	某个目标物种非河流生态系统
综合法	水文、生物，长年流量变化与河流生态响应系统	BBM 法	体现生态整体性，与流域管理规划相结合	时间长，需要多方面的专家，资源消耗大

1. 水文学方法

通过历史流量资料推导河道生态流量，利用水文指标对历史流量数据进行设定，取平均流量的百分比推求河道生态需水量。包括蒙大拿法（Tennant 法）、水量平衡法、7Q10 法、基本流量法等。

优点是不需要现场测量数据，应用简单；缺点是未考虑流量的丰、枯水年际变化及河道断面形状变化。该法适用于河流系统优先度不高的河段，或作为其他方法的检验。

（1）蒙大拿法。将生态环境和水文情势联系，依据观察资料建立水生生物、河流景观和流量之间的关系，将年平均流量的百分比作为基流，以满足鱼类和其他水生生物的生存条件为目的，选择推荐生态环境流量，是较常用的方法。其具体公式为

$$W_i = \sum_{i=1}^{12} M_i N_i \tag{4-38}$$

式中：W_i 为河道内生态需水量，m^3/天；M_i 为一年内第 i 个月多年平均流量，m^3/s；N_i 为对应第 i 个月份的推荐基流百分比，一般取 10%～60%。

蒙大拿法是依据观测资料而建立起来的流量和栖息地质量之间的经验关系。它仅仅使用历史流量资料就可以确定生态需水，使用简单、方便，容易将计算结果和水资源规划相结合，具有宏观的指导意义，可以在生态资料缺乏的地区使用。但由于对河流的实际情况作了过分简化的处理，没有直接考虑生物的需求和生物间的相互影响，只能在优先度不高的河段使用，或者作为其他方法的一种粗略检验。因此，它是一种相对粗略的方法。

蒙大拿法主要适用于北温带河流生态系统，更适用于大的、常年性河流，作为河流最初目标管理、战略性管理方法使用，但不适用于季节性河流。

一些学者在对美国弗吉尼亚地区河流的研究中证实：年平均流量 10%的流量是退化的或贫瘠的栖息地条件；年平均流量 20%的流量提供了保护水生栖息地的适当标准；在小河流中，定义年平均流量 30%的流量接近最佳栖息地标准。

(2) 流量历时曲线法。利用历史流量资料构建各月流量历时曲线，将某个累积频率相应的流量（Q_p）作为生态流量。Q_p 的频率 P 可取 90%或 95%，也可根据需要做适当调整。Q_{90} 为通常使用的枯水流量指数，是水生生物栖息地的最小流量，为警告水管理者的危险流量条件的临界值。Q_{95} 为通常使用的低流量指数或者极端低流量条件指标，为保护河流的最小流量。

这种方法一般需要 20 年以上的流量系列。

流量历时曲线法是水文学法中第二个广泛应用的方法。

(3) 水量平衡法。通过分析河道范围内各水量输入（降雨补给等）、输出项（蒸发渗漏等）的平衡关系进行计算，渗漏量一般采用传统的达西定律计算，其具体公式为

$$W_i = F(E_i - P) + G + W_0 \tag{4-39}$$

$$G = KAI \tag{4-40}$$

式中：W_i 为河道内生态需水量（m 河道内）；F 为水面面积，km^2；P 为多年平均降水量，mm；E_i 为水面蒸发量，mm；G 为渗漏量（m 渗）；W_0 为基本需水量（m 基）；K 为渗透系数，m/天；A 为渗漏面积，m^2；I 为水力坡度，即总水头损失 h 与渗流路径长度 L 的比值，$I = h/L$。

(4) 90%保证率年最枯月平均流量法。将 90%保证率年最枯月平均流量作为生态流量，采用的流量为天然流量。此生态流量为维持河道基本形态、防止河道断流、避免河流水生生物群落遭到无法恢复的破坏所需的最小流量。

(5) 景观需水法。景观需水法根据补水水深、河道宽度、交换次数等计算生态需水量，其具体公式为

$$Q = BHLn \tag{4-41}$$

式中：Q 为河道内生态环境需水量（m 河道内）；B 为河道宽度，m；H 为补水深度，

m；L 为补水点到河口处长度，m；n 为每日交换次数（如 2 天内交换完毕，取 0.5）。

2. 水力学方法

水力学方法以保持河道的足够水量和基本形态为目标，应用河道水力参数实测数据（宽度、流速、湿周等）分析流量与鱼类栖息地指示因子的关系，从而确定生态环境需水量。通过两种方式：一是根据多年平均流量相应水力参数的某个百分数确定相应的流量，如以湿周的 80%相对应的流量为河道生态需水量；二是拐点法，通过确定栖息地流量相应曲线的拐点获得生态需水量，包括湿周法和 R2CROSS 法等。

优点是仅需简单的现场测量数据，不需要详细的物种—生境关系数据；缺点是不能体现季节变化因素。

（1）湿周法。该方法利用湿周作为栖息地质量指标，建立临界栖息地湿周与流量的关系曲线，根据湿周流量关系图中的拐点（图 4－48）确定河流生态流量。当拐点不明显时，以某个湿周率相应的流量，作为生态流量。某个湿周率为某个流量相应的湿周占多年平均流量相应湿周的百分比，可采用 80%的湿周率。当有多个拐点时，可采用湿周率最接近 80%的拐点。

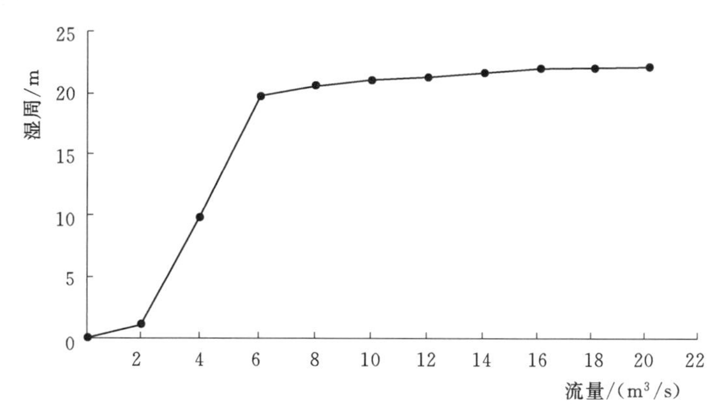

图 4－48 湿周流量关系

此生态流量为保护水生物栖息地的最小流量。

河道形状对分析结果影响较大，三角形河道湿周流量关系曲线的拐点不明显；河床形状不稳定且随时间变化的河道，没有稳定的湿周流量关系曲线，拐点随时间变化。

湿周法适用于河床形状稳定的宽浅矩形和抛物线形河道。

（2）R2CROSS 法。R2CROSS 法基于湿周率、平均水深及平均流速等水力参数，以曼宁方程为基础计算生态需水量。

适用于确定河宽为 0.3～31m 的非季节性小型河流的流量，不能用于确定季节性河流的流量，同时为其他方法提供水力学依据。其具体公式为

$$Q=\frac{1}{n}A^{\frac{2}{5}}X-\frac{2}{3}J^{\frac{1}{2}} \tag{4-42}$$

式中：Q 为河道内生态环境需水量（河道内）；A 为过水断面面积，m^2；X 为湿周，m；n 为糙率；J 为水力坡度，其具体标准见表 4－14。

表 4-14　　R2CROSS 法确定最小河道流量的标准

河流顶宽/m	平均水深/m	平均流速/(m/s)	湿周率/%
0.3～6	0.06	0.3	50
6～12	0.06～0.12	0.3	50
12～18	0.12～0.18	0.3	50～60
18～30	0.18～0.30	0.3	≥70

限制条件：

1）不能确定季节性河流的流量。

2）精度不高：根据一个河流断面的实测资料，确定相关参数，将其代表整条河流，容易产生误差，同时计算结果受所选断面影响较大。

3）标准单一：三角形河道与宽浅型河道水力参数采用同一个标准。

4）使用的河顶宽度为 0.3～31m，不适用于大中型河流。

3. 生物空间需求法

适用于缺乏资料的中小型河流。

(1) 关键物种选择。水生生物的生存空间是其生存的基本条件，生存空间的丧失将直接导致河流生态系统的严重衰退，因此河道的生态水量首先要保证生物的生存空间。河道水生生态系统中有多种生物，主要有藻类、浮游生物、大型水生植物、底栖动物和鱼类等，河道生态系统所有生物对生存空间的最小需求确定后，取其最大值即为河道生态系统对生物空间的最小需求。表示为

$$\Omega e_{\min}=\max(\Omega e_{\min 1},\Omega e_{\min 2},\cdots,\Omega e_{\min n}) \quad (4-43)$$

式中：$\Omega e_{\min}$ 为河道生态系统中生物对生存空间的最小需求；$\Omega e_{\min i}$ 为第 $i(i=1,2,\cdots,n)$ 种生物对生存空间的最小需求；n 为河道生态系统中的生物种类。

现阶段无法确定每类生物所需的最小空间，因此需选择河道生态系统的关键物种。鱼类和其他类群相比在水生系统中位置独特，一般情况下，鱼类是水生系统中的顶级群落，对其他种群的存在和丰度有着重要的作用。同时鱼类对生存空间最为敏感，因此可将鱼类作为指示物种，认为鱼类的生存空间得到满足，其他生物的最小空间也得到满足。即

$$\Omega e_{\min}=\Omega e_{\min 鱼} \quad (4-44)$$

(2) 鱼类生存空间要素选择及最小空间要素取值。描述鱼类生存空间的要素有水面宽率、平均水深、最大水深、横断面面积、横断面形态等。水面宽率为水面宽和多年平均天然流量相应的水面宽的比值，是河流生态系统食物产出水平的指标。平均水深是整个断面上的平均深度，代表生物在整个断面上的生存空间情况。最大水深是鱼类通道指标，要求断面的最大水深达到一定值，以保证鱼类通道的畅通。因此，选择水面宽率、平均水深和最大水深作为鱼类生存空间指标。

水面宽率、平均水深和最大水深的取值还有统一的标准。通过分析 R2CROSS 法中的数据和蒙大拿法野外试验统计数据发现：表 4-14 中对于自由流动的大中型河流，最小生态流量平均水深应不小于 0.30m，湿周率应该不小于 70%；蒙大拿法野外试验统计分析表明，最小生态流量——10%的年平均流量对应的平均水深是 0.3m，湿周率为 60%。综

合两种研究成果，对中型河流，最小生态流量对应的平均水深为0.3m，水面宽率为60%～70%（适合于非分汊河流）。

为满足鱼类通道要求，河道断面最大水深必须达到一定值。国内外对鱼道的研究表明，鱼道所需的最小深度约是鱼类身高的3倍。由于缺乏鱼类身高的资料，需对鱼类对最大水深的需求进行粗估，中型河鱼类所需的最大水深的下限为0.6m。中上游较小河流鱼类所需的最大水深的下限为0.45m。对自由流动的河流，鱼类需求的最小生存空间参数见表4-15。该表依据的资料代表性有限，推算的最小生态流量是粗估的。

表4-15 鱼类需求的最小生存空间参数

空间参数	中型河流	小型河流
水面宽率/%	60～70	60左右
平均水深/m	0.3左右	0.2～0.3
通道水深下限/m	约0.6	约0.45
最小流速/(m/s)	0.3～0.4	0.3

4.2.2.2 城市河道外生态需水量计算方法

河道外生态需水量主要是维持河道外植被群落稳定所需要的水量，包括：天然和人工生态保护植被、绿洲防护林带的耗水量，主要是地带性植被所消耗降水和非地带性植被通过水利供水工程直接或间接所消耗的径流量；水土保持治理区域进行生物措施治理需水量；维系特殊生态环境系统安全的紧急调水量（生态恢复需水量）；调水区人民生存和陆生动物生存所需水量；维持气候和土壤环境所需水量。对于不同的河流生态系统，其生态需水理论及机制不同，并且跟各研究目标密切相关，因此在进行计算时会有所差别。由于上述各项之间的重叠性，在区域生态需水总量的计算中，并不能简单机械地对上述各项相加减，而应把生态系统作为一个整体来考虑，通过分析水分在生态系统中的循环机制，建立生态需水耦合关系，并结合实际的保护目标来确定各单项和总量之间的关系。

在河道外生态需水计算中，对于水土保持生态环境需水的研究相对比较成熟，一般采用水保法和水文法两种方法进行比较研究。水保法是依据水土保持试验站对水土保持措施减水减沙作用的观测资料，并结合流域产沙的冲淤变化，来计算水土保持措施减水量。水文法是利用水文泥沙观测资料，建立流域降雨径流产沙模型，来分析水土保持减水减沙效益。河道外生态需水中，对于植被需水的研究，国内外都开展了大量的工作。国外的研究主要是针对天然植被和人工植被，通过建立不同条件下植被生长过程需水模型，对土壤蒸发和植被蒸腾进行模拟，具有较为成熟的理论和方法。我国学者对河道外生态需水的研究，主要是对区域生态需水的分类、分区及计算方法的探讨，对水分生态作用机制的研究则相对较少，而在对河道外生态需水进行计算时，采用的方法多为面积定额法，以植物耗水量（植被蒸腾量）代替生态需水量。植被是生态系统最基本的组成部分，是主要的生产者，在生态系统中起着主导作用。一定条件下，用植被生态需水来反映实际生态系统的生态需水，也是可以接受的。陆地植被生态系统中，主要水分消耗是满足植被生长期内的蒸散发，基本可反映植被生态需水。目前估算植被蒸散发主要采用计算植被参考作物的蒸散发潜力的方法。国内关于植被生态需水计算的方法有很多，目前运用比较多的方法有彭曼公式法、潜水蒸发蒸腾模型、直接计算方法、间接计算方法、基于遥感和GIS技术的研究方法等，各方法适用范围、优缺点归纳见表4-16。

表4-16　植被生态需水方法优缺点比较

研究方法	适用范围	主要优点	局限性
潜水蒸发模型	任何地区	理论依据较充分	需要大量实测数据支撑
Penman-Monteith方程	覆盖度高、水分条件充足区域	理论较成熟完整，操作性好	计算结果为供水充分条件下最大耗水量，结果偏大
直接计算方法	基础工作较好地区	理论依据充分	对参数要求高，工作量繁重
间接计算方法	数据较缺乏地区	基于潜水蒸发蒸腾模型，操作相对简单	植被系数确定对结果影响很大

（1）彭曼公式，是通过计算作物潜在腾发量来推算作物生态需水量的。该法计算的是在充分供水条件下获得的作物需水量，即植被的最大需水量，从理论上讲其并不是维持植物生长的最低生态需水量。但该方法理论较成熟完整，实际应用上具有较好的操作性。

（2）潜水蒸发蒸腾模型，是通过蒸发蒸腾模型，计算得出对应不同地下水位埋深的潜水蒸发量。计算得出对应不同地下水位埋深的潜水蒸发量，用植被生态系统的面积与其地下水位埋深的潜水蒸发量相乘得到植被的生态需水量。

（3）直接计算方法，计算的关键是要确定出不同生态用水植被类型的生态用水定额，而生态用水定额的计算对生态水文要素的很多参数要求较高，且工作量繁重，极大地限制了该方法在实际生产中的应用。

（4）间接计算方法，是以潜水蒸发蒸腾模型为基础而提出的，是用某植被类型在某一潜水位的面积乘以该潜水埋深下的潜水蒸发量与植被系数，得到的乘积即为生态用水量，其中对植被系数的确定是该方法的关键。

（5）基于遥感和GIS技术的研究方法计算生态需水量，其主要思路为利用遥感与GIS技术进行生态分区，确定流域各级生态分区的面积及其需水类型和生态耗水的范围和标准（定额），以流域为单元进行降水平衡分析和水资源平衡分析，在此基础上计算生态需水量。

4.2.3　计算案例

以深圳市布吉河（龙岗段）为例，采用水文学与水力学法进行河道内生态需水量分析及补水方案设计。布吉河干流长2.72km，流域面积30.28km^2，水径水、塘径水、大芬水分别位于布吉河上游左、中、右支，河长分别为6.11km、4.41km和4.82km，流域面积分别为11.6km^2、6.55km^{2}和6.1km^2。塘径水流域内有三联水库，总库容为100.19万m^3。布吉再生水厂规模为16万m^3/天，再生水拟用于河道生态补水及城市杂用。

布吉河流域属南亚热带海洋性季风气候，多年平均降水量为1926.4mm，多年平均水面蒸发量约1345.7mm。多年平均降水天数为139天，4—9月降水量约占全年降水的85%～90%，10月至翌年3月降水量占全年的10%～15%。

采用蒙大拿法、水量平衡法、景观需水法分析河道内生态需水量，计算结果见表4-17。蒙大拿法取年天然径流量的10%、30%、60%作为评价河道生物适宜性生态需水量的代表，并将流量的10%作为生态流量的下限。布吉河流域（龙岗段）最低、适宜和较佳生态需水总量分别为1.77万m^3/天、5.31万m^3/天和10.63万m^3/天。水量平衡法确定的河道内生态需水量包括蓄水量和渗漏损失水量，蒸发量小于降水量，近似为零，布吉河流域总生态需水量为4.93万m^3/天。景观需水法综合考虑项目区水文与水资源特征、生态环境状况，确定河道补水2天交换一次，河道内生态需水总量为5.08万m^3/天，达到景观水量与水质需求。适宜生态需水量能够使河道内生态环境状况较好，维持水生态系统健康稳定发展。

采用湿周法确定布吉河干流及各支流河道流量—湿周的关系。通过水文流量过程描述河道水体，河道断面参数（如湿周）约束水体运动空间，将流量过程与断面水力要素（湿周、平均水深、平均流速等）有机结合，选择适宜流量作为河道生态需水量。根据布吉河干流及各支流河道断面水力参数和流量与河道断面湿周之间的关系，确定河道内生态需水流量，布吉河干流与各支流的生态需水量分别为1.28万m^3/天、4.08万m^3/天、3.30万m^3/天和2.03万m^3/天，总需水量为10.69万m^3/天。

采用R2CROSS法确定布吉河干流流量与平均水深、平均流速及湿周率。通过将河道的平均水深、流速和湿周率（某一过水断面在某一流量时的湿周占整个断面满湿周时的比例）作为鱼类栖息地质量指标，选择3个水力参数对应的流量作为生态需水量。综合考虑当地水文与水资源情况，布吉河干流与各支流生态需水量分别为1.44万m^3/天、4.09万m^3/天、3.71万m^3/天和2.17万m^3/天，总需水量为11.41万m^3/天。

生态补水方案的确定：综合分析水文学和水力学法计算的河道内生态需水量计算结果，合理确定河道内生态需水量。水文学法的河道生态需水计算结果见表4-17。将蒙大拿法中多年平均流量的30%作为适宜生态需水量，则布吉河干流及其支流的生态需水量分别为1.06万m^3/天、2.04万m^3/天、1.15万m^3/天和1.07万m^3/天，总需水量为5.31万m^3/天。湿周法和R2CROSS法确定的生态需水量分别为10.69万m^3/天和11.41万m^3/天，计算结果相近，约占多年平均流量的60.4%和64.5%，而蒙大拿法取多年平均流量的60%时，较佳生态需水量为10.63万m^3/天。

表4-17　　水文学法的河道生态需水计算结果

河道	平均河宽/m	蒙大拿法			水量平衡法			景观需水法	
		占平均流量百分比/%			蓄水量/(万m^3/天)	渗漏量/(万m^3/天)	总需水量/(万m^3/天)	2天交换/(万m^3/天)	3天交换/(万m^3/天)
		10	30	60					
布吉河干流	19.8	0.35	1.06	2.12	1.62	0.08	1.7	1.62	1.07
水径水	10.8	0.68	2.04	4.07	1.32	0.18	1.5	1.65	1.31
塘径水	11	0.38	1.15	2.03	0.97	0.13	1.1	1.21	0.96
大芬水	5	0.36	1.07	2.14	0.48	0.14	0.63	0.6	0.48
合计		1.77	5.32	10.36	4.39	0.53	4.93	5.08	3.82

深圳市降雨季节分布明显，枯水期降水量较少，河道几乎无降雨径流补充，水质相对较差。因此，补水时间确定在旱季和汛期非降雨时段，约为300天。将再生水和水库蓄水作为生态补水水源，水资源量充足，水质较好。综合考虑布吉再生水厂和三联水库位置及

补水管道建设成本，设计近期布吉河干流、水径水和大芬水将再生水作为补水水源，生态补水量分别为1.1万m^3/天、2.1万m^3/天和1.1万m^3/天；塘径水以再生水和水库水作为补水水源，生态补水量为1.0万m^3/天和0.2万m^3/天，总补水量为5.5万m^3/天。通过建设补水工程和闸坝等工程实现河道内生态补水要求，控制抬升水位以维持并保障水生生物栖息场所，构建并恢复水生态系统。

城市河道水质生态改善技术

5.1 人工湿地处理技术

5.1.1 概念

人工湿地处理技术是利用生态工程的方法，在一定的填料上种植特定的湿地植物，建立起一个人工湿地生态系统，当水通过该系统时，其中的污染物质和营养物质被系统吸收或分解，使水质得到净化。该技术具有建造成本较低、运行成本很低、出水水质非常好、操作简单等优点，同时如果选择合适的湿地植物还具有美化环境的作用。

5.1.2 净化机理

人工湿地系统对景观水体的净化机理十分复杂，但一般认为，净化过程综合了物理、化学和生物的三重协同作用。

物理作用主要是对可沉固体、BOD_5、氮、磷、难溶有机物等的沉淀作用，填料和植物根系对污染物的过滤和吸附作用。

化学作用是指人工湿地系统中由于植物、填料、微生物及酶的多样性而发生的各种化学反应过程，包括化学沉淀、吸附、离子交换、氧化还原等。

生物作用则主要是依靠微生物的代谢（包括同化、异化作用）、细菌的硝化与反硝化、植物的代谢与吸收等作用，达到去除污染物的目的。

5.1.3 分类

1. 表流型人工湿地

表流型人工湿地系统也称水面湿地系统（water surface wetland）。表流型人工湿地系统中，污水在湿地的表面流动，水深较浅，多在0.1～0.6m。它与自然湿地最为接近，污水中的绝大部分有机物的去除由长在植物水下基秆上的生物膜来完成。优点：投资低。缺点：不能充分利用填料及丰富的植物根系，易滋生蚊蝇。在冬季或北方地区，则易发生表面结冰问题及系统的处理效果受温差变化影响大的问题，因而在实际工程中应用较少。

2. 潜流型人工湿地

潜流型人工湿地系统也称渗滤湿地系统（infiltration wetland）。在潜流型湿地系统中，污水在湿地床的内部流动，可以充分利用填料表面生长的生物膜、丰富的植物根系及表层土和填料截留等作用，来提高其处理效果和处理能力；水流在地表以下流动。优点：研究和应用比较多的一种湿地处理系统。缺点：容易产生臭味或滋生蚊蝇，虽然它们可以处理较高负荷的废水，但是如果有机负荷太重，就会堵塞。解决方法：采用多个进口，尽可能均匀地分散悬浮固体，同时前面通常有一个沉淀过程，以除去悬浮固体避免堵塞问题。

（1）水平潜流人工湿地。水平潜流人工湿地是污水一端水平流过填料床。它由一个或几个填料床组成，床体充填基质。与表面流人工湿地相比，水平潜流人工湿地的水力负荷高，对BOD、COD、SS、重金属等污染物的去除效果好，且很少有恶臭和滋生蚊蝇现象，是目前国际上较多研究和应用的一种湿地处理系统。缺点是控制相对复杂，脱氮、除磷的效果不如垂直流人工湿地。

（2）垂直潜流人工湿地。综合了地表流人工湿地系统和潜流人工湿地系统水的特性。在垂直潜流人工湿地中污水从湿地表面纵向流向填料床的底部，床体处于不饱和状态，氧可通过大气扩散和植物传输进入人工湿地系统，其硝化能力高于水平潜流湿地，可用于处理氨氮含量较高的污水。缺点是对有机物的去除能力不如水平潜流人工湿地系统。落干、淹水时间较长，控制相对复杂。

3. 潮汐流湿地

潮汐流湿地系统是近年来由伯明翰大学提出的，在这种湿地系统中，芦苇床交替地被充满水和排干。在向床内充水的过程中空气被挤出，床的基底材料逐渐被淹没。当芦苇床完全被水所饱和以后，水就全部被排出。在排水过程中新鲜的空气被带入床内。实验表明当水被排出芦苇床，有机污染物留在基底内，此时是氧消耗量最大的时刻。因此，在排水过程中进入的新鲜空气可以看作是去除污染物的氧源。通过这种交替的进水和空气运动，氧的传输速率和消耗量大大提高，极大地提高了芦苇床的处理效果。潮汐流湿地的缺点：潮汐流湿地运行一段时间后，床体可能会被大量的生物所堵塞，限制了水和空气在床体内的流动，降低了处理效果。解决办法：设计中考虑有备用床交替运行，以便利用闲置期进行生物降解。

4. 浮水植物系统

此系统主要用于氮、磷去除和提高传统稳定塘的效率。在浮水植物系统中，水生植物漂浮于水面，根系呈淹没状态。氧化塘可以通过接种浮水植物达到处理污水的目的。常见的已被大规模应用的植物有风信子和浮萍。浮水植物系统的自净功能不同于兼氧塘，因为该系统光合作用放出的氧气都在水面上（它不同于生长在水面下的浮游藻类），这有效地减少了空气中氧气的扩散。因而浮水植物系统是缺氧的，它的有氧活动主要局限于根部。大多数生长水域内，水生植物通常处于缺氧状态，耗氧程度取决于有机负荷率。

（1）浮水植物系统的自净途径。通过寄居黏附水体中植物根系上和池底与沙中的混合兼氧微生物的新陈代谢；对污水中固体和内部产生大量生物的沉积截留；现存植物对营养的吸收及后期的收割。

（2）浮水植物系统的缺点。浮水植物系统一般为一种或少数几种，容易受到短时期内部分或全部植物死亡的灾害性事件的威胁。浮水植物需要定期收割，但由于这类植物的含水率达到95%以上，收割后需要干化，干化后的植物需要处理。

5. 沉水植物系统

此系统还处于试验阶段，其主要应用领域在初级处理和二级处理后的精处理。

6. 挺水植物系统

(1) 自由水面系统。污水从系统表面流过，氧通过水面扩散补给。进水中所含的溶解性和颗粒型污染物，与系统介质和植物根系接触。

(2) 水平流潜流系统。污水从进口经由砂石等系统介质，以近水平流方式在系统表面以下流向出口。在此过程中，污染物得到降解。

(3) 垂直流潜流系统。该系统通常在整个表面设置布水系统，并周期性进水。系统下部排水，水流处于系统表面以下。目的是系统可以排空水，以最大限度地进行氧补给。

5.1.4 系统设计

1. 人工湿地系统的构造

湿地填料的选择：填料在人工湿地中为植物提供物理支持，为各种化合物和复杂离子提供反应界面及对微生物提供附着。常用到的填料有土壤、砾石、砂、沸石、碎瓦片、灰渣等。根据处理目的，污染物的特征不同而有不同的填料选择。一般来说，以处理 SS、COD 和 BOD 为主要特征污染物时，可选用土壤、细沙、粗砂、砾石、碎瓦片或灰渣中的一种或几种为填料。对脱氮除磷要求高的，可以选择对这两者有较强去除能力的填料进行优化组合。如采用沸石和石灰石的结合既考虑了沸石对 NH_4^+-N 的吸附、活化土壤中难溶性磷及进行生物再生作用又利用了石灰石对磷的高吸附特性，达到同时脱氮除磷的目的。现在填料的选择多偏向于较大颗粒的粒径，原因是水流在粒径较大的填料床内的短路最小，能够形成渠流，并且堵塞现象发生少，不易分散。

2. 人工湿地面积的计算

人工湿地系统的设计受很多因素的影响，这些影响因素主要是水力负荷、有机负荷和湿地床体的构造形式。工艺流程及其布置方式、进水系统和出水系统的类型和湿地所种植物的种类等。由于不同国家及不同地区的气候条件、植被类型以及地理情况各有差异，因而大多根据各自的情况，经小型试验或中型试验取得有关数据后进行人工湿地的设计。

在地表流人工湿地中，污水一般呈推流的方式流动，因而湿地的长宽比一般大于 3，而且其长度也一般大于 10m，潜流人工湿地系统的长宽比一般小于 3。湿地床的深度则可根据具体的地形、污水水质及湿地所种植植物的类型及其根系的生长深度来确定，原则上应保证绝大部分污水在植物根系中流动。在美国，采用芦苇湿地系统处理城市污水时，湿地床的深度一般为 0.6～0.75m，而德国则多为 0.6m。湿地床的坡降及填料表面坡降与水力坡降和所用填料的级别有关，一般在 1%～8%。

3. 地表流湿地系统的设计

在地表流人工湿地处理系统中，污水在填料床中的流动一般按推流方式考虑，有机污染物在系统中的反应可按一级动力学方程来表达。在稳态条件下，污染物的去除可表示为

$$S_e = S_0 \exp(-KT) \tag{5-1}$$

式中：S_e 为出水 BOD_5 浓度，mg/L；S_0 为进水 BOD_5 浓度，mg/L；K 为反应动力学常数，天$^{-1}$；T 为水力停留时间（HRT），天。

其中，Reed建议在地表流湿地系统的设计中采用下式来计算 S_e，即

$$S_e = S_0 A \exp\left(\frac{-C' K_T A_v 1.75 LWDn}{Q}\right) \tag{5-2}$$

其中

$$K_T = K_{20}(1.05 \sim 1.1)^{T20}$$

式中：A 为以污泥形式沉淀在湿地床前部而未得到处理的 BOD_5 含量（一般取0.52）；C' 为湿地床填料介质的特性系数（一般取0.7m）；K_T 为设计水温下的反应动力学常数，天$^{-1}$；T 为设计水温，℃；A_v 为微生物活动的比表面积（一般为15.7m^2/m^3）；L 为湿地床的长度，m；W 为湿地床的宽度，m，一般 L/W 的宽度不应过大，建议控制在3∶1以下，常采用1∶1，对于以土壤为主的系统，L/W 比应小于1∶1；D 为湿地床的设计水深，m，一般为0.1～0.6m；n 为湿地床的空隙率（与所用的填料粒径大小有关）；Q 为湿地系统设计处理流量，m^3/天。

要指出的是，这里的 K_{20} 是一个受多种因素影响的参数。其中主要有污染物的性质及浓度、水力负荷、填料介质的粒径和栽种植物的类型及生长情况等。

4. 潜流型湿地系统的设计

在潜流型湿地系统中，污水在由土壤、砾石和豆石等组成的填料床中的流动有两种方式，即层流和紊流。当湿地床中所用填料的粒径不大而且污水充满填料缝隙并处于饱和状态时，水流的流动为层流；当湿地床中所用填料的粒径较大时，则有可能因扰动作用而使水流的流动为紊流状态。

当水流处于层流状态时，一般用达西（Darcy）定律，即

$$Q = K_S A_C S \tag{5-3}$$

式中：K_S 为潜流渗透系数，$m^3/(m^2 \cdot 天)$；A_C 为湿地床横截面积，m^2；S 为床层坡度或水力坡度。

当填料床中水流的渗流雷诺数 $Re>1 \sim 10$ 时，水流变为紊流，就不宜用Darcy定律。尤其是当采用的填料粒径较大时，则需要考虑水流的扰动作用。此时宜用厄刚（Ergan）公式来描述

$$S = \alpha\omega + \beta v^2 \tag{5-4}$$

$$\alpha = \frac{150\mu\left(\frac{1-\varepsilon}{D_p\varepsilon}\right)^2}{\rho g} \tag{5-5}$$

$$\beta = \frac{1.75(1-\varepsilon)}{D_p \varepsilon g} \tag{5-6}$$

式中：μ 为动力黏滞系数；ρ 为水的密度；g 为重力加速度；ε 为填料介质的空隙率；D_p 为填料的平均粒径；v 为流速（$v=Q/A_c$），一般为20～280m/天。

此外，英国目前常用Kikuth推荐的设计公式进行湿地系统的设计，即

$$A_S = 5.2Q(\ln\{S_0 - S_e\}) \tag{5-7}$$

式中：A_S 为湿地床表面积，m^2；其余符号意义同前。

利用上述公式并根据所用填料的粒径可以计算确定湿地床的有关尺。

(1) 湿地床的设计深度（D）。一般要根据所栽种植物的种类及其根系的生长深度来

确定，以保证湿地床中必要的好氧条件。对于芦苇湿地系统，用于处理城市或生活污水，湿地床的深度一般在0.6～0.7m；而用于处理较高浓度有机工业废水时，湿地床的深度一般为0.2～0.4m。

(2) 人工湿地的深度与底坡。湿地床体深度是设计的关键参数之一，它取决于所利用的植物种类，通常为60～150cm。根据华南环境科学研究所白坭坑湿地的试验，从运行情况来看，底坡太大对于水位调节不利。据报道，4%的坡度不能引起水流流速过大，这一数值也是芦苇床的控制坡度，建议表面流采用0.5%或更小，对于潜流湿地不大于1%。

(3) 停留时间的确定。停留时间包括理论停留时间和实际停留时间，理论停留时间可通过计算得到。由于湿地中或多或少存在死区，因而实际停留时间总是小于理论停留时间。为了获得实际停留时间，可以通过投放示踪剂测定。为了达到一定的处理效果，必须有一定的水力停留时间，水力停留时间受湿地长度、宽度、植物、基底材料空隙率、水深、床体坡度等因素的影响。一般水力停留时间5～7天可以使总凯氏氮TKN<10mg/L，暴雨期间至少应有30min的水力停留时间以保证处理效果，如果暴雨期间水力停留时间可达10～15h就可以达到很好的处理效果。

5. 人工湿地最佳的选择

基质的选择应因地制宜，一般选择碎石，也可以选择渗透性好的砂土。反应基质有空隙率和渗透率两个基本参数。空隙率对水在湿地中的停留时间起重要的作用，而渗透系数直接影响渗漏流速。

(1) 植物选择的原则。植物是湿地中必不可少的一部分，植物在碎石等基质内为微生物群落创造有利的活动环境。选择植物的类型时，除了看植物根系固定及吸收功能外，还要遵循下列原则：

1) 植物有发达的根系。

2) 有相当大的生物量或者茎叶密度。

3) 有最大的表面层作为微生物群落活动的场所。

4) 植物要有较强的运输氧的能力。

5) 多种植物组合。

6) 应以乡土植物为主。

7) 有一定的经济价值。

(2) 种植方法。根据植物选择的原则，首先确定湿地的植物种类，然后寻找苗源并种植。湿地植物的种植，最关键的问题是选择适当的繁殖体及种植时间。对于大型高等湿生植物来说，它的种植期要较木本植物长。人工湿地一般不以播种形式来种植植被，因为湿生植物的种子一般要求较为恒定的水环境才能发芽，而水位不定的人工湿地不易做到这点。再者，水流的运动也可能带走待发芽的种子。最应注意的是一旦发现死苗，应尽快加以补种或暂时将污水浓度降低，以确保植株的成活率。

6. 水生植物的选择

可用于组合式湿地的植物有芦苇、香蒲、灯芯草、风车草、水葱、香根草、浮萍等，其中应用最广的是芦苇。植物的选择最好是取当地的或本地区天然湿地中存在的植物，以保证对当地气候环境的适应性，并尽可能地增加湿地系统的生物多样性以提高湿地系统的综合处理能力。植物的栽种方式有播种法和移栽插种法，其中移栽插种比较经济快捷。

5.1.5 运行管理

人工湿地污水处理系统从启动到成熟及正常运行，一般要经历两个阶段。

第一阶段是启动阶段。在此阶段中，整个系统处于不稳定状态，其中植物的生长、微生物的数量、种类及生物膜的生长都处于逐步发展的阶段。植物的根茎不断生长，其根系不断发育并逐步向填料床深处扩展，微生物的数量不断增多、优势种群逐步形成，此时系统对污水的处理效果及运行稳定性尚处于变化之中。

第二阶段是成熟阶段。在此阶段中，系统处于动态平衡之中。植物的生长仅随季节发生周期性的变化，而年际间则处于相对稳定的状态。此时系统的处理效果充分发挥，运行也比较稳定。

对城镇污水回用管理水平不高的实际情况，它具有环境效益和社会效益，是一种有效的污水处理技术。由于投资小，可充分利用闲置的荒地、废地处理污水。

5.1.6 应用案例——燕罗人工湿地

1. 背景情况

燕罗人工湿地选址位于深圳市宝安区松岗街道，松岗水质净化厂北侧，洋涌桥大闸上游。选址场地是一片沼泽地，淤泥泥泞，水体发黑发臭（图5-1、图5-2）。

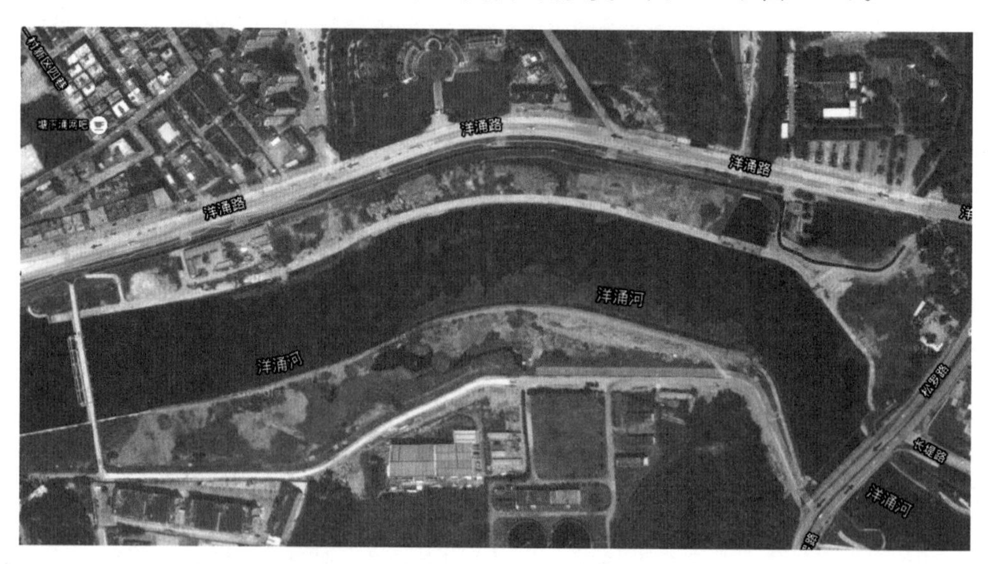

图5-1 燕罗人工湿地选址位置示意图

燕罗人工湿地被定位为水质净化型湿地，以改善茅洲河中上游干流截污箱涵末端水质改善工程2#应急处理设施部分出水水质（一级B标准）到准Ⅳ类为主要目标，同时兼顾生态修复、生态景观和游憩休闲功能。燕罗人工湿地的建设，融合了河道水生态修复、滨水景观构建和海绵城市建设理念，是茅洲河流域水生态修复体系中的重要生态节点，对

图 5-2　燕罗人工湿地选址环境状况

茅洲河沿线水生态系统安全格局构建具有积极推动作用。燕罗人工湿地占地面积 5.5hm²，设计污水处理规模为 1.4 万 m³/天，设计进水水质为一级 B 标准［《城镇污水处理厂污染物排放标准》(GB 18918—2002)］，设计出水水质为地表水准Ⅳ类水［《地表水环境质量标准》(GB 3838—2002)］(总氮除外)，即：DO＞3mg/L，COD＜30mg/L，氨氮＜1.5mg/L，总磷＜0.3mg/L。

2. 措施与效果

燕罗人工湿地的处理工艺流程主要为“生态氧化池＋高效沉淀池＋垂直流潜流湿地＋表流湿地”，如图 5-3 所示。

燕罗人工湿地预处理采用“生态氧化池＋高效沉淀池”，设计污染物去除率分别为 COD 40％、BOD 40％、氨氮 60％、总磷 50％、SS 50％。

燕罗人工湿地垂直潜流湿地系统占地面积 1.77hm²，设计水量 14000m³/天。配水管以东西方向布置在场地南北侧，将场地分为南北两个区块，南、北侧区块各设置 8 个潜流湿地单元格（图 5-4）。燕罗人工湿地每个垂直流地块配水系统分别采用支干管配水系统，DN50 管道穿孔，孔径 8mm，孔距 0.5m，错向 45°开孔，形成“丰”字形配水系统，对潜流湿地进行均匀布水。潜流湿地主要采用砂石填料，该填料为中粗砂填料和碎石级配填料，不同粒径的填料分层回填，保证湿地系统的孔隙率保持在 45％左右，部分采用生物活性填料。垂直潜流湿地填料总厚度 1.3m，具体结构见表 5-1。

燕罗人工湿地中垂直潜流湿地水力负荷为 0.79m³/(m²/天)，水力停留时间为 0.74 天，对 COD、BOD、氨氮、总磷、SS 的设计去除率分别为 60％、50％、60％、60％、50％。

燕罗人工湿地（图 5-4）的表流湿地分为两部分：一部分布置在潜流湿地中间，模拟自然河流；另一部分是依托原茅洲河景观节点工程中的荷花池，在其基础上提升改造

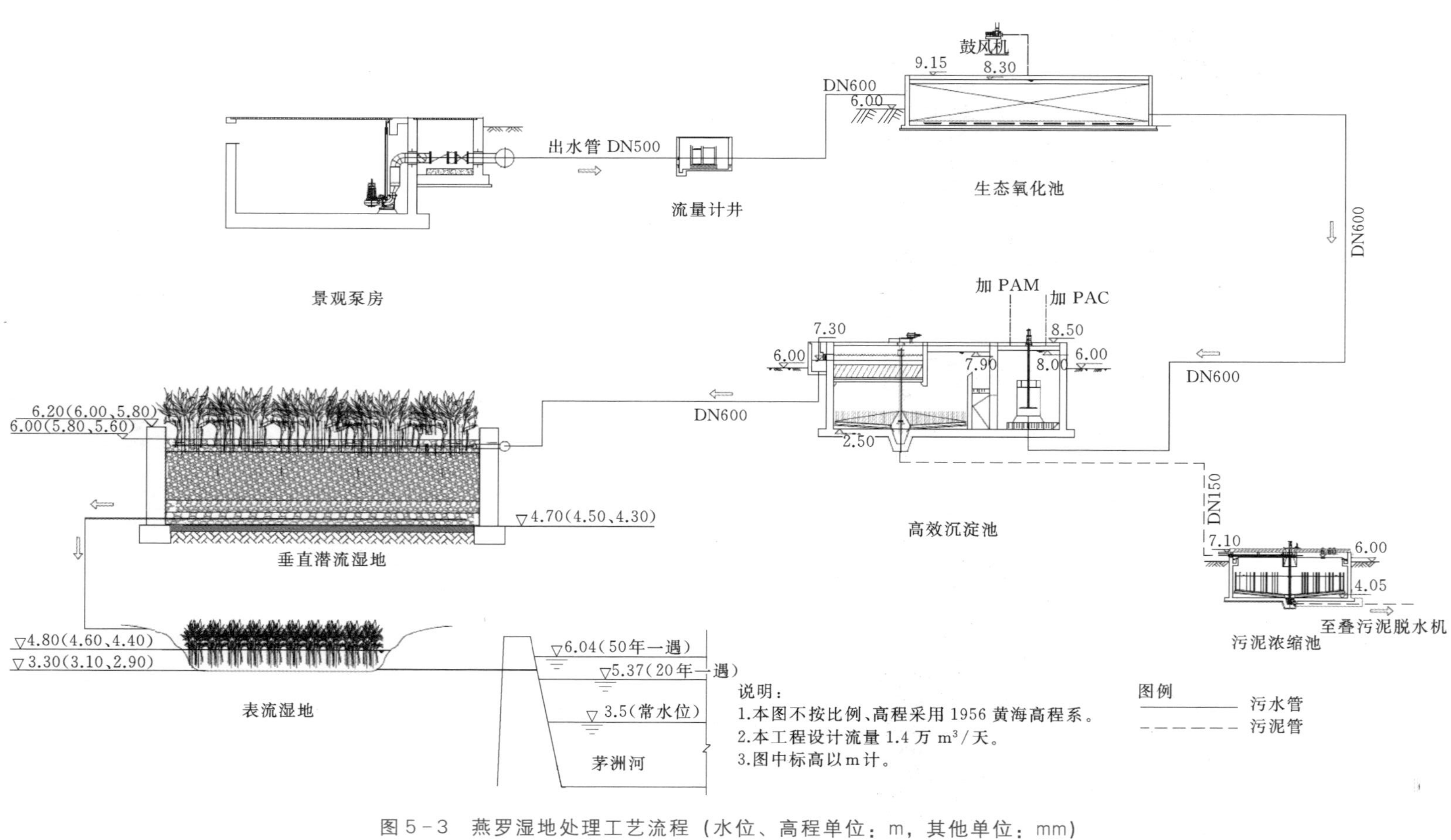

图5-3 燕罗湿地处理工艺流程（水位、高程单位：m，其他单位：mm）

表 5-1　　垂直潜流湿地填料结构

分层	功　能	厚度/mm	材料	粒径/mm
覆盖层	防砂层表面冲蚀	200	砾石	8～16
滤料层	去除污染物核心功能区	700	无泥粗砂、沸石	0.2～6
过渡层	防止上层砂粒堵塞下面排水层	200	砾石	4～8
排水层	汇集已处理污水，防止堵塞出水管	200	砾石	8～16

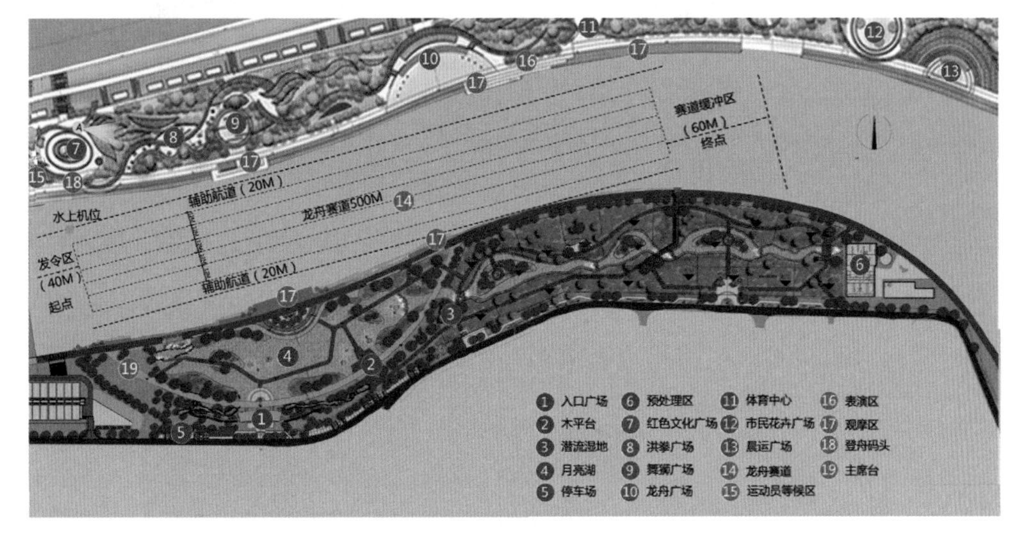

图 5-4　燕罗人工湿地平面示意图

而成，表流湿地面积 1.6hm²，水深 0.5～1.0m，底坡 0.1%。由于本次工程用地紧张，表流湿地面积相对较小，水力负荷远大于规范要求的 0.1m³/(m²·天)，停留时间远达不到 4～8 天的要求，燕罗人工湿地设计中暂不考虑表流湿地的对 COD、BOD、氨氮、总磷的去除率。

燕罗人工湿地各处理单元对污染物的设计去除率见表 5-2。

表 5-2　　燕罗人工湿地各处理单元对污染物的设计去除率

序号	处理单元	COD_{Cr}	BOD_5	NH_3-N	TP	SS
1	预处理单元/%	40	40	60	50	50
2	潜流湿地单元/%	60	50	60	60	50
3	总去除效率/%	76	70	84	80	75

在生态修复和景观设计方面，合理利用燕罗人工湿地不同的地形特色，结合不同区域的景观特点，打造丰富的滨水景观和近自然的湿地生态系统。潜流湿地植物配置选用土著物种，优先选用根系发达、净化能力好、生长期好、株型高、便于维护的挺水植物，包括灯心草、千屈菜、黄菖蒲、水葱、水芹、香根鸢尾、再力花、纸莎草等。中间表流湿地两侧和荷花池周围种植挺水植物，如芦苇、芦竹、旱伞草等，表流湿地和荷花池通过种植苦草、狐尾藻等沉水植物构建“水下森林”。此外，在湿地公园内设置下沉式绿地、植草沟、旱溪等海绵体，通过将雨水积存、自然渗透、净化和缓释等作用，进一步促进燕罗人工湿地的水体净化和生态修复。

如今，曾经的污泥沼泽现在呈现的是清澈的水流、盛开的荷花和郁郁葱葱的湿地植被，燕罗人工湿地已经华丽变身为人们休闲游憩、赏花溪水，情侣们甜蜜约会的“网红景点”，如图5-5～图5-7。

图5-5 燕罗人工湿地全景图

图5-6 燕罗人工湿地一角

图5-7 俯瞰燕罗人工湿地荷花池

5.2 水生植物、动物修复技术

5.2.1 水生植物修复技术

1. 概念和分类

(1) 概念。广义上的水生植物，是指植株的部分或全部可以长期在水体或含水饱和的基质中生长的植物，包括淡水植物和海洋植物，淡水植物的主体是水生草本植物，乔木、灌木、藤本植物中也有少数适宜水生的品种。水生植物在水环境中，形成了一系列对于水环境的典型适应性的特征，主要体现在形态及其功能上。形态上，因水体浮力，水生植物的根系退化，其固着、支持作用不如陆生植物；水生植物的茎，因生长于水环境，水分易得，不具有陆生植物防止水分蒸发的角质层；除了直立茎，还有匍匐茎、根状茎、球茎等。在生理功能上，部分或全部沉没于水中生活的植物体，其营养器官几乎都可以直接从水体环境吸收水分和溶解于其中的营养盐，或从水底淤泥中吸取营养物质。

(2) 分类。本手册依据水生植物在水体中的原始生活习性，同时结合工程应用的工艺特性，将水生植物分为以下 4 种类型。

1) 挺水植物。根茎扎入泥土中生长、上部茎秆、叶片挺出水面。大部分的品种根系粗壮发达、植株直立挺拔、茎叶明显、花枝高伸。主要生长在浅水或水陆过渡区域，茎叶气生，通常具有与陆生植物相似的生物特性。挺水植物种类繁多，在相关工程上，是应用最为广泛的水生植物类型。

2) 浮叶植物。根茎扎入泥土中生长，无地上茎或地上茎柔软不能直立，叶和花漂浮或半挺立于水面。叶片开始可沉水生长，后期浮出水面成漂浮叶，花朵通常伸出水面。

3) 漂浮植物。根不扎入泥土，全株漂浮于水面生长，随风浪和水流四处漂浮。根系退化或成悬锤状，茎、叶海绵组织发达，有的还具有较大的空心气室，使其整株漂浮。大部分的漂浮植物也可在浅水和潮湿地扎根生长。漂浮植物因其漂浮移动、繁殖迅速，在实践应用上既难以定位，也易造成泛滥成灾，应慎重使用。

4) 沉水植物。根茎扎入泥土中生长，整个植株沉在水中。茎叶长度高于水深时，高出的部分浮在水面，仅在开花时有部分花蕾伸出水面。沉水植物的衰退和消失，是水体富营养化程度的重要参照指标。其修复是水体生态修复的主要目的之一。

2. 主要环境因素对水生植物的影响

(1) 光照。光照是植物生长发育必不可少的条件。植物通过光合色素吸收光能，将无机碳和水转化为有机物，用于自身的合成和代谢，同时放出氧气。根据光照强度大小和时间长短的适应性，可分为喜光、耐阴和弱光沉水植物 3 种类型。

(2) 水位和水流。水位是决定水生植物分布、生物量和物种结构的主导因素。不同类型的水生植物有其适宜的种植水深：挺水植物适宜水深为 5～40cm，浮叶植物适宜水深为 20～80cm，漂浮植物对水深没有要求，沉水植物适宜水深为 20～200cm。

流速对水生植物个体、种群和群落结构都有重要影响。水体流动能增加水环境中氧气、二氧化碳以及营养物质的供给和交换，在流动的水体中，能加快水生植物的新陈代谢。水流流速会对水生植物产生拉伸、搅动、拖曳作用，会对水生植物的生长产生影响。水流还对水生植物的传播繁殖带来有利影响。

(3) 温度。温度对水生植物光合作用和代谢活动产生重要影响，每种水生植物都有其适宜的生长温度范围，低于或高于其适宜温度，水生植物会生长不良，甚至死亡。根据水生植物对温度、气候的适应性，将其分为既耐寒又耐热水生植物、耐寒不耐热水生植物和热带水生植物3类。

(4) 基质。基质中含有大部分水生植物生长繁殖的营养物质，如磷酸盐含量对水生植物的生长很重要，是给水生植物提供营养的主要载体。水生植物的栽种基质有固定或承载植株根系的功能。水生植物的栽种基质主要有：一是泥土基质，是水生植物的最常见基质；二是水体基质；漂浮植物直接以水体为根系承载机制；三是碎石等基质。

(5) 氧。水生植物的植株体内具有呈海绵状的气室组织，氧气通过这些气室，被输送到植物的根部，供根系呼吸。氧气不仅是水生植物生长的必需条件，在水体净化功能方面，氧气还能通过植株、根系输送到泥土、水体、碎石等基质，在根系附近促进微生物的生长并形成生物膜，提高水生植物的整体净化水能力。

3. 生态功能

(1) 营养固定和缓冲功能。大型水生植物在其生长发育以及衰败、死亡过程中，通过对碳、氮、磷等营养元素的吸收同化、收获输出和沉积输出等过程调节着水体的营养平衡，对河流生态系统的物质和能量循环起着重要作用。

根据野外调查实测结果，水生植物丰富的水体中，水生植物去除、吸收氮、磷的能力分别为29.8gN/(m^2·年)和3.78gP/(m^2·年)；相关研究表明，芦苇、香蒲、紫萍、黄花水龙、伊乐藻、凤眼莲等对NH_4^+-N的吸收速率分布为151～229μmol/(Gdw·h)、19.9～28.0μmol/(Gdw·h)、7.12μmol/(Gdw·h)、265.7μmol/(Gdw·h)、18.1μmol/(Gdw·h)、230.1μmol/(Gdw·h)。浮萍对锰的去除率达100%。

(2) 初级生产者功能。水生植物是水生态系统的重要组成部分和主要的初级生产者，是水生态系统中生物的食物和能量的供给者，对生态系统的物质循环和能量流动起调控作用。

(3) 底质环境稳定功能。大型水生植为作为河流生物栖息地中重要的结构部分，其独特的空间结构可降低水的流速与水动力扰动作用，稳定沉积物，为底栖生物提供良好的栖息地。大型水生植物能够提高水体透明度，降低再悬浮，减弱上覆水的水面复氧作用，改变间隙水和底泥的环境条件，从而改变水土界面的交换通量。

(4) 清水功能。水生植物是水体生态系统的重要组成部分，在不同的营养级水平上存在维持水体清洁和自身优势稳定状态的机制。水生植物通过物理作用（过滤沉淀）、生物化学作用（吸收富集、光合作用、呼吸作用）、协同与竞争作用提高水体透明度、吸收营养盐、富集重金属、转化和降解有机物，并形成多样化的生境，达到清水的功效。

(5) 多样性维护功能。水生植物及其群落构成生境，能够为水生植物提供饵料，增加空间生态位，为水生动物提供产卵基质、孵化、育幼以及躲避场所，是水体生物多样性赖以维持的基础。水生植物的存在能够有效地增加周围生物的多样性。

(6) 景观美化功能。水生植物在净化水质、恢复生物多样性的同时，也是一道亮丽的景观风景线。有些还可以根据条件或需求配置水生蔬菜、饲料作物、原材料植物等，可兼顾一定的直接经济效益。

4. 水生植物的种植

(1) 水生植物种植工程一般步骤。在工程中，水生植物的种植，一般有其自己步骤，才能更合理有效地开展种植工程。如图 5-8 所示。

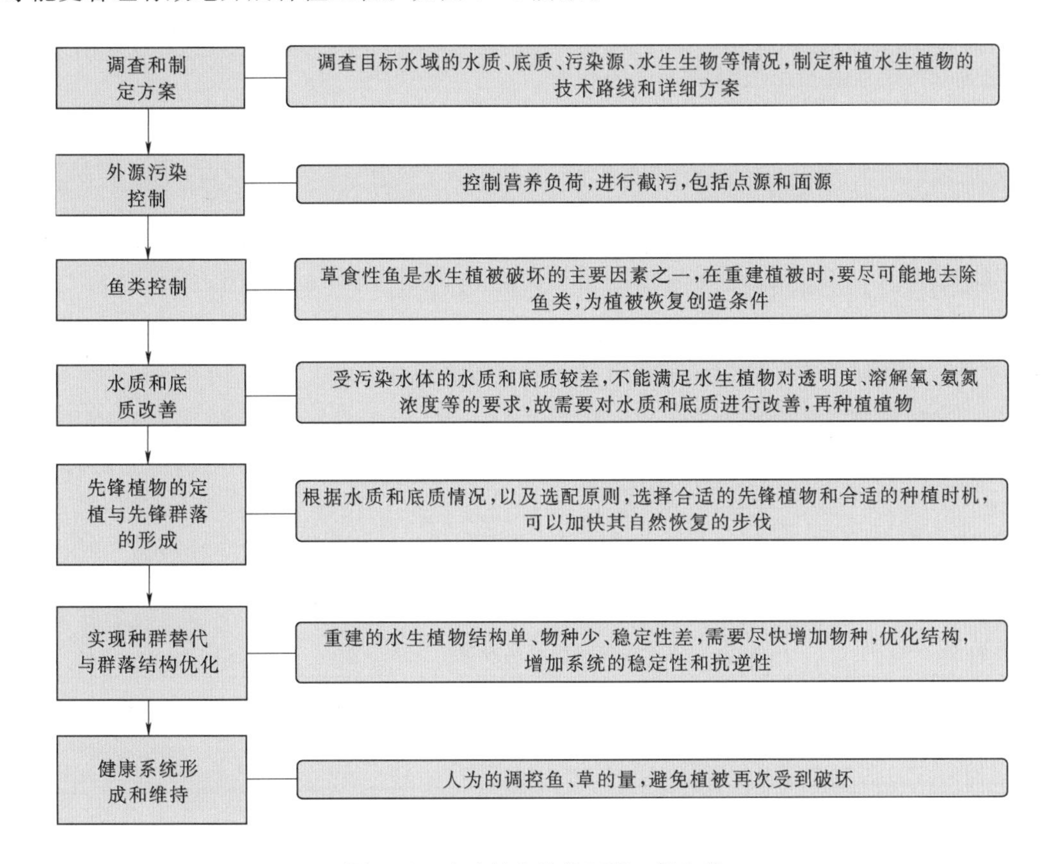

图 5-8 水生植物种植工程一般步骤

(2) 水生植物的种植选配原则。不同的水生植物在不同的条件下，其成活率、生长状况、对污染物的吸收转化能力、供氧输送等存在着显著差异。因此，筛选适宜的水生植物，对其净化和生态功能具有重要意义。以下是水生植物种植选配的原则：

1) 选用植株生物量大、根系发达、耐污性强的水生植物为首要原则。水生植物的地上茎要高大茂盛，根系粗壮密集且深入基质内部，有利于在水中吸收更多的有机物、氮、磷等营养成分来形成自身的物质，又有利于氧气及物质的运输、交换，促进根部形成更好的微生物活动环境，并且提高植物的固着性。

2) 根据水位的不同深度配置植物原则。各类水生植物对水深的适应性差异很大，是其能否成活和正常生长的关键因素之一。具体见表 5-3。

3) 根据不同的基质、载体配置植物原则。具体见表 5-3。

4) 根据不同气候区域、季节配置植物原则。在热带地区应以喜温植物为主，寒带地区则宜选择耐寒植物。在不同季节移栽植物，要充分了解品种的繁殖特性。

5）多层次、多物种植物合理搭配原则。选择多种不同类型的优势品种，可以增加生态系统的多样性和稳定性。具体可体现在：挺水、浮叶、沉水各类植物空间结构的优化配搭；冬季物种与夏季物种的搭配；多年生与一年生物种搭配；植株高矮、景观效果差异搭配等。

6）兼顾一定的景观观赏和经济价值的原则。以水体净化和生态修复为目标的植物配置，应以最大限度地提升净化处理能力为主要选用标准。在确保去污能力的条件下，可以适当配置有特定景观效果或经济价值的品种。

7）品种容易采集或可以购买到的原则。实践项目植物工程量和需求量较大，在品种的配置上既要把握品种的去污能力，又要充分考虑其经济实用、操作性强、易推广的因素。

8）土著种优先原则。部分外来水生植物种，已造成我国大范围的生态灾难。其繁殖力、破坏力极强，对外来物种要谨慎使用，甚至坚决抵制。

(3) 常用水生植物及其种植条件。不同的植物类型和种类有其自身的种植条件，如种植的密度，适宜的水深，适宜的基质，适宜的栽种季节等，见表5-3。

(4) 水生植物的种植技术。

1）扦插法。扦插法是最常用的最简单易行的方法，较适合于水不太深且底质较松软的情况。

操作方法：将沉水植物枝条整理成小束，用带叉的竿子将枝条末端轻轻插入底泥中，然后轻轻地拔出竿子。

表5-3　常用水生植物及其种植条件表

植物名称	植物类型	初次栽种建议密度/m^2	适宜水深/cm	适应基质	栽移适宜时间
荷花	挺水	1～2支，2芽以上/支	10～100	泥土	3月中旬至4月下旬
黄花鸢尾	挺水	20～30芽，1～3芽/蔸	1～35	泥土、碎石、无土水培	2月下旬至11月上旬
西伯利亚鸢尾、路易斯安那鸢尾	挺水	20～30芽，1～3芽/蔸	1～35	泥土、碎石	2月中旬至12月下旬
花菖蒲、溪荪	挺水	20～30芽，1～3芽/蔸	1～30	泥土、碎石	3月上旬至10月下旬
菖蒲、花叶菖蒲	挺水	35～50芽，3～5芽/丛	1～35	泥土、碎石	3月中旬至10月上旬
石菖蒲	挺水	30～40芽，1～3芽/蔸	1～10	泥土	2月下旬至11月上旬
香蒲、小香蒲、花叶香蒲	挺水	10～15单株	1～40	泥土	3月下旬至9月中旬
美人蕉	挺水	10～15单株，1～3芽/单株	1～20	泥土、碎石、无土水培	4月上旬至10月上旬
再力花	挺水	30～40芽，3～5芽/丛	1～50	泥土、碎石	3月下旬至10月上旬
千屈菜	挺水	10～15单株，1～3芽/单株	1～35	泥土	3月下旬至10月上旬
风车草	挺水	40～50芽，5～8芽/丛	1～30	泥土、碎石、无土水培	4月下旬至9月上旬

续表

植物名称	植物类型	初次栽种建议密度/m^2	适宜水深/cm	适应基质	栽移适宜时间
纸莎草、埃及莎草	挺水	40～50芽，5～9芽/丛	1～30	泥土	4月下旬至10月上旬
梭鱼草	挺水	15～20芽，1～3芽/蔸	1～30	泥土、碎石、无土水培	3月中旬至10月上旬
水葱、花叶水葱	挺水	40～50芽，5～8芽/丛	1～40	泥土、碎石	3月中旬至10月上旬
高秆灯芯草	挺水	80～100芽，10～15芽/丛	1～25	泥土	2月下旬至11月上旬
水毛花、荸荠、藨草	挺水	80～100芽，8～10芽/丛	1～25	泥土	3月下旬至10月上旬
野生菰、茭白	挺水	10～15单株，1～3芽/单株	1～35	泥土、无土水培	4月上旬至10月上旬
慈姑	挺水	10～15单株	1～30	泥土	4月上旬至9月下旬
皇冠泽苔草	挺水	10～15单株	1～30	泥土、碎石、无土水培	3月下旬至10月上旬
泽泻	挺水	10～15单株	1～30	泥土	3月下旬至11月上旬
紫芋、水芋、野芋	挺水	10～15单株	1～20	泥土	4月上旬至9月下旬
海芋	挺水	2～3单株	1～10	泥土	4月上旬至9月下旬
芦苇、花叶芦苇	挺水	20～30芽，1～3芽/蔸	1～40	泥土	3月下旬至10月上旬
芦荻	挺水	20～30芽，1～3芽/蔸	1～30	泥土	3月下旬至10月上旬
芦竹、花叶芦竹	挺水	20～30芽，1～3芽/蔸	1～30	泥土、碎石	3月下旬至10月上旬
水芹	挺水	15～20单株	1～20	泥土、无土水培	11月上旬至5月上旬
耐寒睡莲	浮叶	3～5头	20～100	泥土	2月下旬至10月中旬
热带睡莲	浮叶	2～3头	20～100	泥土	3月下旬至9月上旬
萍蓬草	浮叶	3～4头	20～100	泥土	3月上旬至10月上旬
王莲	浮叶	0.1～0.2单株	30～150	泥土	5月下旬至8月上旬
芡实	浮叶	0.1～0.2单株	30～150	泥土	5月下旬至8月上旬
荇菜	浮叶	15～25芽，3～5芽/丛	20～100	泥土	5月下旬至8月上旬
莼菜	浮叶	15～25芽，3～6芽/丛	20～100	泥土	5月下旬至8月上旬
水罂粟	浮叶	15～25芽，3～7芽/丛	5～无限	泥土、无土水培	3月下旬至9月下旬
香菇草	浮叶	15～25芽，3～8芽/丛	5～无限	泥土、无土水培	3月下旬至9月下旬
菱	浮叶	8～10单株	5～无限	泥土	4月中旬至10月上旬
粉绿狐尾藻	浮叶	15～20单株	1～无限	泥土、无土水培	2月下旬至10月上旬
蕹菜	浮叶	15～21单株	1～30	泥土、无土水培	3月下旬至9月上旬
苦草	沉水	15～22单株	30～150	泥土	4月中旬至9月下旬
马来眼子菜	沉水	30～40芽，5～10芽/丛	30～200	泥土	4月中旬至10月上旬
微齿眼子菜	沉水	30～40芽，5～10芽/丛	30～200	泥土	4月中旬至10月上旬
菹草	沉水	30～40芽，5～10芽/丛	30～200	泥土	12月下旬至5月上旬
篦齿眼子菜	沉水	30～40芽，5～10芽/丛	30～200	泥土	4月中旬至10月上旬

续表

植物名称	植物类型	初次栽种建议密度/m^2	适宜水深/cm	适应基质	栽移适宜时间
黑藻	沉水	30～40芽，5～10芽/丛	30～200	泥土	4月下旬至9月下旬
伊乐藻	沉水	30～40芽，5～10芽/丛	30～200	泥土	3月下旬至9月下旬
金鱼藻	沉水	30～40芽，5～10芽/丛	30～200	泥土	4月中旬至10月上旬
水盾草	沉水	30～40芽，5～10芽/丛	30～200	泥土	4月下旬至9月中旬
狐尾藻	沉水	30～40芽，5～10芽/丛	30～200	泥土	4月中旬至10月中旬

注意事项：操作时要动作柔和，尽量减少枝条的损伤；注意将枝条插得稍微深一些，防止枝条因浮力或水的流动而脱离底泥上浮到水面；每束枝条数因枝条粗细而定，5～10条较为合适，数目过多易导致枝条腐烂，太少时枝条易断裂而不能植入泥中；枝条较脆的植物不适合这种方法。

2）沉栽法。操作方法：将枝条整理成小束，末端用黄泥包裹或者用可降解的材料包裹土壤和植物根系，露出末端，之后将其轻轻放入水中，沉入水底。

注意事项：黄泥或者土壤黏度要适中，过黏则植物不易生根，过散则枝条易散开上浮；放入水中应尽量轻柔，以防枝条散开。

3）容器种植法。水生容器育苗无须等待漫长的恢复期，适合挺水植物、浮叶植物。

操作方法：将目标植物种植在花盆等容器内，待一定时间放入水中。

注意事项：容器不能过大，妨碍行洪，占据河道；适合错过种植期的水生植物。

4）徒手种植法。当水深在0.5m以下时，浮叶植物和挺水植物可徒手种植。

5）播种法。有些植物能产生大量的有性或无性繁殖体，当这些繁殖体容易被采集时可考虑用播种法。

6）半浮式载体移栽。水质遭到严重污染的河流，透明度较低，降低了沉水植物种植的成活率。

操作方法：将沉水植物移栽到吊盆等载体上，再随着植物的生长逐步沉降载体，最后植株沉降到水底。

5. 水生植物种植的管理维护

水生植物种植后，其本身的如茎相对脆弱、部分水生植物繁殖生长较快，且部分水生植物喜阴等特性，以及杂草、虫害的威胁，需要进行后期的维护和管理。

（1）收割。收割有两种方式，一是人工，二是机械。能以不同的强度收取并运输到岸上，能有效保证河流的休闲与景观功能；通过收割植物，可将河流中氮、磷的含量转移出一部分。而收割的水生植物可作为饵料、饲料、化肥等。对水生植物进行收割是一种较为理想的方式。

（2）除草剂。除草剂也是一种调控水生植物的方式，具有易操作、见效快、能适用于多种水体等特点。但除草剂的使用原则就是要对靶生物有毒性，而对其他水生动植物影响较小。往往可通过活性炭与黏土矿物等来有效地降低水中残留的除草剂。因其可能造成二次污染，需谨慎使用。

(3) 生物调控。生物调控是指人们引进、保护或强化天敌，使目标物种保持在较为理想的种群规模和生长状态。但在引进非本地物种或利用生物工程物种时，应特别小心，以防引起更严重的生态问题。

(4) 遮光。光照是水生植物生长的最重要的限制因子之一。通过控制水生植物对光的获取，也是一种调控水生植物生长的方式。

(5) 病虫害防治。定期清理杂草、枯枝落叶和已死亡的水生植物，改善植株的生长空间。

5.2.2 水生动物修复技术

1. 原理与分类

(1) 水生动物修复原理。水生动物的修复，其原理有两种：一是从外源营养输入及初级生产力入手，探讨水质变化及初级生产力水平对生物群落的影响；二是食物链上层生物的变化对下层生物、初级生产力及水质的影响，即利用水生动物来治理富营养化水体。由此形成了生物操纵技术，生物操纵是指运用水体生态系统内营养之间的关系，通过对生物群落及其生境的一系列操纵，达到对使用者有益的藻类生物量下降等水质改善效果的水生生物群落管理措施。

(2) 水生动物分类。水生动物的类别包括：

1) 浮游动物。浮游动物是指浮在水中的水生动物，其种类组成极其复杂。在生态系统结构与功能研究中占重要地位的一般指原生动物、枝角类、轮虫和桡足类 4 大类，如纤毛虫、蚤等。

2) 底栖动物。指生活史全部或大部分实际生活在水体底部的水生动物群。淡水底栖动物种类繁多，按应用角度一般指大型无脊椎动物。按生活类型底栖动物可以分为固着动物、穴居动物、攀爬动物和钻蚀动物，如石蛭、福寿螺、米虾等。

3) 鱼类。一般情况下，鱼类是水生态系统的顶级群落。鱼类类群多种多样、相互关系复杂。作为顶级群落，鱼类对其他类群的存在和丰度有着重要作用，如鳙鱼、鲑鱼、鲫鱼、鲢鱼等。

2. 水生动物修复的作用

(1) 净化污染物。在适当的条件下，通过合理的生物操纵，使得浮游动物在种类、密度、配比处于适当的状态下，能有效地控制藻类的过量生长，达到改善水质的作用。底栖动物的食物包括水生高等植物、藻类、细菌和小型动物及其死亡后的尸体或腐屑，底栖动物对污染水体中低等藻类、有机碎屑、无机颗粒物具有较好的净化效果；放养大型的不同食性的鱼类，会影响鱼类的群落结构，并对其他生物群落产生极大的影响，从而达到控制浮游藻滋生和改善水质等目的。例如，有研究者发现，三角帆蚌通过消除水体中的悬浮物和叶绿素 a，使水体透明度从 26cm 提高到 80cm。另在长春市南湖生态修复中，通过收获水生高等植物和鱼输出的磷量分别为 149.6kg/年和 189.9kg/年，捕捞河蚌输出的磷量也达 153.4kg/年。

(2) 调控生态。水生动物在水体生态系统中主要扮演消费者的作用。通过增加螺蛳、河蚌放养量及补充大型底栖动物的资源数量，可以增加系统的稳定性，促进物质循环，达到净化水质的目的；浮游动物在水生生态系统中也起着重要的调控作用，如对初级生产力的控制、对营养间生态转换效率的调控等。

（3）监测和评价水质。水生生物与它们的生存环境是相互依存、相互影响的。水体污染对生物产生影响，生物对此做出不同的反应和变化，是水环境质量及其变化的监测手段和评价依据。如利用浮游动物评价水质和利用底栖动物评价水质。

3. 结构和功能构建

（1）水生动物投放。研究结果表明，水生态系统中鱼类种群生物量和年龄组成的变动，可使系统的营养结构和水质状况发生显著的变化。我国淡水鱼类根据其食性一般可分为滤食性鲢、鳙鱼，草食性草鱼和杂食性鲤鱼3类，鱼类的摄食选择性会直接影响其对浮游生物和藻类的摄食作用。通过对摄食性进行研究，选出对浮游生物和藻类生长具有明显生态抑制的鱼类至关重要。鲢、鳙鱼养殖不仅使浮游植物生物量锐减，也导致蓝藻等藻类和其他浮游生物比例大幅下降，以此改善水质。根据水生态系统现状，计划放养品种以鲢鱼、鳙鱼为主，少量搭配自生繁殖的草鱼、鲤鱼、鲫鱼等。

水生植物群落建设稳定后，在适当的区域内，进行水生动物自净系统的构建，主要包括放养鱼等。放养规格以鲢鱼按170尾/亩，每尾长约10cm进行投放；鳙鱼按30尾/亩，每尾长约10cm进行投放；密鲴按60尾/亩，每尾长约10cm进行投放。根据后期水生态现状进行草、鲤、鲫鱼的投放。此外，污染河流会成为许多有害昆虫如蚊、蝇的滋生场所，鲫鱼可摄食蚊子及其他昆虫的幼虫，避免水域对周围环境造成危害。在水体中放养无齿蚌、螺类等，蚌类可以将水中悬浮的藻类及有机碎屑滤食，提高湖水的透明度；螺主要摄食固着藻类，同时分泌促絮凝物质，使湖水中悬浮物质絮凝，使水变清。螺按3kg/亩进行投放。

（2）水生动物修复的管理。水生动物投放后，可能会大量的生长繁殖，对水生植物等进行捕食，故需要进行喂养管理。捕捞规格、时间和数量是生物操纵修复技术“控”的主要措施。根据浮游动植物生产力状况，捕捞规格以鲢鱼2kg/尾，鳙鱼3kg/尾，鲫鱼0.15kg/尾，鲤鱼0.5kg/尾；捕捞时间以鲢鱼3～4龄后，鳙鱼2～3龄后。对螺、虾等也需要适量捕捞。

4. 应用案例——上海市曹杨环浜污染治理示范工程

（1）概况。曹杨环浜是位于上海市普陀区曹杨新村的一条环形封闭水道，周围楼房林立，居住着10多万居民。全长2208m，宽8～14m，水深0.5～1.5m。过去由于大量城市污水和垃圾注入的污染影响，环浜水体发黑发臭严重，沿途环境污浊不堪，治理前是上海市有名的城中心臭水沟。2003年11月16日，武汉中科水生环境工程有限公司与上海市普陀区河道管理所签订合同，对曹杨环浜水进行综合的环境生态工程技术修复。环浜整治前如图5-9所示。

（2）治理措施。

1）完善截污。

2）环浜造流。

3）构建健康的生态系统。

a. 构建水生植被：种植沉水植物菹草、黑藻、伊乐藻、金鱼藻、苦草等和浮叶植物

图 5-9　环浜整治前

睡莲，以吸收和转化水和底泥中的氮、磷、钾等营养物，降低水体氮、磷、钾及必须微量元素的含量与周转速率，抑制浮游植物生长；为多种多样的水生生物提供良好的生境，提高水体生物多样性和水体自净能力，且为水体供氧。

b. 构建水生动物种群：适当提高鲢、螺、鲫的种群数量，以消费浮游生物（特别是浮游植物）、有机碎屑和巨大的微生物生物量，以及摇蚊和水蚯蚓等底栖动物，维护生态平衡，净化水体。

c. 构建水草、鱼、螺、蚌的收割、捕捞与利用系统，以控制它们在河道水体中的生物量维持在适度水平，进而优化系统中的水生动植物群落结构，并由此从水体中去除大量氮、磷、有机质和微量营养元素等营养物，最终逐步构建健康水域生态系统。

4）设置便捷式浮萍打捞机。

5）定时监测水质变化，及时采取改进措施。

（3）治理结果。随着水生植被的恢复，良性生态系统的建立，水生植被覆盖率达到80%以上，形成了稳定植物群落结构，河浜水质逐步变好（图 5-10）。经 3 个月的治理，水质由劣Ⅴ类提升至Ⅳ～Ⅴ类；经治理 4 个月，水质进一步改善，介于Ⅲ～Ⅳ类间，接近Ⅲ类，水体透明度一直维持见底，水体一直维持着清水草型稳态。本项目 2005 年被评为上海市“河道生态修复——优秀示范工程”，被周边居民誉为“水下森林”。

图 5-10（一）　环浜整治后效果

图5-10（二） 环浜整治后效果

5.3 生态浮岛技术

5.3.1 原理、特点、功能及应用范围

5.3.1.1 原理

生态浮岛能有效去除水体污染，抑制浮游藻类的生长，其净化原理如下：

（1）植物的吸附与吸收功能。利用表面积很大的植物根系在水中形成浓密发达的根网，吸附水体中的悬浮物；有研究表明，有浮岛的池塘因细颗粒黏土悬浮物的大量吸附，较对照水体透明度提高2～3倍。

（2）通过根系微生物形成生物膜降解污染物。微生物群体能逐渐在植物根系表面形成生物膜，膜中微生物降解水中的污染物成为无机物，使其成为植物的营养物质，通过光合作用转化为植物细胞的成分，促进植物的生长，对水体中的氮、磷的去除率大都能达到70％以上。

（3）遮蔽阳光，抑制藻类生长。浮岛通过遮挡阳光抑制藻类的光合作用，减少浮游植物生长量，通过接触沉淀作用促使浮游植物沉降，有效防止水华发生，提高水体的透明度。

（4）对重金属的富集。环境中的重金属和有些有机物并非植物生长所需要的，并且达到一定程度后具有毒害作用，对于此类物质，有些植物也演化出了特定的生理机制使其脱毒，并能对重金属进行吸收、富集，从而具有一定的去除水体重金属污染功能。如凤眼莲能富集镉、铬、铅、汞、砷、硒、铜、镍等多种重金属，吸收降解酚、氰等有毒有害物质，并能抑制藻类生长；水浮莲能富集汞、铜等。

（5）植物可通过根系向水体中释放大量氧气，提高水体溶解氧含量、促进污染物的快速净化；由于水生植物将氧气输送至根区，致使植物根区的还原态介质中形成了氧化态的微环境，根区有氧区域和缺氧区域的共同存在为根区的好氧、兼性厌氧和厌氧微生物提供了不同适宜的小生境。植物根系输氧能力对有机物的去除有重要影响。

（6）通过收割浮岛植物和捕获鱼虾减少水中的营养物质，降低水体的富营养化程度。

5.3.1.2 特点

生态浮岛技术较其他水体修复技术具有以下优点：

（1）可以充分利用水域面积。

（2）可选作的浮岛植物的种类较多。

（3）浮岛的载体材料来源广，成本低。浮体结构形状可变化多样，易于制作和搬运，可放可收，不受水位限制，不会造成河道淤积。

（4）将景观设计与水体修复相结合，与其他水处理方式相比，更接近自然。

生态浮岛技术较其他水体修复技术的缺点是处理效果有限，需要定期维护。

生态浮岛效果如图 5-11 所示。

图 5-11 生态浮岛效果图

5.3.1.3 功能与应用范围

1. 功能

生态浮岛有多种功能、主要包括：

（1）水生植物生态浮岛作为先期治理方案中的有效手段，可解决城市中小河道难以实施生态修复工程的局限性，为以后通过人工恢复沉水植被、放养水生动物、建立完整的水生生态系统食物链创造条件。有关应用实例表明，应用水生植物生态浮岛可以部分修复水体沉水植物，整个水体水质逐年恢复，增加水体生物多样性，使水体生态系统进入良性循环。在城市河道的污染治理中，水生植物生态浮岛作为一种水体生态修复先期治理方案，有着广阔的应用前景。

（2）提供生物多样性基盘。因植物具有遮蔽、涡流、提供饲料的效果，可为鸟类及鱼类提供栖息处。

（3）能有效吸收水体中氮、磷，净化水质。

1）去除有机污染物。人工湿地中有机污染物的净化是植物和微生物共同作用完成的，其降解机制主要有转化、结合和分离 3 个方面。

2）脱氮。污水中的氮以有机氮和无机氮两种形式存在，其中无机氮（主要是 NH_4^+ 和 NO_3^-）被植物吸收利用，作为生长过程中不可缺少的营养物质；部分有机氮被微生物分解成 NH_3-N 后，也能被植物吸收利用，植物将吸收的氮素合成蛋白质等有机氮；通过对植物地上部分的收割可有效地将氮素去除。

3）除磷。无机磷也是植物必需的营养元素，废水中的无机磷被植物吸收及同化，转化成腺嘌呤核苷三磷酸（ATP）、脱氧核糖核酸（DNA）和核糖核酸（RNA）等有机成分，然后通过收割植物而移除。

4）生物消毒作用。

5）具有景观美化作用，同时也能产生一定的经济效益。

6）具有保护堤岸的作用。

2. 应用范围

生态浮岛在黑臭水体治理中的应用一般有：

（1）水体的水深较深、透明度较低，水生植物种植及存活较困难的河道。

（2）水质较差的河道，作为先锋技术逐步改善水体水质。

（3）需要景观点缀的河道，科学配置具有一定净化功能的不同观叶、观花植物，净化水质的同时改善景观。

5.3.2 类型、结构及组成

5.3.2.1 生态浮岛类型

1. 按浮力来源分

按照其浮力来源方式可分为组合式和一体式。如果浮力来源于栽培固定基质，这种浮岛属于一体式，如采用泡沫、木质、椰壳纤维等；如果浮岛是由浮力装置和栽培固定装置组合而成，这种浮岛属于组合式浮岛，如组合式竹制浮岛、PVC管式线载浮岛等。

2. 按有无框分

按照有无框架的结构型式来分，可分为有框和无框两种形式。湿式无框浮岛用椰子纤维缝合作为床体，不单独加框。湿式有框浮岛一般采用强化塑料、不锈钢架发泡聚苯乙烯、混凝土等材料作为植物种植的框架结构。有框、无框生态浮岛如图5-12所示。

图5-12 有框、无框生态浮岛

3. 按生态浮岛的形状分

根据水体的形状，生态浮岛可以采用各种形状，包括三角形、长方形、正方形、菱形、弧形、圆形、环形等。

4. 常见生态浮岛的具体类型及使用过程中存在的问题

（1）竹竿浮岛。竹竿浮岛采用捆扎的竹竿和土工布作为框架和浮体。竹竿浮体虽取材较易，使用过程中存在的问题有：水泡日晒容易裂开、损坏；夏季高温季节易被虫蛀；强度差，不抗风浪，易散架；浮力小，植物种类受限，仅能种植浮水植物；一般使用寿命小于 10 个月；易滋生蚊蝇。

（2）泡沫浮岛。泡沫浮岛以聚苯乙烯发泡板作为浮载体，种植各种植物。聚苯乙烯泡沫板以其成本低廉、浮力强大、性能稳定等特性，受到人们的青睐。虽经多次更迭，结构、强度、造型等各方面有了很大改观，但这类浮岛容易造成“白色污染”，强度差，不抗风浪，在阳光照射下强度降低易破损；泡沫浮岛的种植穴结构也不合理，污染物含量高时，植物根系生长受限，易出现烂根和根系扎入泡沫中的现象；易将水体局部覆盖形成死水，减弱水体自净能力；需绳索及型材捆扎加固。

（3）竹筐浮岛。竹筐浮岛利用竹筐来种植植物。一般存在以下缺点：浮力不大，强度差，不抗风浪，易散开；使用寿命短，易造成二次污染，管理困难。竹筐浮岛多为特定阶段特定客户非标定制，推广受限。

（4）椰丝浮岛。椰丝浮岛是利用椰子等枝茎等制作而成的植物丝浮岛，外部使用网状物包裹，用以作为种植植物的介质。此类浮岛缺陷有：一般使用寿命短；植物丝本身为有机体，腐败后易造成二次污染；浮力不大，强度不高，不抗风浪，易散落；水生植物容易过度繁殖和老化死亡，收获与处理不易。

（5）轮胎浮岛。近年来国内有人研究采用废旧轮胎作为人工浮岛载体，但在使用中存在诸多问题：综合成本高，浮力不大，形状不规则，加固困难，易散落；使用寿命较长，但净水效果不理想，管理也困难。从审美角度看不太美观，废旧轮胎浮岛的推广利用需进一步完善。

（6）塑料管浮岛。塑料管浮岛采用塑料管道作为浮岛浮体，用网状物作为植物生长固定着床，结构虽然简单，但其存在问题有：管道连接不牢，使用寿命短；整体强度差，抗风浪性能差，易散落；具有明显的死水区，易滋生蚊蝇；植物易倒伏；造型单一，景观性差。塑料管浮岛一般用于实验研究。

（7）塑料片浮岛。塑料片浮岛的制作工艺有所改进，价格相对较低，但强度差，易破碎散落；植物根系生长受限，寿命短；整体景观效果与净化水质能力较差。

（8）塑料盘浮岛。塑料盘浮岛多采用有机高分子塑料，开模一次性加工制作而成，浮岛浮体和种植框架可以是分体的也可是一体，采用尼龙扎带或扣钉连接。此类型浮岛制作工艺非常成熟，价格相对低廉，安装、运输和造景方便。其缺点有：种植初期只见浮盘不见草，景观性差；虽设置有透气孔，但结构设计有缺陷，物根系生长受限；使用寿命不长。

5.3.2.2 生态浮岛的结构与组成

生态浮岛类型多种多样，根据浮岛的结构可将其分为有框型和无框型两种，无框型生态浮岛虽然更加贴近自然而且景观上更好看，但由于有框型生态浮岛在抗冲击和使用寿命等方面优于无框型、故有框型生态浮岛应用较多，约占 70%。有框型生态浮岛主要由框体、载体、基质和植物等组成，对于这些组成部分的探索是生态浮岛技术研究的热点。

典型的湿式有框浮岛组成主要包括5个部分：浮岛框体、浮岛载体、浮岛基质、浮岛植物、浮岛固定设施。

1. 浮岛框体

生态浮岛的框体起到固定浮岛和增加浮岛的稳定性的作用，因而作为框体材料需要坚固、稳定、能抗风浪。目前，人工生浮岛的框体多采用高分子材料PVC管、不锈钢管、木材、毛竹等材料来制作。不锈钢管或镀锌管等材料虽然硬度高、抗冲击能力强、持久耐用，但由于这些材料的密度大，必须布设浮筒用以增加浮力，而且价格较贵，故采用的不多；木头、竹竿等材料虽然贴近自然、价格也不贵，但若将其常年浸没在水中，容易腐烂，也相对较少使用；PVC管因具备密度小、抗冲击力较强、耐用、价格低等优点，应用得较多。

2. 浮岛载体

生态浮岛的载体是植物生长的支撑物，是整个浮岛浮力的主要提供者，作为生态浮岛的载体需要具备以下条件：

（1）材质密度小，绿色环保，防腐蚀，耐老化，可反复使用。

（2）抗风浪冲击能力强。

（3）具备柔性连接，整体能随水体上下浮动。

（4）植物栽种孔穴能够满足植物生长期种植密度要求。

（5）具有少维护、材料价格低廉、来源广泛以及有利于微生物附着生长挂膜等特点。

3. 浮岛基质

浮岛基质用于固定植物植株，同时要保证植物根系生长所需的水分、氧气条件及能作为肥料的载体、因此基质材料必须具有弹性足、固定力强、吸附水分、养分能力强，不腐烂、不污染水体、能重复利用的特点，而且必须具有较好的蓄肥、保肥、供肥能力，保证植物直立与正常生长。

在基质选择时可以借鉴人工湿地的经验，选择不易堵塞的材料如煤渣、蛭石、陶粒等。在一些低富营养化水体中，植物往往因为营养物质不足而发育不良，这时可采用一些对氮、磷等有富集作用的材料，可在浮岛局部范围内形成营养物质相对高浓度区域，从而提高植物的吸收效率。目前浮岛使用的基质多为海绵、椰子纤维等，可以满足上述的要求。也有直接用土壤作为基质，但缺点是质量较重，同时可能造成水质污染，所以目前应用较少，也不推荐使用。实际使用的还有腐殖土、腐叶菜枯等，通过一定的比例配比后可以作为营养基质使用。

4. 浮岛植物

（1）水生植物选择原则。生态浮岛技术之所以能进行水体修复，浮岛上的植物起着决定性的作用。植物的选择既要满足环境适应性要求，又要具有生物量大的特点，使之可以最大限度地吸取水中营养物，使水体水质得到改善。生态浮岛水生植物选择原则如下：

1）选择的植物对环境要具有无害性，尽量选择本土植物，防止出现外来物种入侵现象。

2）选择的植物要易驯化，能较快驯化适应当地水生环境。选择的植物应为适宜水系水质条件的多年生水生植物；考虑到冬季水面绿化需要，往往要选择耐寒极强且根系发达的常绿植物，如常绿水生鸢尾。

3）选择的植物要易于后期维护且要成活率高。在遴选寒冷地区冬季浮岛植物时，应选择地区性在秋季播种、冬季能生长的植物，如冬麦草等；其他冬季生长的植物进行驯化后也可以作为备选用。

4）选择的植物应根系发达、生长迅速、个体分株快、净化能力强。一般以耐污抗污且具有较强的治污净化潜能的植物为主。

5）选择的植物要具有一定的景观效果，不但能净化水体，还能美化人们的视野。

6）选择的植物要经济合理，便于生态浮岛技术的发展和推广。

7）在生态浮岛植物的选择中，还应考虑到植物不能过高，以免影响浮岛的稳定性；根据浮岛面积，选择适当高度的植物是很有必要的。

8）水生观赏植物的布置要考虑到水面大小、水位深浅、植物对阳光的需求量、种植比例与周围环境协调，植物的种植比例应占水面30%～40%为宜，可选择观花植物与观叶植物错位搭配，如美人蕉与旱伞草的搭配。

9）如生态浮岛用于净化富营养化水体时，遴选的植物应具有以下功能：能抑制藻类生长与消减浮游植物、对水体中营养物质的去除、对重金属的富集；此外，还应考虑植物的景观效果、增加生物多样性以及一定的经济效益等综合效益。最终通过成活率、生长量和综合效益等指标来备选优良植物。

(2) 具体植物。可用于大型水库、湖泊和河流等水体净化的植物有46科100多种，已经运用于生态浮岛来净化水体的植物主要有美人蕉，石菖蒲、菖蒲、香蒲、芦苇、荻、多花黑麦草、水稻、牛筋草、香根草、旱伞草、凤眼莲、海芋、水浮莲、菱、水芹菜、空心菜、狐尾藻、金鱼藻等。这些植物均具有生长快、分株多、根系发达、根基繁殖能力强、生物量大等特点，此外还具有一定的观赏价值和经济价值。如美人蕉的发达根系能吸收水体中的氮、磷等物质，其花具有较高的观赏价值。根茎和花能入药具备一定经济价值；芦苇具有发达的匍匐状根茎，苇秆能用于造纸和人造丝等，根茎能入药；香根草生物量大适应性强，吸收氮磷能力强，其茎秆也能入药。

5. 浮岛固定设施

浮岛的固定可选用的方法有四种：水下重物牵拉式、锚钩式、竖杆式、绳索牵拉式。

(1) 水下重物牵拉式。这类固定方法依靠水下重物的牵引作用来固定水面浮岛，通过控制拉绳的长度能适用任何深度的水体，且不受水体地质条件的限制，费用低，不会对环境造成影响。

(2) 锚钩式。这种固定方法在实现固定和转移时都比较方便，控制拉绳的长度也能在各种水深的条件下实现浮岛的固定。这种固定方式没有露出水体的部分，对景观无影响，但锚钩在水底固定时对地质条件有要求。

(3) 竖杆式。竖杆式通过插在浮岛周围的竖杆来固定，要求水深不能太大，由于起固定作用的竖杆顶端暴露出水面，对景观有一定的影响；但在水深较浅的地方，这种固定方法非常方便，是采用较多的一种固定方式。

(4) 绳索牵拉式。在水面较窄或靠近岸边的条件下，常用绳索拉牵的方式把浮岛固定在岸边的固定物上。这种方式对水体底质没有要求，对景观有一定的影响。

5.3.3 植物的遴选、栽植和养护

5.3.3.1 植物的遴选

选择出适合环境特点、具有较高净化能力、又有一定经济价值的浮岛植物或植物组合是生态浮岛要解决的关键问题之一。对可用的植物进行遴选考察，应从以下几个方面着手：

（1）从当地土著或常见植被物种的分布情况遴选优势植物品种。

（2）从对当地地理气候有良好适应性的植物品种中遴选。

（3）遴选的植物需要考虑水体浮岛客观条件对植物株高、生长周期和收割等方面的限制。

（4）遴选的植物应对河道景观有改善功能。

（5）通过植物适用性驯化后从成活率、生长量、对水体污染物的去除效果以及经济效益等角度再次遴选。

5.3.3.2 植物的栽植

1. 植物选苗要求和标准

（1）选苗要求。浮岛植物由于其生态环境条件的改变，会导致某些植物生长特性的变化，如与陆地栽培相比较，浮岛栽培的某些植物叶绿素含量、根系活力等显著降低，这会降低光合作用，从而影响到植物生物量的积累。适应性强的品种差异不显著，不会造成生产力及经济性能的降低，可确定为浮岛栽培品种。

（2）选苗标准。根系发达、完整、主根短直，有较多侧根须根，起苗后大根无劈裂；苗干粗壮、主侧枝分叉节奏有序，四周分枝均匀，植物饱满、完整、优美；无病虫害、无夹生和无机械损伤。栽植时应选丰满完整的植株，并注意主要观赏面。

2. 栽植

（1）植物的固定方式。水生植物应根据不同种类或品种的习性进行种植。针对不同作物，可选择适宜的浮岛种类及适宜的移栽时间、栽种密度、种植周期等。

当水体的温度上升到适于植物生长的温度时，可取一完整的芽或植物体，用海绵缠绕固定在种植盆里栽植。植物栽植前一般需处理有机械损伤的根系，再用一定浓度的多菌灵等浸泡10～15min消毒，水洗晾干后栽植。

浮岛植物固定方法除了基质固定外，有的植物也可以采用卡位、绳栽等方式固定；对于漂浮植物可依靠植物自身浮力而保持在水面上，利用框体、绳网将其固定在一定区域内，这种方法也是可行的。

（2）种植方式。植物种植方式有单一种植、混合种植、四季搭配种植等方式，混合种植、四季搭配种植等方式最大可能地实现对水体的修复和美化效果。

（3）植物栽植时需考虑的因素

1）栽植时须做到不裸露水面，固定牢固。同时应考虑景观的整体性，讲究艺术性和生态性，注重立面空间构图、高低层次及色彩搭配，以达到最佳植物景观效果。如对宽阔水域的浮岛植物配置，以营造植物群落景观为主，注重宏观和连续的效果，以量取胜；小面积水域的浮岛植物配置，手法往往较细腻，注重植物的单株观赏价值，如姿态、色彩、

株高等，适合细细品味；自然河流的浮岛植物配置及河道两岸带状的浮岛植物配置，应根据水体宽窄配置植物，一般选择株高较低的植物来协调，且量不宜过大，种类不宜过多。

2）栽植工序应密切衔接，做到随挖、随运、随种、随养护。植物起掘后，不得曝晒或失水。

3）植物栽培容器大小要根据不同植物来选择。如千屈菜、美人蕉等挺水植物的根系一般较为发达，对生态浮岛上的栽培容器内径要求较为严格，一般在 12cm 左右比较合适，种植篮必须镂空，利于植物根系伸展。

4）改性水生植物在栽植时要利用长度 70～80cm 海绵条一层层地把根包裹住，海绵条具有吸湿和透气性，利于植物根系的伸展，同时吸水后膨胀，利于植物在种植篮中的稳定。为了防止大风大浪刮倒植物，前期栽培可在根部周围放一定量的石头或砖头，增加稳定性。大约 1 个月在植物根部伸出许多须根，可透过海绵条缠绕在镂空的种植篮里，这时植物根部牢牢固定在种植篮里，已具有较强的抗风浪性。

5）按季节变化规律来选择栽培时间。如云南等地，2 月基本上无霜冻，这时可栽培有些植物；中部地区最好在 4 月以后，防止倒春寒；北方地区最好在 7 月栽植。

6）植物种植方式的多样化。建立多样性种群的，暖季、寒季能交替的，以挺水、漂浮植物为优势种群的稳定的植物群落，从而达到常年改善水质、建立良性的水生态系统的目的。

7）日照。大多数水生植物都需要充足的日照，尤其是生长期，即每年 4—10 月之间，如果阳光照射不足，会发生徒长、叶小而薄、不开花等现象。

8）水位。水生植物依生长习性不同，对水深的要求也不同。漂浮植物仅需足够的水深使其漂浮；沉水植物则水深必须超过植株，使茎叶自然伸展；挺水植物因茎叶会挺出水面，须保持一定的水深。

3. 植物的养护

生态浮岛的养护分为生长期、旺盛期、枯萎期三部分。

（1）水生植物生长期的养护主要包括根据长势施肥，促进植物生长，预防病虫害。无论在春季或秋季栽培，植物选择的水质与水生植物生长有很大关系。富营养化的污水不需施肥，而水质一般的区域，植物叶片可能出现黄化现象，此时可喷施叶面肥。

（2）水生植物生长旺盛期的养护主要为防止病虫害。随着生长期渐长，生态浮岛上的植物会越来越茂盛，植物叶片有的会生蚜虫，可用毒死稗兑水喷施。另外植物叶片会有锈病、穿孔病、炭疽病、褥斑病等，此时可用代森锰锌加水稀释后喷施。应注意植物的通风透气，合理追肥，增强植物生长势，做到花繁叶茂，有良好的景观效果。

（3）水生植物枯萎期要通过刈割、清理重栽的方式处理。生态浮岛每年都会产生大量植物残体，如果不予处理，会在水中腐烂分解，营养物质会重新回到水体，造成新的富营养化现象，这就需要通过收割的方式，将枯萎的枝叶清除，避免水体的二次污染。重度刈割有利于黑麦草生物量的累积，且能有效提高系统对氮、磷等的去除能力。也可以通过农牧对接技术来处理生态浮岛上的植物残体。冬季植物死亡时，再栽植区域的耐寒植物（如黑麦草等）维持冬季水体的景观效果。

4. 植物在应用中需要注意的问题

（1）不同的水位深度要选择不同的植物类型及植物品种。不同生长类型的植物有不同适宜生长的水深范围，在确定植物选择时，应把握以下原则：即“栽种后的平均水深不能淹没植株的第一分枝或心叶”和“一片新叶或一个新梢的出水时间不能超过4天”。这里的出水时间是新叶或新梢从显芽到叶片完全长出水面的时间，尤其是在透明度低、水质污染较严重的环境，更应该注意。

（2）不同土壤环境条件下选择不同的植物品种栽种。土壤养分含量高、保肥能力强的土壤栽种喜肥的植物类型，而土壤贫瘠、沙化严重的土壤环境则选择那些耐贫瘠的植物类型。静水环境选择浮叶、浮水植物，流水环境选择挺水类型植物。

（3）不同栽植季节选择不同的植物类型栽种。在设计时，设计者应该预料到各种配置植物的生长旺季以及越冬时的苗情，防止在栽种后出现因植株生长未恢复或植物太弱而不能正常越冬的情况。因此，在进行植物配置选择时，应该先确定设计栽种的时间范围，再根据此时间范围及植物的生长特性，进行植物的设计与选择。

（4）不同的地域环境选择不同的植物进行配置。在进行植物配置，尤其在人工湿地建设时，要坚持“以乡土植物品种进行配置为主”的原则。乡土的水生植物不仅适应当地的气候、土壤、温度、光照等环境条件，易于成活和管理，而且在成本方面也比较低廉。对于一些新奇的外来植物品种，在配置前，要参考其在本地区或附近地区的生长表现后再行确定，防止盲目配置而造成的施工困难。

（5）熟悉水生植物生物学特性及栽培管理方法。不管是设计人员还是施工人员，都应熟悉所栽培的水生植物特性，以合理配置所用的水生植物。

5.3.4 系统设计

5.3.4.1 浮岛的设计原则

生态浮岛有多种类型，能实现不同的功能。要根据不同的目标、水文水质条件、气候条件、费用进行浮岛设计，选择合适的类型、结构、材质和植物。浮岛设计必须综合考虑以下因素：

（1）稳定性。应从浮岛选材和结构组合方面考虑，设计出的浮岛需能抵抗一定的风浪、水流的冲击而不至于被冲坏。

人工床的水下固定设计，也是稳定性设计较为重要的内容之一，既要保证浮岛不被风浪带走，还要保证在水位剧烈变动的情况下，能够缓冲各浮岛之间的相互碰撞。水下固定形式要视地基状况而定，常用的有重量式、锚固式等。为了缓解因水位变动引起浮岛间的相互碰撞，在浮岛本体和水下固定端之间设置一个小型浮子的做法一般比较多。

（2）耐久性。正确选择浮岛材质，保证浮岛能历经多年而不会腐烂，能重复使用。

（3）景观性。考虑气候、水质条件，选择成活率高、去除污染效果好的观赏性植物，能给人以愉悦的享受。

（4）经济性。结合上述条件，选择适合的材料，适当降低建造的成本。

（5）便利性。设计过程中要考虑施工、运行、维护的便利性。

5.3.4.2 植物的输氧能力

单位面积的植物根系向水体输送氧气的量称为植物的输氧能力，单位为 $gO_2/(m^2 \cdot$天)，与单株植物的输氧量有关。湿地植物根系的输氧作用促进了深层基质中微生物的生长和繁殖，有利于扩大净化污水的有效空间，在生态浮岛净化污水中起着十分重要的作用。生态浮岛净化水生植物的根系常形成一个网状结构，它能传输约90%的氧到根系周围，从而在根区形成一种好氧环境，这一环境能刺激有机物质的分解和硝化细菌的生长。

有关研究表明，水体氧化还原电位介于−250～150mV时，每株宽叶香蒲、芦苇、灯芯草和黄菖蒲向水中释放氧气的能力分别为1.41mg/h、1mg/h、0.69mg/h、0.35mg/h。通常人工湿地植物的输氧能力在5～45gO_2/(m^2·天)之间，一般为20～30gO_2/(m^2·天)。不同水生植物的输氧能力见表5-4。

表5-4　　不同水生植物的输氧能力

植物种类	芦苇	水葵	水葱	黄菖蒲	美人蕉
输氧能力/[gO_2/(m^2·天)]	11.59	11.57	10.45	9.63	5.03

5.3.4.3　浮岛的布设规模

理论上，可以根据浮岛植物的供氧能力与处理有机物负荷来估算浮岛的布设规模。

1. 浮岛植物的供氧量

浮岛植物的供氧量与植物的类型、有关植物的供氧能力以及植物的栽培面积有关。植物的供氧能力P_0可以估算为

$$P_0=A_ST_0 \tag{5-8}$$

式中：P_0为处理过程的需氧量，gO_2/天；A_S为浮岛面积，m^2；T_0为植物的输氧能力，gO_2/(m^2·天)。

2. 净化水体的需氧量

生态浮岛处理水体过程的需氧量R_0与水体的水量、污染物浓度以及净化效果有关，可以估算为

$$R_0=1.5Q(S_0-S_e) \tag{5-9}$$

式中：R_0为处理过程的需氧量，gO_2/天；1.5为污水有机物氧化所需氧量为有机负荷的1.5倍；Q为处理水量，m^3/天；S_0为进水BOD_5浓度，mg/L；S_e为出水BOD_5浓度，mg/L。

在确定植物类型后，可以根据水体的污染情况、治理效果以及植物的供氧能力估算需要的浮岛面积大小。

实际上，生态浮岛的布设规模因目的不同而不同，目前没有固定的模式可套，也不是布置面积越大越好。研究结果表明，提供鸟类生息环境至少需要1000m^2的面积；若是以净化水质为目的，除了小型水体以外，相对比较困难，一般来说覆盖水面的20%～30%；若是以景观为主要，至少应在视角10°～20°的范围内布设。如对苏州河的治理工程来说主要是净化水质，兼顾景观，同时考虑到生态浮岛不要对水上航运造成影响，以覆盖苏州河水面的20%较好。如采用水蕹菜作为浮岛植物时，如果面积过大会影响水体中溶解氧的含量；对于黑麦草，其覆盖率为30%时，系统对NH_3-N、TN和TP的去除率都达到最高，在植物覆盖率60%时，无论是净化率，还是植物本身的生长参数，都不及低覆盖率的处理效果；在原位围隔条件下，运用高羊茅浮岛进行了冬季重污染河道的净化，发现30%的浮岛覆盖率已经能够达到较高的氮、磷和COD去除效果，进一步提高覆盖率对净

化能力的增加幅度有限。

整个浮岛可由多个浮岛单体组装而成，每个浮岛单体边长可为1～5m。但为了方便搬运和施工及耐久性等，一般采用2～3m。在形状方面，多为四边形。考虑景观美观、结构稳固等因素，也有三角形及六边蜂巢形等。

5.3.5 应用案例——马家河浮动湿地示范工程

5.3.5.1 工程选址

湖北十堰作为南水北调中线核心水源区和国家重要生态功能区，维护良好生态环境、保护洁净水质，保证清水长流既是政治使命也是民心所向。马家河浮动湿地示范工程选址湖北省十堰市马家河黑臭水体治理示范段，结合十堰市泗河流域污染负荷削减与水质保障的总体要求，马家河流域严格按照“河畅、岸绿、水清、景美”的要求开展综合整治提升。由于马家河是行洪河道，夏季会有洪水排放，因此建设的浮动湿地试验工程必须考虑洪水的冲击力。同时为了起到前置库的作用，让水流保持一定的停留时间，发挥去除污染、降低悬浮物的作用，工程位置选取在接近水闸附近。

5.3.5.2 浮动湿地布局

浮动湿地系统的组合设计，既要考虑景观视觉效果又要考虑河道行洪要求，同时确保水质提升和生物多样性恢复需求。浮动湿地的布局应便于植物的收获和日常的维护。

1. 框体材质

设计以HDPE管为浮动湿地单元的浮体框架，浮体之间的组装采用304不锈钢板，单元模块之间采用304不锈钢连接件进行连接，这样以防止在水中生锈，并有效抗击风浪，维护运行方便；同时浮动湿地单体与单体之间的连接件还可拆卸，便于组装以及回收后再利用。浮动湿地单元加强型结构有效抗击风浪、水流冲击，维护运行方便。

2. 浮动湿地模块

浮动湿地必须容易组装、运输和维护，同时要考虑浮动湿地系统整体功能的提升。浮动湿地模块化单体结构及组装方式，方便运输和快速安装，也便于整体运行维护。方案采用1.5m×3m的长方形浮动湿地单体形状，分多条种植道，以满足不同规格的植物在种植道中按照不同间距进行栽植。

3. 浮动湿地植物筛选

根据现场调查可知，区域内冬季和夏季污染物浓度均较高，因此浮动湿地植物的选择必须考虑季节交替，再加上此区域夏季易受季风影响，选择的植物植株还必须茎秆粗壮，生长旺盛，具有较强的抗风能力。在现场踏勘的基础上，结合十堰马家河区域地理位置、环境、水质现状等情况综合考虑，因为深秋季节，考虑到冬季植物效果，最终选择再力花、常绿蒲苇、路易斯安娜鸢尾、西伯利亚鸢尾、粉绿狐尾藻等6种比较耐寒或常绿水生植物作为浮动湿地植物进行现场种植。因植物规格不同，密度为35～80株/m^2；种植时间为11月。

4. 浮动湿地结构布置

湿地区共布设浮动湿地岛屿3座，浮动湿地通过长方形及三角形模块拼装为船型湿地岛屿结构，如图5-13所示。浮动湿地长12m，并且有20m的间隔，减小洪水对单座浮动湿地的剪切力和扭力。同时为了加强浮动湿地的稳定性，设计用钢丝绳从两端将浮动湿地与河道硬岸的膨胀螺栓连接起来，提高浮动湿地的抗洪能力。为了保证湿地区内微生物充分增殖，湿地系统下部增加生物膜填料，与植物根系及湿地基质材料配合，为本土有益微生物增殖提供良好的微环境，进一步提高水质净化能力。

图 5-13　湿地区共布设浮动湿地岛

5. 防洪工程措施

项目实施区域夏秋季节风浪较大，同时该区域为固有的泄洪河道，为保护浮动湿地系统的稳定运行，防范泄洪、风浪以及维护船只的船行波对浮动湿地整体系统的干扰和破坏，设计浮动湿地单元之间采用刚性支架定位和柔性钢丝绳的双重防浪设计。既能保障浮动湿地整体形状的稳定相互连接，同时每个浮动湿地单元又相互独立，可各自随波浪起伏而上下浮动，以分散波浪对整座浮动湿地的扭动力。

马家河浮动湿地示范工程运行表明，浮动湿地系统有效消减了富营养化水体中的 BOD、COD、NH_3-N、TN 和 TP 浓度，并提高水体透明度。同时浮动湿地系统为因城市化失去栖息地的野生动物提供栖息空间，当地二级保护动物长脚鹬、红脚苦恶鸟等在湿地岛屿栖息筑巢，鱼类在浮动湿地细层产卵，成为鱼类、鸟类栖息的乐园，助力马家河“有河有水、有鱼有草、人水和谐”幸福河湖建设目标的实现，如图 5-14 所示。

图 5-14　鱼类、鸟类栖息的乐园

5.4 水质应急改善技术

5.4.1 人工造流增氧曝气技术

5.4.1.1 基本原理

河水中溶解氧的含量是反映水体污染状态的一个重要指标，受污染水体溶解氧浓度的变化过程反映了河流的自净过程。当水体中存在溶解氧含量下降，浓度低于饱和值，水面大气中的氧就溶解到河水中，补充消耗掉的氧。如果有机物含量太多，溶解氧消耗太快。大气中的氧来不及供应，水体的溶解氧将会逐渐下降乃至消耗殆尽，从而影响水生态系统的平衡。当河水中的溶解氧耗尽之后河流就出现无氧状态，有机物的分解就从有氧分解转为无氧分解，水质就会恶化，甚至出现黑臭现象。此时，河流生态系统已遭到严重破坏，无法自行恢复。由此可见，溶解氧在河水自净过程中起着非常重要的作用，并且水体的自净能力直接与曝气能力有关。

河道曝气技术是根据河流受到污染后缺氧的特点，人工向水体中充入空气（或氧气），加速水体复氧过程，以提高水体的溶解氧水平，恢复和增强水体中好氧微生物的活力，使水体中的污染物质得以净化，从而改善河流的水质。

人工增氧一般用于水体流动缓慢、水质较差的河道，其在黑臭水体治理中的作用有：

（1）加速水体复氧过程，使水体的自净过程始终处于好氧状态，提高好氧微生物的活力。美国 Homewood 运河曝气结果证明，即使小的曝气装置也能促进水体的 DO 和生物量增加。

（2）充入的氧可以氧化有机物厌氧降解时产生的 H_2S、CH_4S 及 FeS 等致黑致臭物质，可以有效改善水体的黑臭状况。

（3）增强河流水体的紊动，有利于氧的传递、扩散以及液体的混合。

（4）减缓底泥释放磷的速度。当 DO 水平较高时，Fe^{2+} 易被氧化成 Fe^{3+}，Fe^{3+} 与磷酸盐结合形成难溶的 $FePO_4$，使得好氧状态下底泥对磷的释放作用减弱，而且在中性或者碱性条件下。Fe^{3+} 生成的 $Fe(OH)_3$ 胶体会吸附上覆水中的游离态磷。

5.4.1.2 分类

水体增氧有多种方法，如植物光合作用增氧、水力增氧、投加化学药剂增氧和机械曝气增氧等。其中，曝气能快速提高水体 DO、氧化水体污染物，还兼具造流、景观、底泥修复和抑藻作用，是水体增氧的主要方法。黑臭水体处理中常用的曝气技术有三种。

1. 鼓风微孔曝气技术

鼓风微孔曝气技术包括鼓风机、曝气管道系统和微孔曝气系统，与污水处理厂的鼓风曝气系统类似。该曝气系统的优点是：曝气均匀、曝气效率高、平均能耗低、工程投资低、通用于较宽河道的曝气。其缺点是：微孔曝气头容易堵塞或脱落，鼓风机运行噪声大，建设机房占用土地。

2. 潜水射流曝气技术

潜水射流曝气技术主要由潜水射流曝气机和附属支架构成。该曝气技术的优点是：不占用土地，施工方便。其缺点是：曝气不均匀，曝气效率低，平均能耗高，不适宜用于较宽的河道。潜水射流曝气机通常采用膨胀螺丝和角钢支架固定在河道驳坎上，垂直于河水流向曝气；个别情况下，也可固定在河道中央，平行于河水流向曝气。采用射流增氧，其喷射高度不应超过1m，否则容易形成气溶胶或水雾，影响周边环境。重度黑臭水体不应采取射流和喷泉人工增氧设施。

3. 叶轮曝气技术

叶轮曝气技术受设备自重和尺寸限制，曝气充氧效率低于射流曝气和鼓风曝气，但是如果和人工浮岛结合布置，会提升水体的景观效果。

5.4.1.3 水体充氧设备类型

1. 鼓风机—微孔布气管曝气系统

由鼓风机和微孔布气管组成的鼓风曝气系统，被广泛应用于城市生活污水与工业废水的好氧生化处理工艺中（如活性污泥法的供氧系统等）。近年来氧转移效率较高的微孔布气管被广泛应用，使该供氧方法的充氧效率得到较大提高。微孔管的氧转移效率可达25%～35%（水深为5m）。

该系统的主要缺点是：安置在河底的布气管对水体的有些功能如航运等有一定影响，尤其是在低水位时；布气管安装工程量较大，水平定位施工精度要求较高，布气管损坏后维修较困难；潮汐河流水位变化较大，选择鼓风机须满足高水位时的风压，导致在低水位曝气时动力效率较低；鼓风机房占地面积较大，投资较大；鼓风机运行噪声较大，可能对沿岸居民生活带来影响。鼓风机—微孔布气管曝气系统（图5-15）不宜用于通航功能的河道。

2. 纯氧—微孔管曝气系统

纯氧—微孔管曝气系统由氧源和微孔布气管组成。系统的氧源可采用液氧或利用制氧设备制氧。以液氧为氧源的曝气系统占地面积很小，可露天放置，不需建造专门的构筑物，只要安放在河岸边绿化地带中即可。该系统无动力装置，省去了供电、电控设备和电力增容费，系统运行可靠、噪声小。德国Messer公司的曝气系统（BIOX工艺，图5-16）采用

图5-15 鼓风机—微孔布气管曝气系统

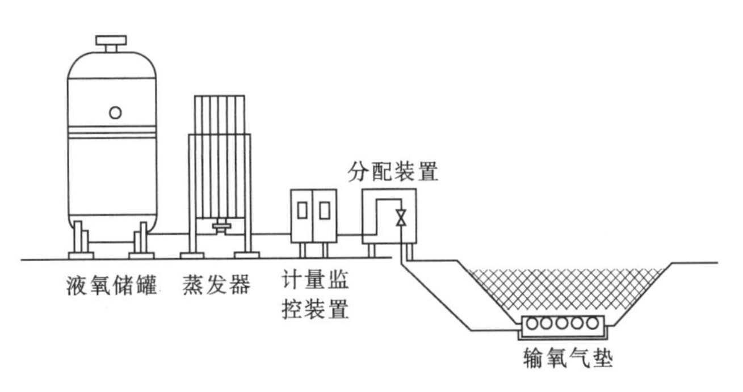

图5-16 BIOX工艺流程示意图

一种特殊的大阻力橡胶微孔布气管，其微气泡直径约为1mm，氧转移效率为15%（1m水深），以“曝气垫”的形式置于河床上。这种曝气垫强度高，在河道中安装方便，也不易堵塞。在水深较深（>5m）的河流中该系统的充氧效率可达70%左右。

3. 纯氧—混流增氧系统

纯氧—混流增氧系统（图5-17）是由氧源、水泵、混流器和喷射器组成。氧源可采用液氧或利用制氧设备（PSA）制氧。工作原理为：河水经水泵抽吸加压后将氧气或液氧注入设置在增压管上的文氏管，利用文氏管将气泡粉碎和溶解，氧气加水的富氧混合液经过特制的喷射器进入水体。该类系统的溶氧效率较高，在3.5m水深时即可达到70%左右。纯氧—混流增氧系统可用于固定式充氧站，也可用于移动式水上充氧平台。用于固定式充氧站的纯氧—混流增氧系统喷射器可安置在河床边近岸处，对航运的影响较小。

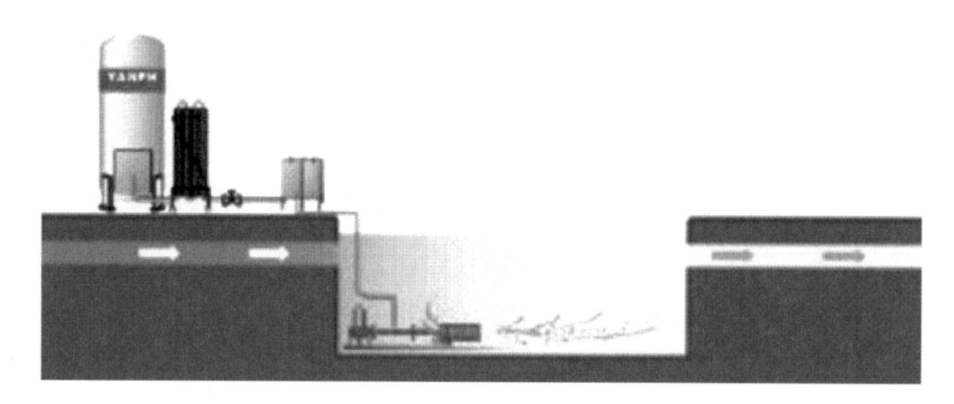

图5-17　纯氧—混流增氧系统

4. 叶轮吸气推流式曝气器

叶轮吸气推流式曝气器是河道、湖泊人工充氧中较广泛使用的充氧设备之一。该类设备一般由电动机、传动轴、进气通道与叶轮等部件组成，可分为轴向流液下曝气器与复叶推流式曝气器。轴向流液下曝气器的工作原理，是通过在水下高速旋转的叶轮在进气通道中形成负压，空气通过进气孔进入水中，叶轮形成的水平流将空气转化为细微、均匀的气泡。复叶推流式曝气器（图5-18）采用了螺旋桨和叶背、叶前两个离心轮三者组成的复叶式结构，通过复叶在泵体内的高速旋转，在叶背、叶前中心区产生较强的负压，从而将空气通过主导气管和辅助导气管吸入，同时在螺旋桨进水的环形面上形成高速螺旋状运动的水，产生局部高压，将气和水充分混合和乳化。气-水乳化液通过导流器以360°辐射至水体。

叶轮推动吸气曝气器的优点是：①安装方便，只需将装上浮筒的设备安置在水面上，用缆绳加以固定或锚固即可；安装工程量小，并可根据需要随时加以调整位置、台数等，方便灵活；②设备漂浮在水面，受水位影响较小；③基本不占地；④维修简单方便。其缺点是：①叶轮易被堵塞缠绕，可通过在设备上安装防护网来克服（复叶推流式曝气器由于进水口与出水口距离较远，不易被堵塞缠绕，在水深较浅的河流中使用该类设备易将底泥搅起）；②影响航运；③运行时可能会在水面上形成泡沫，影响美观。

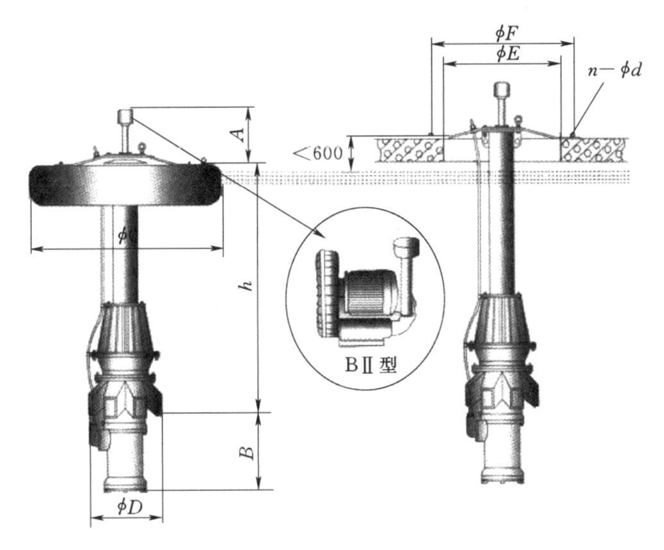

图 5-18　复叶推流式曝气器

5. 水下射流曝气设备

水下射流曝气设备（图 5-19）的工作原理，是用潜水泵将水吸入增压，从泵体高速推出后，利用设置在出水导管上的水射器将空气吸入，气-水混合液经水力混合切割后进入水体，充氧动力效率一般为 1.0～1.2kgO_2/(kW·h)。水下射流曝气设备的优点是：安装较方便，节省空间，运行噪声较叶轮吸气推流曝气器小。其缺点是：如果水泵被堵塞或出现其他故障时，必须将设备吊出水面进行维修，与叶轮推动吸气曝气器相比，维修较麻烦。

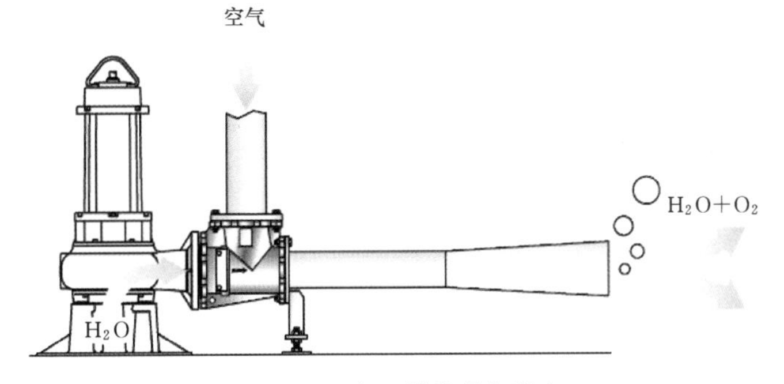

图 5-19　水下射流曝气设备

曝气技术特点对比见表 5-5。

表 5-5　曝气技术特点对比一览表

项目	纯氧增氧系统		鼓风机—微孔布气管曝气系统	叶轮吸气推流式曝气器		水下射流曝气设备
	纯氧—微孔布气设备曝气系统	纯氧—混流增氧系统		轴向液下曝气器	复叶推流式曝气器	
充氧效率	15%（1m 水深）	15%（3.5m 水深）	微孔管：25%～35%	1.5～1.8kgO_2/(kW·h)	1.8～2.0kgO_2/(kW·h)	1.0～1.2kgO_2/(kW·h)
安装	工程量较大	较方便	工程量大，安装难度大	方便	方便	方便

续表

项目	纯氧增氧系统		鼓风机—微孔布气管曝气系统	叶轮吸气推流式曝气器		水下射流曝气设备
	纯氧—微孔布气设备曝气系统	纯氧—混流增氧系统		轴向液下曝气器	复叶推流式曝气器	
维修	困难	困难	方便	方便	方便	方便
对环境的影响	较小	较小	影响航运	较小	较小	较小
适用水深范围	水位高于喷口即可	水深大于4m	水深大于4m	水深3～6m	水深2～5.5m	水深2～3m

6. 叶轮式增氧机

叶轮式增氧机（图5-20）多用于渔业水体，其增氧原理和污水处理的表曝机作用相似。设备的充氧动力效率较高，一般可达1.4$kgO_2/(kW \cdot h)$。该设备的优点是：安装方便，节省空间，尤其适用于水深较浅的水体。其缺点是：运行时会产生一定的噪声，外观也不太美观。

图5-20 叶轮式增氧机

5.4.1.4 技术指标计算

1. 水体需氧量的计算

水体的需氧量并不等于设备的充氧量。充氧设备标称的充氧动力效率，都是通过清水试验获得的。在标准条件下（水温为20℃，气压为1.013×10^5Pa），单位时间内转移到脱氧清水中的DO含量为

$$R_0=K_{La(20)}C_{S(20)}V \tag{5-10}$$

式中：R_0为单位时间内转移到脱氧清水中的DO量，kgO_2/h；$K_{La(20)}$为水温为20℃时的氧总转移系数，h^{-1}；$C_{S(20)}$为水温为20℃时的饱和DO浓度，kg/m^3；V为水体的容积，m^3。

与清水不同，污染水体中含有大量的杂质，这些杂质不仅直接影响氧的总转移系数K_{La}，还会影响水体的饱和DOC_S，因此充氧设备在污染水体中的氧转移速率与清水有很大不同，在设备选型计算充氧量时需进行适当的校正。一般引入系数α校正水中杂质对

K_{La}的影响，引入系数β校正杂质对C_S的影响。在污染水体条件下，单位时间内转移到水体的DO含量为

$$R=\alpha K_{La(20)}(\beta\rho C_S-C)\times 1.024^{(T-20)}V \quad (5-11)$$

式中：R为单位时间转移到实际水体中的DO含量，kgO_2/h；ρ为压力修正系数；T为设计水温，℃；C为水体中实际DO浓度，kg/m^3。

α、β值可通过污水、清水的充氧试验予以确定。对于城市生活污水而言，α、β值分别为0.80～0.85和0.90～0.97。通常水体的污染程度低于城市生活污水，因此其α、β值可参照上限取值。将式（5-11）代入式（5-10）并整理后得

$$R_0=\frac{RC_{S(20)}}{\alpha(\beta\rho C_{S(T)}-C)1.024^{(T-20)}} \quad (5-12)$$

在实际应用中，R值可取计算出的需氧量的1.2～1.5倍。

2. 标准状态下的供气量

采用鼓风曝气装置时，可按式（5-13）将标准状态下的需氧量，换算成标准状态下的供气量。

$$G_S=\frac{R_0}{0.28E_A} \quad (5-13)$$

式中：G_S为标准状态下的供气量，m^3/h；R_0为标准状态下的污水需氧量，kgO_2/h；0.28为标准状态下的每平方米空气中的含氧量，kgO_2/m^3；E_A为曝气设备氧的利用率，%。

5.4.1.5 曝气设备选型

（1）当河水较深，需要长期曝气复氧，且曝气河段有航运功能要求或有景观功能要求时，一般宜采用鼓风曝气或纯氧曝气的形式。但是，该充氧形式投资成本太大，铺设微孔曝气管需抽干河水、整饬河底，工程量很大，在铺设过程中对水平定位施工精度要求较高。

（2）当河道较浅，没有航运功能要求或景观要求，主要针对短时间的冲击污染负荷时，一般采用机械曝气的形式。对于小河道，这种曝气形式优点明显，但需要进一步改进机械曝气设备，需重点考虑如何消除曝气产生的泡沫、与周围景观相协调。

（3）当曝气的河段有航运功能要求，需要根据水质改善的程度机动灵活地调整曝气量时，必须考虑可以自由移动的曝气增氧设施。对于较大型的主干河道，当水体出现突发性污染，溶解氧急剧下降时，可以考虑利用曝气船曝气复氧。选择曝气船充氧设备时，考虑到充氧效率、工程河道情况、曝气船的航运及操作性能等因素，通常选择纯氧混流增氧系统。

在大规模应用河道曝气技术治理水体污染时，还需要重视工程的环境经济效益评价，即合理设定水质改善的目标，以恰当地选择充氧设备。如景观水体的治理，在没有外界污染源进入的条件下可以分阶段制定水体改善的目标，然后根据每一阶段的水质目标确定所需的充氧设备的能力和数量，而不必一次性备足充氧能力，以免造成资金、物力、人力上的浪费。

5.4.1.6 运行维护

（1）根据河道的实际特征得出需氧量，进而确定曝气设备的规模、运行方式、优化季

节组合等。

(2) 可分阶段制定水体改善的目标，然后根据每一个阶段的水质目标确定所需的曝气设备的容量，而不必一次性备足充氧能力，以免造成资金、物力、人力上的浪费。

(3) 对于城市中的河道，为了配合城市景观的建设，可以充分利用水闸泄流、活水喷池等方式增氧。

(4) 要充分考虑河流曝气增氧-复氧成本，结合太阳能曝气治理技术，加速氧气的传输过程，增加水中溶氧量，从而保证水生生物生命活动及微生物氧化分解有机物所需的氧量，实现水体的生态修复，并达到节能和减排的目的。

在工程实践中发现，实施河道人工曝气时，适当向河流中投加一定量的生物菌剂，可以更好地分解水中污染物，使充入水体的氧充分发挥功效。

5.4.1.7 应用案例

1. 鼓风机—微孔布气管曝气系统

上海徐汇区环保局曾对上澳塘潘家桥河段应用鼓风机—微孔布气管曝气系统进行了人工充氧试验。经过一个月的曝气，河流水质得到很大改善，BOD_5 去除率为56.4%～72.5%，COD去除率为48.5%～61.0%。在试验的基础上，徐汇区环保局在徐汇区东上澳塘实施了河道曝气复氧工程。

2. 纯氧—微孔布气管曝气系统

在20世纪80年代BIOX工艺已成功应用于德国Enscher河进行纯氧曝气复氧。Emscher河为德国鲁尔（Ruhr）河的支流，20世纪70年代初变为了周边工业区的一条污水走廊。在治理该河污染时，沿河流设置了10个纯氧充氧站进行人工曝气。充氧站采用液氧作为氧源，以铺设在河底的大阻力橡胶微孔管为曝气装置，在曝气站附近水体的DO氧浓度可升高至15mg/L，然后沿河道逐渐下降，直至下游7km处降至0，在这段距离内河水的臭味被有效地消除。随着Emscher河水质的逐渐改善，充氧站逐渐拆除。到1998年时，该河仅保留一个充氧站作为突发性河流污染的应急措施。

德国柏林Teltow运河为了改善水质和提高DO浓度，要求安装最大供氧量为70kgO_2/h的曝气装置，以使平均流量达13m^3/s的河水中DO浓度升高1.5mg/L。在比较多种可能的曝气复氧方案后，最终采用了BIOX工艺。曝气软管的总长为700m，曝气垫覆盖面积200m^2。25℃时起始DO浓度为6.3mg/L（提高了1.5mg/L），氧的利用率为38%～44%。该系统除了监控曝气装置的运行状态外，还装备有DO浓度测量控制仪表，可根据实际测量的结果随时对供氧量进行调节。例如，在炎热的夏季，特别是在夜间无藻类光合作用供氧时可增大供氧量。

上海苏州河是一条遭受严重污染的河流，河水黑臭，平均DO$<$0.5mg/L，COD高达100～200mg/L。在德国Messer集团协助下，上海环境科学研究院在苏州河支流新泾港下游进行微气泡纯氧曝气技术（BIOX工艺）现场中试，BIOX工艺将微孔曝气和纯氧曝气的优点结合起来，采用微孔软管曝气垫，在水深5m处的氧利用率高达80%。试验装置由一个5m^3液氧储罐、一个100m^3/h蒸发器、稳压计量仪表和软管曝气垫组成。共设两块曝气垫，每块曝气垫由4根长度为40m的软管组成，曝气区的总长度约为100m。软管的供气压力为0.32MPa，氧气流量在0～106kg/h范围内可调。液氧槽车定期灌注储

罐，保证氧源的正常供给。试验结果表明，纯氧曝气可有效降低黑臭水体中的COD浓度。当河水流速较平缓时，COD浓度降低19.5%～55.6%；经过曝气，水的BOD/COD值从0.46降至0.40。在河水污染程度不太严重且流速较慢、水位较深时，DO浓度可升至9.46mg/L（10℃），在3个月的连续运行中整个曝气系统的设备运行正常，无须任何维修。

3. 纯氧—混流增氧系统

世界上最著名并且被大量报道的河流曝气整治项目，是英国泰晤士河河口的增氧设施。泰晤士河从19世纪工业化开始水质即迅速恶化，是世界上污染最早、危害最严重的城市河道之一。经过自20世纪六七十年代以来高强度的持续治理，水质开始得以改善，有近百种鱼类重现河中。1980年，泰晤士河水务局制造了一艘机动纯氧曝气船，该船采用变压吸附制氧（PSA），同时附装混流增氧设备。测定的试验数据表明，在为期2年的试用期内，每天有5～7t的纯氧溶于河水中，测定结果表明纯氧曝气船使河流缺氧段的DO含量升高6.8%。鉴于曝气船机动、快速、有效的特点，1985年夏季另一艘充氧能力为30t/天的曝气船也投入了使用。

其他同类设施的案例还有澳大利亚SwanRiver曝气船（10tO_2/天），氧源为液态氧；德国Saar河曝气船（500m^3 O_2/天），氧源为液态氧。

4. 叶轮吸气推流式曝气器

工程实例有韩国水萦江河口釜山港湾曝气系统、北京清河河道曝气复氧工程。为迎接1986年的亚运会和1988年的夏季奥运会，在韩国水萦江河口釜山港湾的快艇区域安置了9台73.55kW的曝气装置。研究表明，曝气能够有效地改善水萦江河口快艇区域的水质，可以增加DO、削减COD、提高透明度、消除臭味。这些效果为1986年亚运会和1988年夏季奥运会的快艇比赛提供了良好的水质条件。1990年，为保证亚运会的顺利进行，在北京清河的一个长约4km的河段中放置了8台11kW的美国Aire-O_2曝气设备，利用叶轮吸气推流式曝气系统进行人工充氧。运行期间，基本消除了曝气河段的臭味，BOD_5去除率约为60%，COD去除率约80%，NH_3-N去除率达45%，曝气区的DO由0升到5～7mg/L，曝气区邻近区域的DO升到4～5mg/L。

5.4.2 生物膜修复技术

5.4.2.1 生物膜法

1. 概述

生物膜法是根据土壤自净原理而发展起来的，属于好氧生物处理方法。利用固着在固体介质表面的微生物来净化有机物。

人工接种强化成膜主要有两种形式：①利用微生物固定化技术将功能菌剂固定在载体填料上；②将填料投加至具有特定去除污染物功能的活性污泥或已经激活的菌剂中驯化培养，至生物膜成熟后将其布设于待修复的污染水体中。

生物膜法具有操作稳定性好，运转管理方便，剩余污泥量较少等特点，不足之处是运行时灵活性较差，处理效率略低。

2. 形成过程

在净化构筑物中，填充着数量相当多的挂膜介质，当有机污水均匀地淋洒在介质表层上时，便沿介质表面向下渗流。在充分供氧的条件下，微生物细胞几乎能在水环境中的任何适宜的载体表面牢固地附着，并在其上生长和繁殖。当污水与载体流动接触并经过一段时间后，这些微生物吸附污水中的有机物，迅速进行降解有机物的生命活动，逐渐在介质表面形成黏液状的生长有极多微生物的膜，即称之为生物膜。生物膜是由细菌、真菌、藻类、原生动物、后生动物以及一些肉眼可见的蠕虫、昆虫的幼虫组成，通常具有孔状结构，并具有很强的吸附性能。

随着微生物的不断繁殖生长，以及污水中悬浮物和微生物的不断沉积，使生物膜的厚度不断增加，其结果是使生物膜的结构发生变化。膜的表层和污水接触，由于吸取营养和溶解氧比较容易，微生物生长繁殖的迅速，形成了由好氧微生物和兼性微生物组成的好氧层（1～2mm）。在其内部和介质接触的部分，由于营养和溶解氧的供应条件差，微生物生长繁殖受到限制，好氧微生物难以生活，兼性微生物转为厌氧代谢方式，某些厌氧微生物恢复了活性，从而形成了由厌氧微生物和兼性微生物组成的厌氧层。厌氧层是在生物膜达到一定厚度时才出现的，随着生物膜的增厚和外伸，厌氧层也随着变厚。一般认为，生物膜厚度介于2～3mm时较为理想。生物膜太厚，会影响通风，甚至造成堵塞。厌氧层一旦产生，会使处理水质下降，而且厌氧代谢产物会恶化环境卫生。

一般认为，生物膜的累积形成是以下物理、化学和生物过程综合作用的结果：

（1）有机分子从水中向生物膜附着生长载体表面运送，其中有些被吸附便形成了被微生物改良的载体表面［图5-21（a）］。

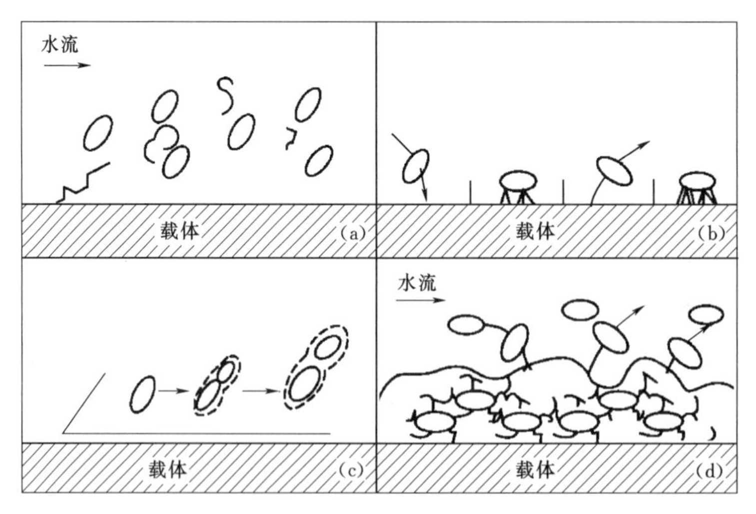

图5-21 生物膜的形成机制示意图

（2）水中一些浮游的微生物细胞被传送到改良的载体表面，其中碰撞到载体表面的细胞部分在被表面吸附一段时间后因水力剪切或其他物理、化学和生物作用又解吸出来，而另一部分则被表面吸附一定时间后变成了不可解吸的细胞［图5-21（b）］。

（3）不可解吸的细胞摄取并消耗水中的底物与营养物质，其数目增多；与此同时，细胞可能产生大量的产物，有些将排出体外。这些产物中有一些就是胞外多聚物，将生物膜紧紧地结合在一起，由此，微生物细胞在消耗水中底物能量进行新陈代谢时便使得生物膜形成累积［图 5－21（c）］。

（4）进入水中，或者细胞在增殖时亦可以向水中释放出流离的细胞［图 5－21（d）］。生物膜成熟的标志是生物膜沿水流方向分布，在其上由细菌及各种微生物组成的生态系统以及其对有机物的降解功能都达到了平衡和稳定的状态。从开始到成熟，生物膜要经过潜伏和生长两个阶段，一般的城市污水，在 20℃左右的条件下大致需要 30 天左右的时间。

3. 基本原理

从图 5－22 可以看出，由于生物作用，在其表面有一层很薄的水层，称之为附着水层，附着水层内的有机物大多已被氧化，其浓度比滤池进水的有机物浓度低得多。因此，进入池内的污水尚在膜面流动时，由于浓度差的作用，有机物会从污水中转移到附着水层中去，进而被生物膜所吸附。同时，空气中的氧在溶入污水后，继而进入生物膜。在此条件下，微生物对有机物进行氧化分解和同化合成，产生的二氧化碳和其他代谢产物一部分深入附着水层，一部分析出到空气中去，如此循环往复，使污水中的有机物不断减少，从而得到净化。

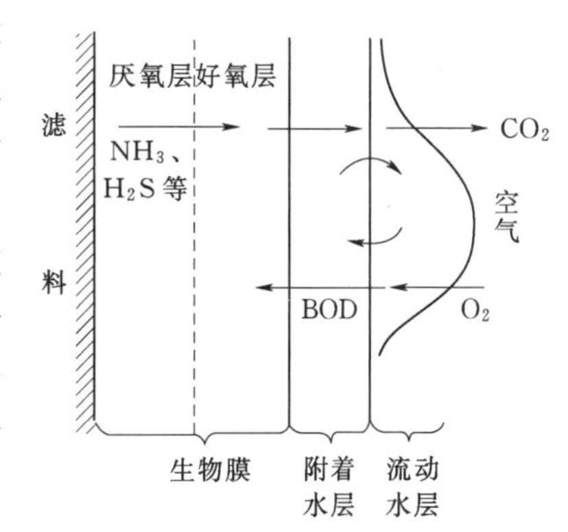

图 5－22 生物膜结构及其工作示意图

在向生物膜细菌供氧的过程中，由于存在着气液膜阻抗，因而速率很慢。所以随着生物膜厚度的增大，污水中的氧将迅速地被表层的生物膜所耗尽，致使其深层因氧不足而发生厌氧分解，积蓄了 H_2S、NH_3、有机酸等代谢产物。但当供氧充足时，厌氧层的厚度是有限度的，此时产生的有机酸类能被异养菌及时地氧化成 CO_2 和 H_2O，而 NH_3 和 H_2S 被自养菌氧化成 NO_2^-、NO_3^- 和 SO_4^- 等，仍然维持着生物膜的活性。若供氧不足，厌氧菌将起主导作用，不仅丧失好氧生物分解的功能，而且将使生物膜发生非正常脱落。

生物膜呈蓬松的絮状结构，微孔多，表面积大，具有很强的吸附能力。生物膜微生物以吸附和沉积于膜上的有机物为营养料。增殖的生物膜脱落后进入污水，在二次沉淀池中被截留下来，成为污泥。如果有机物负荷比较高，生物膜对吸附的有机物来不及氧化分解时，能形成不稳定的污泥，这类污泥需要进行再处理，其处理水的 NO_3^- 可在 2mg/L 左右，BOD_5 去除率为 60%～90%。若负荷低，污水经过处理后，BOD_5 可以降到 25mg/L 以下，硝酸盐（NO_3^-）含量在 10mg/L 以上。

4. 技术特性及优缺点

（1）技术特性。生物膜法修复技术的特性主要有以下方面：

1）生物量增加。浮游态微生物通过在非生物表面吸附、富集、繁殖形成生物膜结构，使单位体积内水体中的生物量大大提高。

2）抗逆性增强。由于生物膜基质的保护作用，生物膜内固着生长的细胞不易被大型水生动物吞食，提高了微生物对恶劣环境的抵抗能力，相比于游离状态的微生物，生物膜内的微生物能够抵抗一定程度的剪切力、营养匮乏、环境波动及抗生素的影响。

3）污染物去除效率加强。生物膜相对稳定的内环境，使其能够富集生长代时较长的细菌或微型后生动物，从而强化微生物对污染物的去除效果；生物膜中细菌之间的紧密的接触及相互作用使得水平基因转移成为可能，当具有降解基因的微生物进入污染环境，并通过水平基因转移在生物膜细菌中扩散时，可促进生物强化作用。

4）群落协作性增强。自然环境的复杂性导致了生物膜微生物的多样性。研究表明，多物种生物膜中微生物的协同作用可促进生物膜的形成并提高对外界环境的耐受性，其中代谢相关性被认为是不同物种细菌间进行协同合作的主要方式之一，如硝化过程中氨氧化细菌的代谢产物可作为亚硝酸盐氧化菌的底物。同时，应注意到生物膜中微生物之间的竞争作用同样不可忽视，一般认为来自同一环境的生物膜中的细菌的竞争性相较于来自不同环境的细菌的竞争性弱。此外，生物膜中不同微生物的亲缘关系、基因型的相似性、生物膜的空间结构、细胞密度等都会对生物膜中微生物的相互作用（合作或竞争）产生影响。

（2）优缺点。生物膜法的优点主要包括：①生物膜处理系统对水质、水量变动适应性较强；②污泥沉降性能好，易于分离，能够处理低浓度的污水；③易于维护管理、能耗低等。

但生物膜法的缺点是一般情况下处理效果不是很理想、工作时容易堵塞、运行过程中产生滤池蝇、卫生条件差等。

5. 影响因素

（1）填料类型。填料上所形成的生物膜的生物量、微生物群落结构及生物活性与污染物（有机物、NH_4^+、NO_3^-、P等）的去除效率直接相关，填料作为形成生物膜的载体，其性能直接影响工艺的处理效果。

作为生物膜修复技术核心部分，填料的选择一般遵循的基本原则是比表面积大、空隙率高、生物亲和性好、机械强度高、化学性质稳定、无毒害作用、价格低廉等。

市场上常见的填料主要有硬性填料、软性填料、半软性填料、组合填料、弹性填料等，它们有各自的应用领域和优缺点。如砾石、卵石等硬性填料可就地取材，直接应用于微污染水体原位修复，但该材料存在比表面积较小、易堵塞等劣势；聚丙烯纤维、尼龙等软性填料具有比表面积大、易成膜等优点，但由于质轻需要安装固定装置。

（2）环境因素。适宜的环境条件是微生物发挥作用的先决条件，同时也意味着高效的生物利用率。自然环境的复杂性是导致生物膜原位修复性能不佳的主要原因之一，在原位生物修复中营养物质（碳、氮、磷等）、生长条件（温度、pH、DO、盐度等）、电子受体等均是限制生物活性的潜在关键因子。同时，外部环境条件也是影响生物膜活性的主要因素。

生物修复成功的先决条件是保证功能微生物的生物量，并维持其发挥功能的稳定性和持久性。因此，在生物修复过程中，实时监测环境条件的变化情况、掌握环境因子对生物膜修复工艺影响的规律、控制环境条件对保持生物膜的高效处理能力十分必要。

6. 应用时注意的问题

（1）准确分析治理城市河道的具体特征，以此来选择合适的方法，可以达到事半功倍的效果。

（2）在生物膜的具体利用中需要注意生物膜的使用周期，生物膜会经历一个从形成到脱落的过程，在生物膜脱落的过程中虽然会有新的生物膜形成，但是其净化能力会有相应的下降，所以在具体的管理中要对这个过程进行掌握，这样可以更好地利用生物膜技术。

5.4.2.2 生物滤池

5.4.2.2.1 生物滤池构造

生物滤池主要由滤床、滤料、池壁、池底、布水设备和排水系统组成（图5-23）。

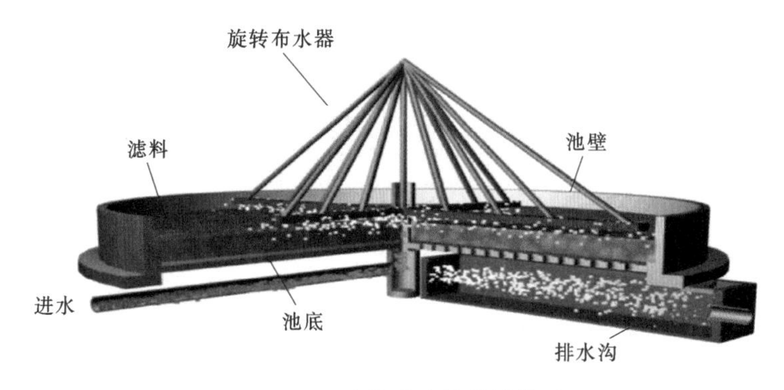

图5-23 生物滤池的简单模型

1. 滤床

滤床是生物滤池的主要组成部分，污水通过滤床，污染物被去除，得到净化。滤床包括滤料、池壁、池底，其中滤料最为重要。

（1）滤料。滤床内填充以滤料（填料），这是固定生物膜的固体介质，对生物滤池的工作效率影响很大。对滤料的基本要求是：①单位体积滤料的表面积要大；②孔隙率要高；③材质轻而强度高；④物理化学性质稳定，对微生物的增殖无危害作用；⑤价廉，取材方便。

滤料粒径越小，表面积就越大，所能挂的生物膜也就越多，但是会因污泥的沉积而造成堵塞，影响通风。因此，要恰当选择粒径的大小。通常采用的滤料粒径如下：普通生物滤池为25～50mm；高负荷生物滤池为50～60mm。此外，在滤池底部集水孔板以上设垫料层高20～30cm，粒径为100～150mm。无论何种滤料，都应进行筛分，不合格的不应超过5%，滤料表面应粗糙，以便于挂膜。

塑料球滤料几乎能满足滤料的全部要求，表面积可达到100～200m^2/m^3，孔隙率高达80%～95%，空气流通好，所以布水均匀时可承受高负荷。

塑料板和纸板是新型高效能滤料，形状有波纹状、蜂窝状、管状等数种。其断面形状如图5-24所示。

（2）池壁。池壁起围挡滤料保护布水的作用。通常用砖、毛石、混凝土或预制砌块等筑成。塔式滤池多采用钢架与塑料面板的池壁。池壁应高出滤料层表面0.5～0.9m，以防风力干扰，保证布水均匀。

（3）池底。池底包括支撑渗水结构、底部空间、排水系统、排水口和通风口等。

支撑渗水结构起支撑滤料和渗水的作用。常用的支撑渗水结构是架在混凝土梁或砖垫上的穿孔混凝土板（图5-25），特点是加工方便、安装容易、堆放滤料时不易错位。支撑渗水结构除应坚固耐用外，还必须有足够的渗水和通风面积。一般认为，这个面积应等

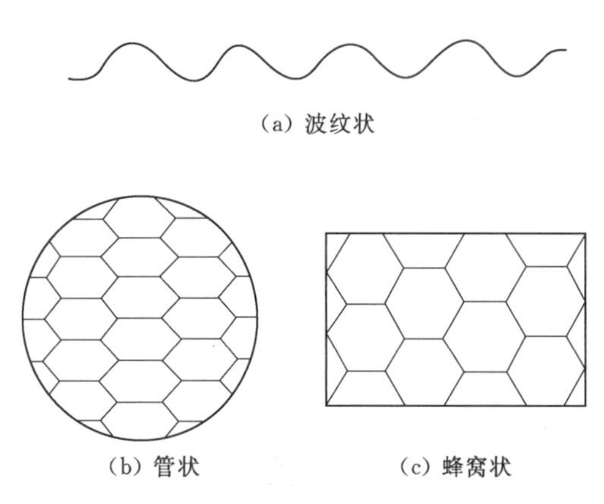

图5-24　几种滤料的断面形状

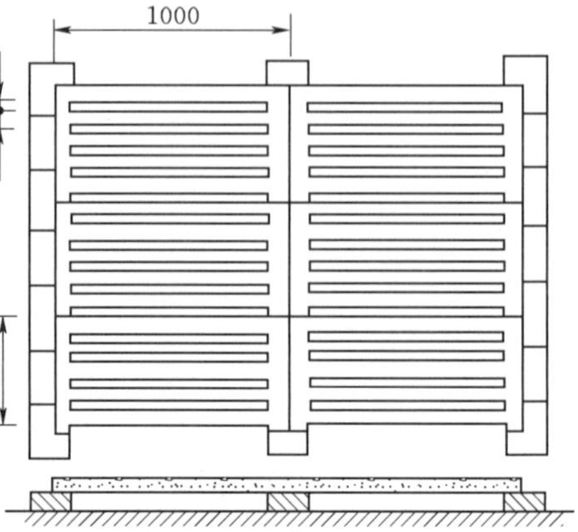

图5-25　滤池支撑渗水装置（单位：mm）

于滤池横截面积的15%～20%，负荷高的滤池开孔面积应适当大些。

底部空间的作用是通气和布气。对于面积较大的滤池，底部空间应适当地加高一些，以增大通风量，并使气流均匀地进入滤料层。

2. 布水设备

布水设备是普通生物滤池的投料部分。污水通过虹吸投配池间歇喷洒于滤床上。布水设备的作用是在规定的表面负荷下，将污水均匀分配到整个滤池表面上。只有布水均匀，才能充分发挥全部滤料的净化作用。

布水设备有固定式和可动式两种。固定式布水装置间断布水，布水不均匀，配水水头和配水池较高，故目前应用较少。

常用的可动式布水装置是旋转布水器（图5-26），它由进水竖管和可旋转的布水横管组成。竖管是固定不动的，它通过轴承和外部配水短管相连。横管上开有布水小孔，可用电力驱动和水力驱动而旋转。目前应用最多的是水力驱动，它是在布水横管的一侧水平开设布水小孔，当污水以一定的速率从小孔喷出时，在未开孔的管壁上产生反向水压力，迫使布水横管绕中心竖管反向转动。横管数目常取2～4根，多者可达8根。当池子很大时，为了满足布水的最大需要，也可在横管上再设分叉支管。布水小孔的直径10～

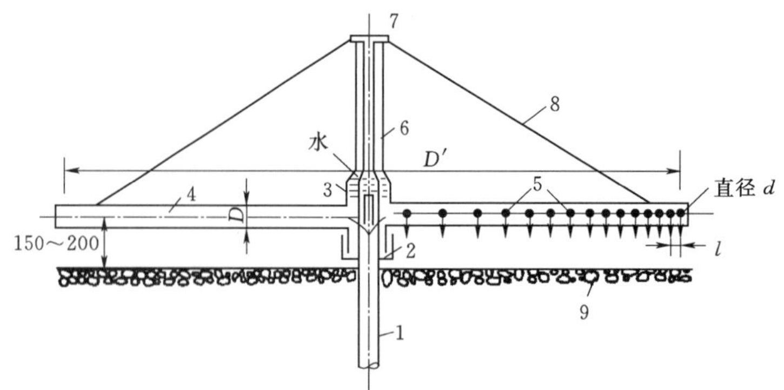

图5-26　旋转布水器（单位：mm）

1—进水竖管；2—水封；3—配水短管；4—布水横管；5—布水小孔；
6—旋转竖管；7—上部轴承；8—钢丝拉绳；9—滤料

15mm。由于喷洒面积随着与水池中心距离的增大而增大，因而孔间距应随着与池中心距离的增大而减小，以满足布水量的要求。为了布水均匀，相邻两根横管上的小孔位置在水平方向上应错开。布水横管距滤料表面的高度为0.15～0.25m，喷水旋转所需的水头为2.5～10kPa。

旋转布水器的优点是布水比较均匀，淋水周期短，水力冲刷作用强；缺点是喷水孔易堵，低温时要采用防冻措施，仅适用于圆形池。

3. 排水系统

排水系统位于滤床下面，主要起收集及排出处理后污水的作用。排水系统包括池子底面及开设于其上的沟渠。池子底面应有一定的坡度（0.01～0.03），使渗下的水汇集于排水支沟，排水支沟的坡度可采用0.005～0.02。最后污水经排水总渠流走，其坡度可采用0.003～0.005，设计排水渠道时，最重要的是要保证不淤流速（通常采用0.6m/s）。

排水渠穿过池壁的地方，应设排水和通风孔洞，通风面积应不小于过水断面。排水口可设于池壁的一侧或数侧，但通风口必须均匀分布于池壁的两对边或四周。

5.4.2.2.2 生物滤池工作过程和原理

1. 生物膜的形成

滤池中填充一层石子等填料，一般称之为滤料。污水通过布水器以滴流的形式均匀地分布在滤料表面，一部分被吸附于滤料表面，成为呈膜状的附着水层；另一部分则以薄层状流过滤料，成为流动水层并沿着滤料的空隙从上向下流动，到池底进入集水沟、排水渠，最后流出池外。在此过程中，滤料间隙中的空气不断地向流水层转移，使流动水层保持充足的溶解氧，下流的污水中又含有丰富的有机物质，这样，流动水层就具有好氧微生物繁殖活动的良好条件。

当有机污水按上述方式流过滤池时，水中的悬浮物及微生物被吸附在滤料表面上，其中的微生物利用有机底物而生长繁殖，这些微生物又进一步吸附污水中呈悬浮的、胶体的及溶解态的物质，在滤料表面逐渐形成一层长满各种各样微生物的黏膜，即生物膜。

2. 生物滤池的净化机理

污水通过生物膜时，有机物通过附着水层向膜内扩散。膜内的微生物在氧的参加下，对有机物进行分解和机体新陈代谢。代谢产生的无机物和二氧化碳等气体沿着底物扩散相反的方向，从生物膜传递返回水相和空气中，如图5-27所示。

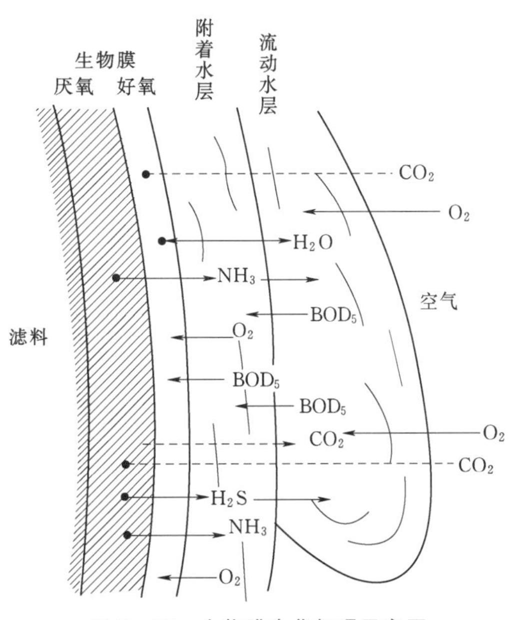

图5-27 生物膜净化机理示意图

随着污水处理过程的进行，微生物不断生长繁殖，生物膜厚度不断增大，污水底物及氧的传递阻力逐渐加大，在膜的表层仍能保持足够的营养以及处于好氧状态，而在膜深处将会出现营养物或氧的不足，造成微生物内源代谢或出现厌氧层，此处的生物膜因与载体的附着力减小及水力冲刷作用而脱落。老化的生物膜脱落后，载体表面又重新吸附、生长、增厚生物膜直至再次脱落。从吸附到脱落，完成一个生长周期。在正常运行情况下，整个滤池的生物膜各个部分总是交替脱落的，系统内活性生物膜数量相对稳定，膜厚2～3mm，净化效果良好。

当生物膜较厚、污水中有机物浓度较大时，空气中的氧将很快被表层的生物膜所消耗，靠近滤料的一层生物膜就会因供氧不足而出现厌氧微生物，并产生有机酸、氨和硫化氢等厌氧分解产物，影响出水水质。过厚的生物膜未必能增大底物的利用速率，有时甚至会造成滤池的堵塞。因此，当污水浓度较大时，生物膜增长过快，应加大水流的冲刷力，此时可以采用处理过的出水回流，以稀释进水和加大水力负荷，从而维持良好的生物膜活性和合适的膜厚度。

5.4.2.2.3 生物滤池的类型及运行系统

1. 生物滤池的类型

生物滤池可根据设备型式不同分为普通生物滤池和塔式生物滤池，也可根据承受污水负荷大小分为低负荷生物滤池（普通生物滤池）和高负荷生物滤池。

普通生物滤池一般为长方形或圆形，滤料厚度约2m。滤池工作时是既吸附又氧化，因此它的处理效率高，出水常常已进入硝化阶段，出水夹带的固体物量少，无机化程度高，沉降性好。但有机物负荷和水力负荷都较低，水流的冲刷能力小，容易引起滤层堵塞。

高负荷生物滤池的构造基本上与低负荷生物滤池相同，但采用的滤料粒径和厚度都较大。提高了水力负荷，使污水在滤池中的停留时间大大缩短，因此在滤池中发生硝化过程的可能性较小。因生物膜吸附有机物的速率很快，仍能保证把污水中大部分有机物从溶解或胶体状态变为可沉淀的状态，然后通过沉淀池从水中除去，保证了出水水质，能够满足一般的要求并提高滤池的生产能力。同时由于水力负荷高，生物膜能得到不断地冲刷，使它们连续排出滤池，故不会造成滤池的堵塞。

塔式生物滤池外形像塔，其构造与普通高负荷生物滤池相似，主要不同在于采用轻质高孔隙率的塑料滤料和塔体结构，由于塔身的抽风作用，克服了滤料空隙小所造成的通风不良的困难。塔直径一般为1～3.5m，塔高为塔径的6～8倍。塔身通常为钢板或钢筋混凝土及砖石筑成，塔身分若干层，每层设有支座以支撑滤料和生物膜的重量。塔身上还开设有观察窗，供观察生物膜生长、采样、填装滤料等。塔底部开设通风口，通风口面积应不少于滤池面积的7.5%～10%，通风口高度0.4～0.6m。为保证污水处理效率，往往还加设通风机，必要时进行机械通风。

塔式生物滤池的滤料多采用塑料蜂窝、弗洛格（Flocor）填料和隔膜塑料管（cloisonyle）等，其比表面可达85～220m^2，孔隙率可达94%～98%。塑料滤料通常制成一定形状的单元体，在滤池内进行组装。布水方式多采用旋转布水器或固定式穿孔管。滤池顶应高出滤层0.4～0.5m，以免风吹影响污水的均匀分布。滤池的出水汇集于塔底的集水槽，然后通过渠道送往沉淀池进行生物膜与水的分离。塔式生物滤池占地小，操作的卫生条件好，无二次污染。不足之处是由于水力负荷大，污水处理效率较低。

几种生物滤池的比较见表 5－6。

表 5－6 几种生物滤池的比较

项　目	普通生物滤池	高负荷生物滤池	塔式生物滤池
水力负荷/[m^3/(m^2·天)]	1～5	10～30	80～200
BOD 负荷/[kg/(m^2·天)]	0.15～0.3	0.8～1.2	2～3
滤层深度/m	1.8～3.0	0.9～2.4	8～12
回流	无	1：1～1：4	
二次污泥	一般黑色，氧化良好	一般褐色，氧化不充分	
布水周期	5min 以下	15s 以下	
BOD 去除率/%	85～95	75～90	
悬浮物去除率/%	70～80	65～75	
硝化作用	完全硝化	负荷较低时有硝化	

当 BOD 负荷不同时，3 种滤池还有以下几点不同：

(1) BOD 负荷高的滤池，生物膜增长快，对水力冲刷的要求也就迫切。增大水力冲刷的主要途径是加大表面负荷，有两种办法：一是增加滤料层高度；二是将处理后的污水回流到生物滤池的进水中去。所以，低负荷生物滤池的滤料层高度通常只有 2～3m 左右，而且多不采用回流措施；塔式滤池的高度达 20m 之多，而且常采用回流措施。

(2) BOD 负荷高的滤池，要求通风条件好，在采用自然通风的条件下，就要求滤料的孔隙率大和阻力小。所以，低负荷滤池的滤料粒径较小（25～70mm），高负荷滤池的滤料粒径较大（40～100mm），对于塔式生物滤池，最好采用塑料滤料。

(3) BOD 负荷低的生物滤池的氧化分解程度就高，污泥量少而稳定，出水中有较高的溶解氧和硝酸盐，BOD_5 浓度可低于 20mg/L；高负荷生物滤池的氧化分解程度低，污泥量多而不稳定，出水中溶解氧低，没有或很少有硝酸盐，BOD_5 浓度高于 30mg/L，塔式生物滤池的情况可能更差些。

2. 生物滤池运行系统

生物滤池运行系统基本上由初次沉淀池、生物滤池、二次沉淀池组合而成，其组合形式有单级运行系统和多级运行系统。

单级运行系统如图 5－28 所示，图 5－28（a）为单级直流系统，多用于低负荷生物滤池，图 5－28（b）～（d）均为单级回流系统，多用于高负荷生物滤池。图 5－28（b）的处理水回流至生物滤池前，用以加强表面负荷，又不加大初沉池的容积，但二次沉淀池要适当大些。图 5－28（c）是生物滤池出来直接回流到生物滤池前，可加大表面负荷，又利用生物接种，促进生物膜更新，这个系统的两个沉淀池都比较小。图 5－28（d）不设二次沉淀池，滤池出来回流到初沉池前，加强初沉池生物絮凝作用，促进沉淀效果。

多级运行系统见图 5－29。第一级生物滤池处理效率可达 70%，第二级处理效率可达 20%，第三、四级的处理效率很低，在 5%左右。所以一般取两级。图 5－29（a）和（b）均为二级直流系统。二级串联工作的生物滤池的优点是：滤层深度可适当减小，通风条件好，两次洒水充氧，出水水质较好些。缺点是：增加了提升泵，加大了占地面积。一般第一

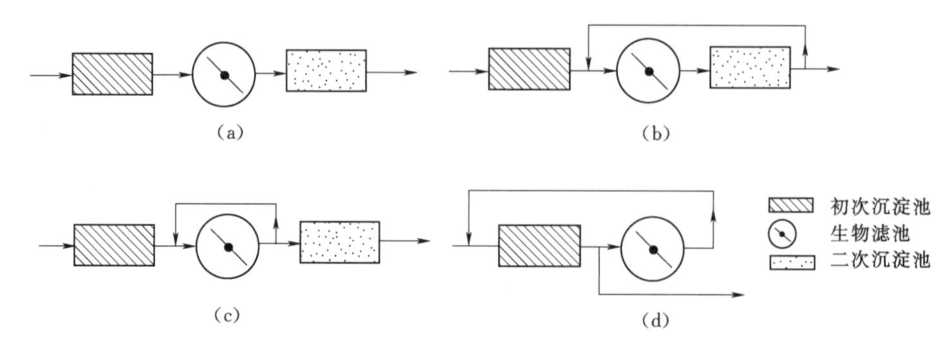

图5-28 生物滤池的单级运行系统

级生物滤池采用粒径较大的滤料，后一级采用粒径较小的滤料。图5-29（c）和（d）是二级回流系统。

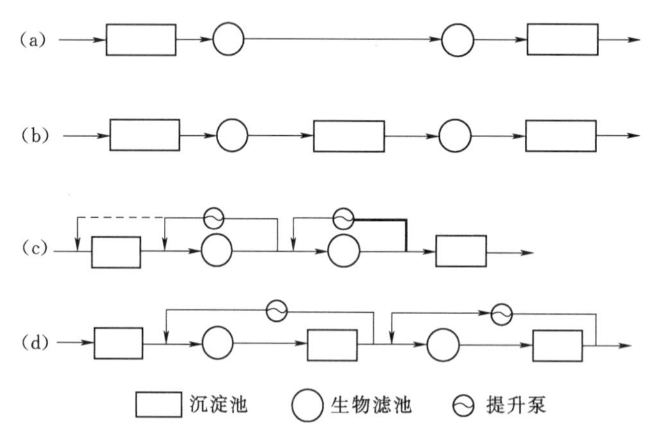

图5-29 生物滤池的多级运行系统

图5-30是二级交流运行系统，每一生物滤池可交替作为一级和二级使用，循环往复，使负荷率比一般二级系统提高2～3倍。

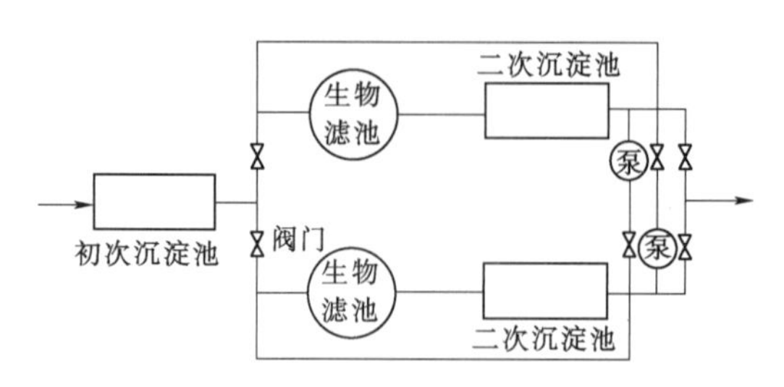

图5-30 生物滤池二级交流运行系统

采用生物滤池处理污水时，应该做好滤池类型和运行系统的选择。一般来说，低负荷生物滤池的体积大、占地多、滤料的需要量大、易堵塞、常出现池蝇和臭味，目前已不常采用，仅在水量小的地区选用。目前大多数采用高负荷生物滤池。

确定流程时，应该决定是否用初次沉淀池，采用几级过滤，采用回流与否、选择回流方式及回流比等问题。

是否用初次沉淀池视水质而定，悬浮物较多的污水一般都使用初沉池。塔式生物滤池一般是单级的，可以是多级进水。回流式生物滤池可以是单级，也可以是两级。两级回流式生物滤池处理效率较高，运行上比较灵活，但运行费及建设费都比较高。

5.4.2.2.4 生物滤池的运行负荷及设计计算

1. 滤池的运行负荷

(1) 滤池的有机负荷（N）。单位容积滤料每天所去除水中有机物的数量，单位为 $kgBOD_5/(m^3 \cdot 天)$。如果污水中含有毒物，应考虑毒物负荷，即单位容积的滤池，每天去除毒物的量，用 kg 毒物/(m^3·天）表示。

(2) 水力负荷（q）。单位体积滤料或单位面积滤池每天可以处理的污水量（包括回流水量），前者用 q_V 表示，单位是 $m^3/(m^3 \cdot 天)$。后者又称滤率，用 q_A 表示，单位为 $m^3/(m^3 \cdot 天)$ 或（m/天）。

(3) 有机物负荷、水力负荷和净化效率之间的关系。根据有机物负荷、水力负荷和净化效率的定义，可得

$$N=\frac{QS_0}{V}=q_V\frac{S_e}{1-\eta}=q_A\frac{S_e}{H(1-\eta)} \tag{5-14}$$

式中：Q 为污水的流量，m^3/天；S_0 为投入滤池污水的 BOD_5 或 COD，mg/L；S_e 为出水的底物浓度，mg/L；V 为滤料的体积，m^3；η 为处理效率；H 为滤料的厚度，m。

有机物负荷、水力负荷和净化效率是全面衡量生物滤池工作性能的三个重要指标。在实际运行时，除了确定合适的有机物负荷外，还要保证必要的水力负荷，否则就会影响滤池的正常工作。

2. 高负荷生物滤池的运行方式

在高负荷生物滤池的运行中，多采取处理水回流，即将生物滤池的一部分出水回流到进水之前和进水混合。其目的在于：①增大水力负荷，促进生物膜脱落，防止滤池堵塞；②稀释进水，降低有机负荷，防止浓度冲击；③抑制臭味及滤池蝇的过度滋生。

回流污水流量与进水流量之比，称为回流比，即

$$\gamma=\frac{Q_\gamma}{Q} \tag{5-15}$$

式中：Q_γ 为回流污水流量，m^3/天；Q 为原有污水流量，m^3/年。

常采用的回流比为 0.5～3.0。表 5-7 为高负荷生物滤池建议采用的回流比数据。

表 5-7　高负荷生物滤池的回流比

污水的 BOD 值/(mg/L)	回流比		污水的 BOD 值/(mg/L)	回流比	
	一段	二段		一段	二段
<150	0.75～1.0	0.5	450～600	3.0～4.0	2.0
150～300	1.5～2.0	1.0	600～700	3.75～5.0	2.5
300～450	2.25～3.0	1.5	700～900	4.5～6.0	3.0

3. 生物滤池的设计计算

根据污水水量、水质和要求处理的程度，通过设计生物滤池的有机物负荷，采用负荷法计算出滤料的体积 V，然后确定滤池的深度 H 和平面面积 A，即

$$V=\frac{S_0}{N}Q \tag{5-16}$$

$$A=\frac{V}{H} \tag{5-17}$$

求得滤池面积后，还应利用水力负荷 q 进行校核，即

$$q=\frac{Q}{A} \tag{5-18}$$

计算前必须先设计负荷。有两种方法：一种方法是通过试验确定，试验设备采用直径为0.2m，高度2m的陶土管、水泥管、塑料管装配滤池系统，滤料应与设计时拟采用的相一致。通过较长时间的连续运行试验后，确定合适的设计负荷；另一种方法是以国内外已有的生产流程的运行参数为参考，选定设计参数。

5.4.2.2.5 应用案例——杭州西溪河生态修复工程

杭州市的西溪河位于城市中心地带，西邻保俶路，南起天目山路，北至余杭塘河，全长2700m，平均宽度18m，平均有效水深2.0m。近十年来，西溪河两岸地块大量开发改造，外部市政设施配套不尽完善，部分地块缺少污水收集毛细管。河流驳坎形式为直立式挡墙，河道内基本没有水生、湿生植物，加之补给水源不足，河流的自净能力较弱。

西溪河污染治理和生态修复的总体思路是隔断废污水排入河流的通道，在排污口周边布置厌氧生物滤池，在微生物膜吸附与代谢和滤池截留的共同作用下，废污水中的有机污染物得以分解与降解。处理后的废污水经过上覆生态浮岛的植物吸附吸收、根系微生物代谢降解等作用，进一步吸收营养物质及其他污染物。如图5-31所示。

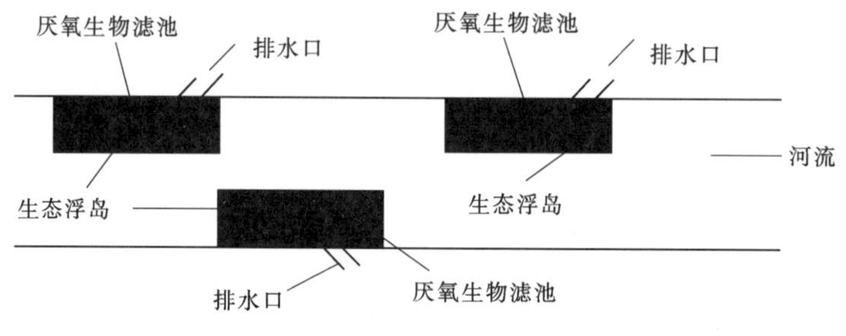

图5-31 西溪河污染治理示意图

根据西溪河的水文特征每个厌氧生物滤池的设计为1.0m×1.0m×2.0m（长×宽×高），并按照排出口污染负荷不同，设计8个厌氧生物滤池组合放置于排出口周围，合计厌氧生物滤池168m³。

5.4.2.3 生物转盘

生物转盘是一种较新型的生物膜法处理设备，其工作原理与生物滤池相同，但两者构造却有很大不同。主要区别是，生物转盘以一系列转动的盘片代替固定的滤料。部分盘片浸入污水中，通过不断转动与污水接触，当盘片转出水面时从空气中吸氧。

5.4.2.3.1 生物转盘的构造和工作过程

1. 生物转盘的构造

生物转盘的构造如图5-32所示。

（1）盘片。盘片作为生物膜的载体，多为圆形或正多边形，可用聚氯乙烯、聚乙烯、泡沫聚苯乙烯、玻璃钢、铝合金或其他材料制成。盘片可以是平板，也可以是波纹板，波

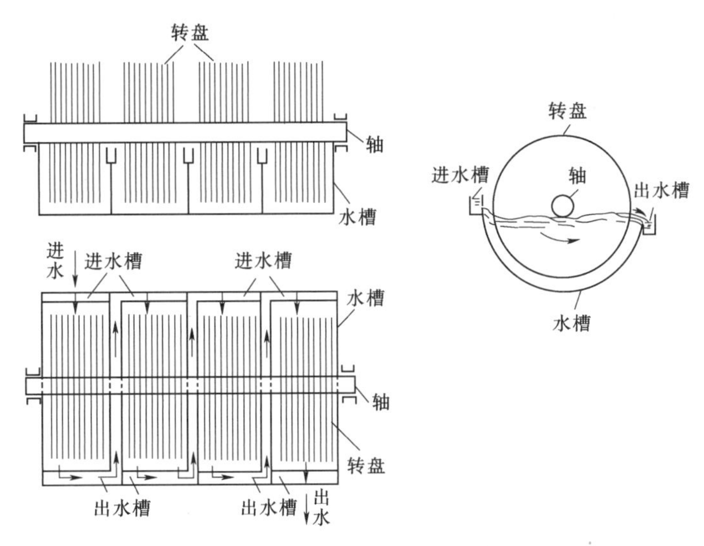

图 5-32　生物转盘的构造简图

纹板盘片的比表面积比平板大 1 倍，也有用平板与波纹板组合。盘片的直径一般为 1～4m，在保证足够机械强度的条件下，使盘片厚度尽量小，一般为 2～10mm。盘片的间距以保证良好通风为准，一般为 10～30mm，最大可达 50mm 以上。

(2) 氧化槽。氧化槽可用钢板、砖块或混凝土建造，断面应与盘片的外形基本吻合，以免产生死角。槽壁与盘片之间距离一般为 20～50mm。槽底设有排泥管或放空管，并装置刮泥设备清除积泥和控制槽内污水悬浮固体的浓度。

(3) 转轴及其驱动装置。转轴多用钢制，直径 30～50mm，转轴应离槽内水面约 15mm。用带有减速装置的电机驱动转盘转动，转速一般为 0.8～3r/min，线速率以 10～20m/min 为宜。转速过高会使生物膜过早剥离。

2. 生物转盘的工作过程

在工作之前，首先进行挂膜，使生物转盘表面长着一层生物膜。当生物膜处于被污水浸没状态时，污水中的有机物被生物膜所吸附，而当它处于水面以上时，大气中氧向生物膜传递，生物膜所吸附的有机物氧化分解，生物膜恢复活性。这样，生物转盘每转动一圈，即完成一个吸附—氧化的周期。

由于转盘旋转和水滴携带氧气，所以氧化槽中水也被充氧，起一定的氧化作用。由于微生物的自身繁殖，生物膜逐渐增厚，增厚的生物膜在盘面转动时形成的剪切力作用下，从盘面上剥落下来，悬浮在氧化槽水相中，并随污水流入二次沉淀池进行分离。二次沉淀池排出的上清液即为处理后清水，沉泥作为剩余的污泥排入污泥处理系统。

5.4.2.3.2　生物转盘的工艺流程及特点

1. 工艺流程

生物转盘系统的处理效率取决于转盘的布置形式和处理水的进水方式。根据转轴和盘片的布置形式，有单轴单级（图 5-33）、单轴多级（图 5-34）和多轴多级（图 5-35）之分。多级转盘可避免水流短路，延长处理时间，提高处理效果。级数的多少是根据水质、水量和净化要求达到的程度来确定的，一般不超过四级。

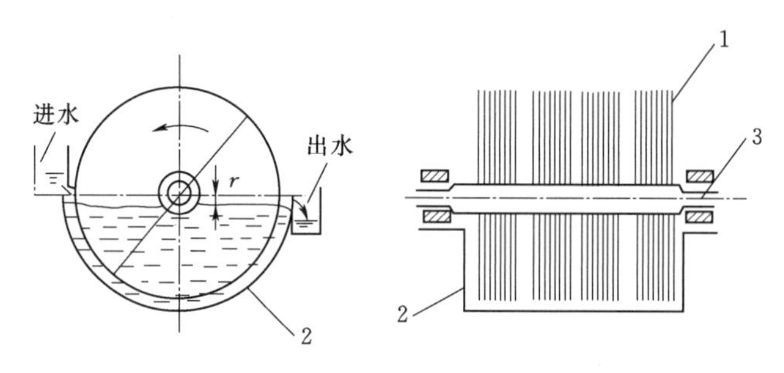

图5-33 单轴单级生物转盘

1—盘片；2—氧化槽；3—转轴

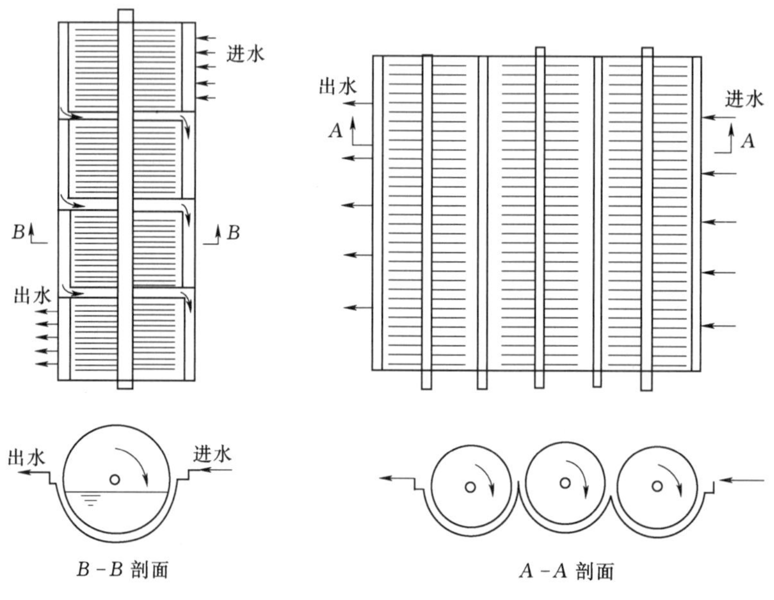

图5-34 单轴多级生物转盘　　图5-35 多轴多级生物转盘

生物转盘的进水方式一般有三种，其中：第一种，进水水流方向和转盘的旋转方向相同，污水在氧化槽中混合较均匀，水头损失小，但生物膜脱落后不易随水流出；第二种，进水水流方向与转盘的旋转方向相反，进水方式水头损失大，但脱落的生物膜能较顺利流出；第三种，进水方向垂直于盘片。这种方式可能造成第一级污水浓度高，微生物耗氧速率过快，出现氧的供应不足。

常见的生物转盘工艺流程如下：

(1) BOD的去除工艺如图5-36所示。

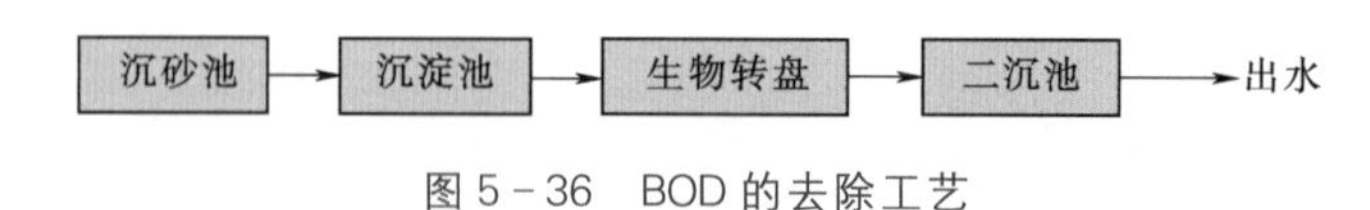

图5-36 BOD的去除工艺

(2) 深度处理（去除BOD、硝化、除磷、脱氮）的工艺如图5-37所示。

(3) 生物转盘与其他方式的组合流程如图5-38所示。

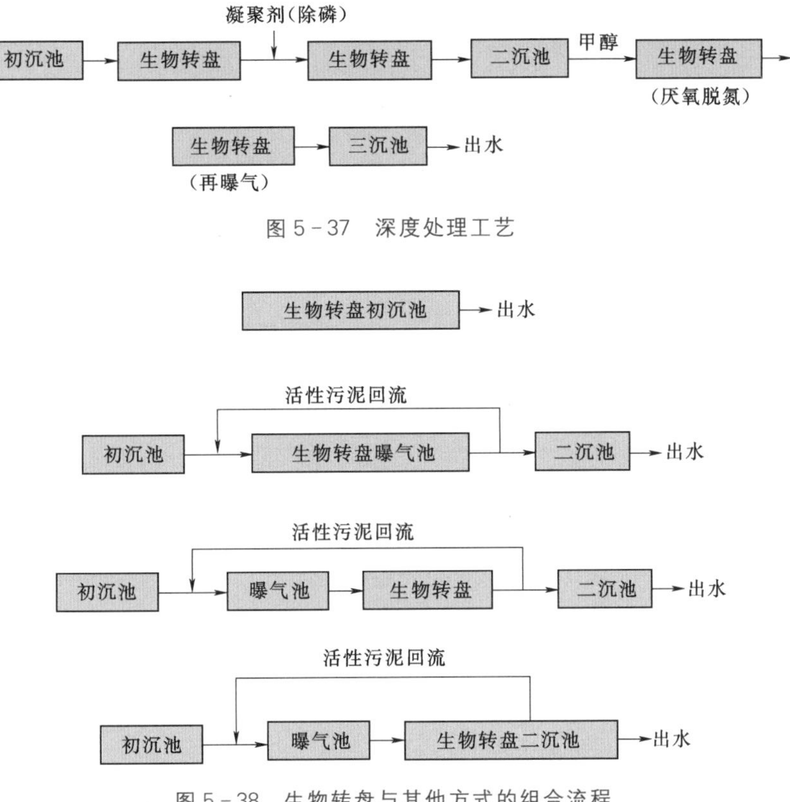

图 5-37 深度处理工艺

图 5-38 生物转盘与其他方式的组合流程

2. 特点

(1) 由于生物转盘不需人工曝气及回流污泥的缘故，故运行中动力消耗及费用较低。

(2) 运行管理简单，没有污泥膨胀现象，运转设备简单。

(3) 工作稳定，耐冲击负荷能力强。

(4) 产生的污泥量少，且易于沉淀、脱水。

(5) 没有池蝇滋生、恶臭、泡沫、噪声和滤床堵塞等问题。

(6) 占地面积大，转盘上的生物膜易被冲刷，需要加以保护。

3. 生物转盘系统的运行指标和设计计算

(1) 运行指标。

1) 盘面面积有机负荷，即单位盘面面积单位时间内投入的有机物量（投入负荷）或去除有机物的量（去除负荷），单位为 $g/(m^2 \cdot 天)$。

2) 氧化槽容积水力负荷。单位时间单位氧化槽有效容积的过水流量，单位为 $m^3/(m^2 \cdot 天)$。

3) 污水停留时间。污水在氧化槽的有效容积内的停留时间，单位为天。

生物转盘的氧化能力随负荷的提高而增强，但随着负荷的提高，也相应引起处理效果下降，出水中有机物浓度增大，去除率下降。

另外，在一定的时间间隔内，污水停留时间长，污水与生物膜接触的机会多，有利于处理效果的提高。但延长停留时间将导致负荷的降低。因此，为了保证出水水质符合处理要求，需通过实验选择最佳的负荷范围和停留时间。

（2）设计计算。

1）转盘总面积 F（m^2）为

$$F=\frac{QS_0}{N} \tag{5-19}$$

式中：N 为单位盘面面积单位时间内去除有机物的量（去除负荷），$g/(m^2 \cdot 天)$；其他符号意义同前。

2）在转盘总面积确定后，先选定盘径 D，一般取不大于3m，然后计算盘数 m 为

$$m=\frac{4F}{2\pi D^2}=0.636\frac{F}{D^2} \tag{5-20}$$

3）氧化槽的有效长度 L（m）为

$$L=[m(h+\delta)-h]a' \tag{5-21}$$

式中：h 为盘片净间距（一般为0.013～0.025m）；δ 为盘片厚度（视盘材而定，通常为0.001～0.015m）；a'为考虑氧化槽内两端的附加长度系数（单轴转盘可取 $a'=1.2$）。

每一转盘轴不宜过长，若转轴长度大于5～7m，应采用多轴运行形式。

4）氧化槽的总容积 $V(m^3)$ 为

$$V=AL \tag{5-22}$$

$$A=\frac{\pi(D+2a)^2}{8}-(D-2a)r \tag{5-23}$$

式中：A 为污水氧化槽的过水断面（对于半圆形槽），m^2；a 为水氧转盘边缘距污水氧化槽壁的净距离（一般取 $a=0.013$～0.03m）；r 为氧化槽液面与转轴中心的距离。

氧化槽的净容积 $V_n(m^3)$ 为

$$V_n=A(L-m\delta) \tag{5-24}$$

5）污水停留时间 t(h) 为

$$t=\frac{V_n}{Q} \tag{5-25}$$

式中：Q 为污水流量，m^3/h。

用式（5-25）核算污水在槽内停留时间应为0.5～2.5h之间。

6）计算驱动电机的功率 N_e(kW)。考虑转盘的轴功率按去除每千克BOD_5 耗电0.1～0.3kW计算，当每台电机所带动的转盘片数少于200，转轴半径小于5cm，电机功率的估算为

$$N_e=\frac{2.41D^4n^2mbc}{10^{13}h} \tag{5-26}$$

式中：n 为盘片转速，r/min；m 为一根转轴上的盘片数；b 为电机带动的转轴数；c 为系数（根据生物膜厚度而定，当膜厚分别为1mm、2mm、3mm时，c 分别取2、3、4。如果用水力驱动转盘时，要求有效水头为0.5～0.7m）。

5.4.2.3.3 应用案例——重庆市梁滩河综合整治工程

梁滩河是重庆市主城区最主要的次级河流之一。在梁滩河九龙坡段河道治理中充分利用河道地貌，形成了以生物转盘为强化预处理单元，辅以多级湿地的生态治理工程。在实

现河道水体修复的同时，河道水质控制指标得到有效控制，还在九龙坡段打造出一个美丽的景观湿地公园。曾经一度散发恶臭的河水变得清澈见底，水质逐步恢复，并达到地表Ⅳ类水体标准。

梁滩河湿地九龙坡段有 42 台长约 6m、高 2m 多的白色生物转盘整齐地排立在一侧，全封闭运转，每台生物转盘里，生长繁育着大量微生物。浑浊的河水首先进入配水池塘，略作静置，随即通过巨大的干渠进入生物转盘核心单元，再经过数道工序后，从潜流湿地排水口排出。

5.4.2.4　生物接触氧化法

生物接触氧化法是一种介于活性污泥与生物滤池之间的生物膜法。生物接触氧化池又称浸没曝气式生物滤池。

5.4.2.4.1　生物接触氧化池的构造

生物接触氧化池主要由池体、填料床、曝气装置、进出水装置等组成，如图 5-39 所示。

池体在平面上多呈圆形、矩形或方形，用钢板焊接制成或用钢筋混凝土浇灌砌成。池体总高度一般为 4.5～5.0m，其中填料床高度为 3.0～3.5m，底部布气层高度为 0.6～0.7m，顶部稳定水层为 0.5～0.6m。

填料是生物接触氧化池的重要组成部分，它既直接影响到污水处理效果，又关系到接触氧化池的基建费用，故填料的选择应从技术和经济两个方面加以考虑。考虑到生物膜的生长繁殖、充氧与不堵塞，填料床内应填充比表面积大、空隙率高的填料。目前，生物接触氧化池中常采用的填料主要有蜂窝状填料、波纹板状填料及软性与半软性填料等，如图 5-40 所示。有关的特性指标见表 5-8 中。

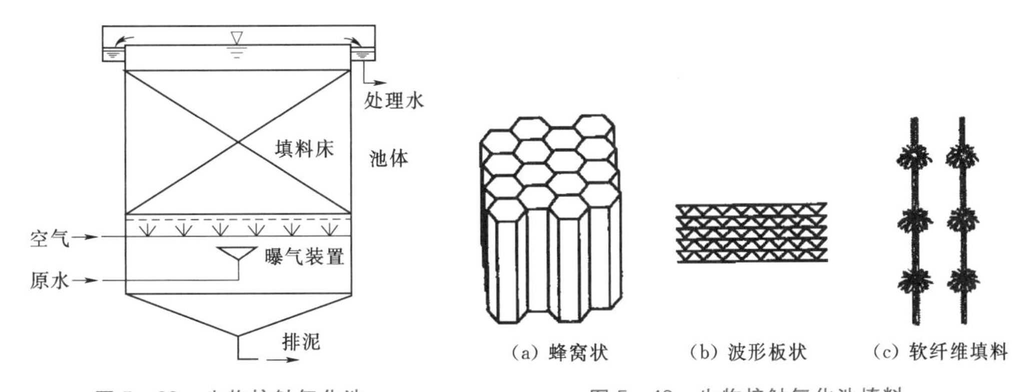

图 5-39　生物接触氧化池　　图 5-40　生物接触氧化池填料

表 5-8　生物接触氧化池填料有关的特性指标

填料种类	材　质	比表面积/(m^2/m^3)	孔隙率/%
蜂窝状填料	玻璃钢、塑料	133～360	97～98
波纹状填料	硬聚氯乙烯	113，150，198	>96，>93，>90
半软性填料	变性聚乙烯塑料	87～93	97
软性填料	化学纤维	2000	99

曝气装置多采用穿孔管布气，孔眼直径为 5mm，孔眼中心距为 10cm 左右。布气管可设在填料床下部或其一侧，并将孔眼作均匀布置，而空气则来自鼓风机或射流器。在运行中要求布气均匀，并考虑到填料床发生堵塞时，能适当加大气量及提高冲洗能力。当采用表曝机供氧时，则应考虑填料床发生堵塞时，有加大转速、加快循环回流提高冲刷能力的可能。

进水装置一般多采用穿孔管进水，穿孔管上孔眼直径为 5mm，间距为 2cm 左右，水流喷出孔眼流速一般为 2m/s。穿孔管可直接设在填料床的上部或下部，使污水均匀布入填料床，污水、空气和生物膜三者之间相互均匀接触可提高填料床的工作效率，同时还要考虑到床发生堵塞时有加大进水量的可能。出水装置可根据实际情况，选择堰式出水或穿孔管出水。

5.4.2.4.2 生物接触氧化法的特征

接触氧化法的特征有：①有较高的微生物浓度和丰富的微生物相，除了固定滤料表面的固定化微生物外，在滤料之间的孔隙中有悬浮生长的微生物，比活性污泥的微生物高出 5～7 倍，因此除一般细菌外，生物膜上还有多种种属的原生动物和后生动物，形成了稳定的生态系统；②由于空气在滤料中曲折穿过，增加了停留时间，提高了氧从气相向液相转移效率，因此具有较高的氧利用率；③由于曝气和较大的生物量使进入池内的污水很快得到混合、稀释，不致对滤池的工作有较大影响，因此具有较强耐冲击负荷能力；④剩余污泥量少，没有污泥膨胀现象，比较容易去除难分解和分解速度慢的物质。

接触氧化法的缺点是：由于滤料间水流缓慢、接触时间长、水力冲刷力小等，生物膜只能自行脱落；剩余污泥往往恶化处理水质；动力费用高。

5.4.2.4.3 生物接触氧化池的类型

（1）底部进水、进气式。如图 5－41 所示，污水与空气都从池体底部均匀布入填料床，填料直接受到水流和气流的搅动，加速了生物膜的脱落和更新，使生物膜经常保持较高的活性，有利于污水中有机物的氧化与分解，而且有利于防止填料床发生堵塞。

（2）侧部进气、上部进水式。如图 5－42 所示，填料设在池的一侧，空气在无填料的一侧底部进入池内，污水则在填料床上部均匀布入。由于污水的曝气充氧在填料床的外部进行而未直接进入填料床，因而水流与气流对填料的搅动程度要低一些，虽然可致使生物膜的脱落和更新慢些，但由于侧部曝气使得部分水流在池内多次反复充氧，亦有利于污水中有机物的氧化分解。

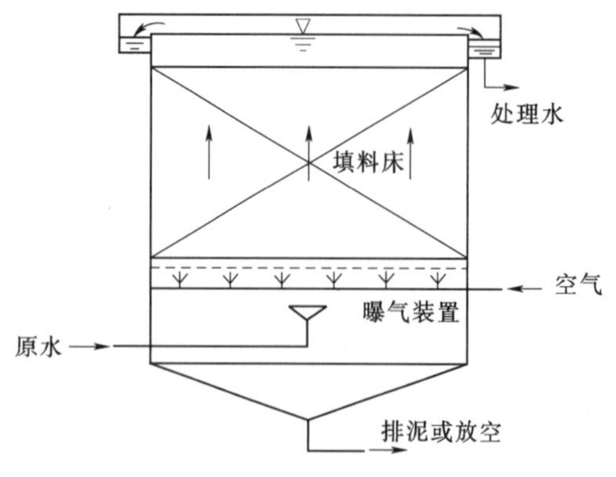

图 5－41 底部进水、进气式

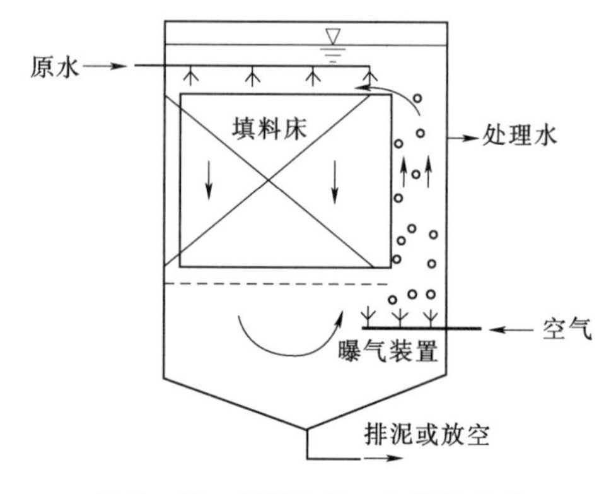

图 5－42 侧部进气、上部进水式

(3) 表曝充氧式。如图 5-43 所示，池中心为曝气区，池上面安装有表面机械曝气装置，而曝气区周围外侧为充填填料的接触氧化区，处理水在其最外侧的空隙上升，从池顶部溢流排走。

(4) 射流曝气充氧式。如图 5-44 所示，池型基本上同底部进水、进气式，只是充氧方式采用了射流曝气。射流曝气的工作水来源于填料床上部的稳定水层，这部分水饱和充氧后与进水混合一起进入填料床与生物膜接触，从而进行有机物的接触氧化过程。

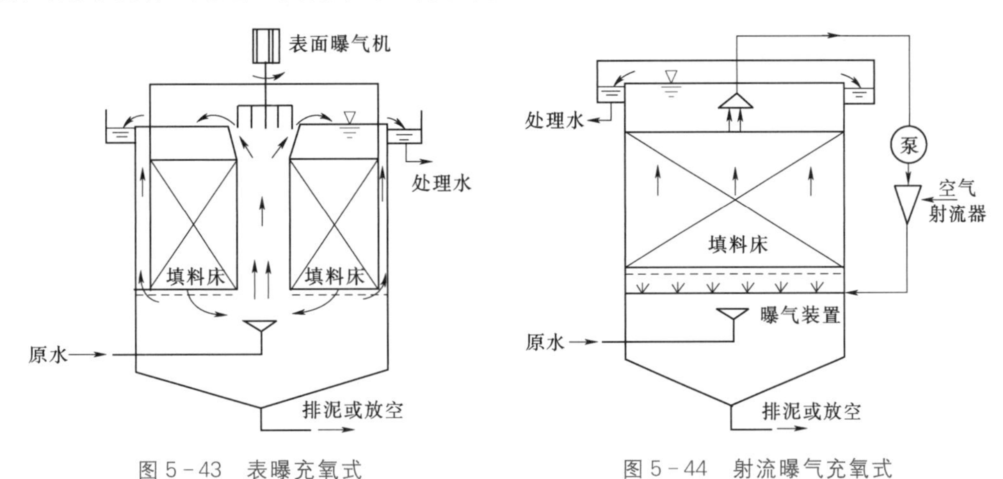

图 5-43　表曝充氧式　　图 5-44　射流曝气充氧式

5.4.2.4.4 生物接触氧化法的典型工艺流程

生物接触氧化法的工艺流程一般可分为一级［图 5-45（a）］、二级［图 5-45（b）］和多级几种形式。在一级处理流程中，经初次沉淀池预处理后进入接触氧化池，出水经过二次沉淀池进行泥水分离后作为处理水排放；在二级处理流程中，两段接触氧化池串联运行，其中间可设有中间沉淀池或免设；而多级处理流程中连续串联三座或以上的接触氧化池。从总体上讲，经初次沉淀池沉淀的污水流入接触氧化池内的微生物处于对数增殖期和减速增殖期的前段，生物膜增长较快，BOD 负荷率亦较高，有机物降解速率也较大；串联运行的后续接触氧化池内微生物处于减速增殖期的后段或内源呼吸期，生物膜增长缓慢，处理水水质逐步提高。

5.4.2.4.5 生物接触氧化法的设计与计算

1. BOD_5 容积负荷率计算法

生物接触氧化池的 BOD_5 容积负荷率 N_W 是指每立方米填料每天所能接受 BOD_5 的量，以 $kgBOD_5/(m^3 \cdot 天)$ 表示。此值的选定取决于所处理污水的类型及对处理水水质 BOD_5 的要求。

接触氧化池内填料的容积可根据 BOD_5 容积负荷率 N_W 为

$$V=\frac{q_v S_0}{N_W} \tag{5-27}$$

式中：V 为填料的总有效容积，m^3；q_v 为日平均污水量，$m^3/天$；S_0 为原污水 BOD_5 值，g/m^3 或 mg/L；N_W 为 BOD 容积负荷率，$g/(m^3 \cdot 天)$。

接触氧化池总面积为

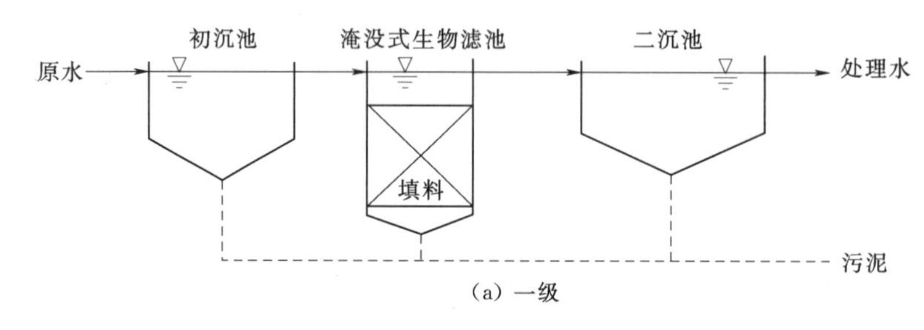

(a) 一级

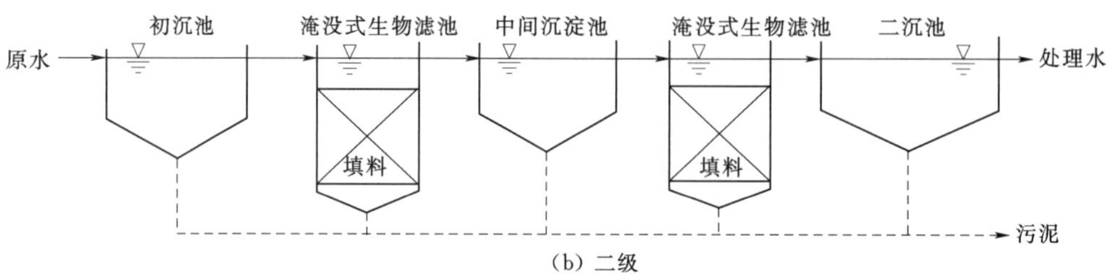

(b) 二级

图5-45 生物接触氧化法的工艺流程

$$A_{总}=\frac{V}{H} \tag{5-28}$$

式中：$A_{总}$为接触氧化池的总面积，m^2；H为填料床高度，m，一般取3m；当采用蜂窝填料时，应分层装填，每层高1m，且蜂窝内孔径不宜小于25mm。

若采用n座接触氧化池，则每座接触氧化池的面积为

$$A=\frac{A_{总}}{n} \tag{5-29}$$

式中：A为每座接触氧化池的面积，m^2，以保证布水、布气均匀。

接触氧化池的总高度为

$$H_0=H+h_1+h_2+(n-1)h_3+h_4 \tag{5-30}$$

式中：H_0为接触氧化池的总高度，m；h_1为超高，m，一般取0.5～1.0m；h_2为填料床上部的稳定水层深，m，一般取0.4～0.5m；h_3为填料层间隙高度，m，一般取0.2～0.3m；n为填料层数；h_4为配水区高度，m，一般取0.5m，但当要考虑需要入内检查时，取1.5m。

污水与填料的接触时间为

$$t=\frac{A_{总}H}{q_v} \tag{5-31}$$

式中：t为污水在填料床内与填料的接触时间，h。

2. 接触时间计算法

所谓接触时间计算法，就是根据微生物反应动力学关系式和进出水的水质，来先求定污水与填料的接触时间，由此进一步计算出接触氧化池的总面积和填料容积。

在生物接触氧化池的处理工艺中，与一般的微生物悬浮生长和附着生长系统一样，有机物BOD的去除率与其浓度成一级反应关系式，即

$$\frac{dS}{dt}=-kS \tag{5-32}$$

式中：S 为滤池内任一时刻有机物 BOD 的浓度，mg/L；t 为接触反应时间，h；k 为反应速度常数，h^{-1}。

式（5-32）两侧积分并经整理可得

$$t=k\ln\frac{S_0}{S_e} \tag{5-33}$$

式中：S_0 为原污水的 BOD 浓度，mg/L；S_e 为处理水的 BOD 浓度，mg/L；k 为常数，当接触氧化池内填料的充填率为 $P\%$（标准充填率为 75%）时，k 值可由经验公式 $k=0.33\times(P/75)\times S_0^{0.46}$ 计算得到。

由式（5-32）可以看出，t 与 S_0 呈正相关而与 S_e 呈负相关，即原水 BOD_5 浓度越高（S_0 越大），对处理水的水质要求越高（S_e 值越低），所需的接触反应时间越长。

此外，还应指出的是，在设计生物接触氧化池时，接触氧化池内的溶解氧量一般应维持在 2.5～3.5mg/L，气水比为 15∶1～20∶1，具体取决于待处理污水的类型、原水 BOD_5 值的高低及对处理水 BOD_5 的要求。

5.4.2.4.6 应用案例——滇池流域处理典型重污染河流的示范工程

在示范区内的大清河以西农田排水沟、鱼塘内及其塘基等场地，开展大清河河道污水的旁路调节和处理，主体工程由 2 条生物接触氧化沟渠构成，分别采取分段进水的生物接触氧化工艺和附加回流的生物接触氧化工艺，每条沟渠处理规模为 $1000m^3$/天，总处理规模为 $2000m^3$/天。沟渠式生物接触氧化系统工艺流程如图 5-46 所示。作为旁路处理系统，因地制宜地建设于河岸带，能适应来水和气候条件的大幅度波动，耐冲击负荷；处理水量大，处理出水水质稳定；不产生大量有机淤泥。该系统工程投资省，运行成本低，适用于分流处理受生活污水污染的河流。

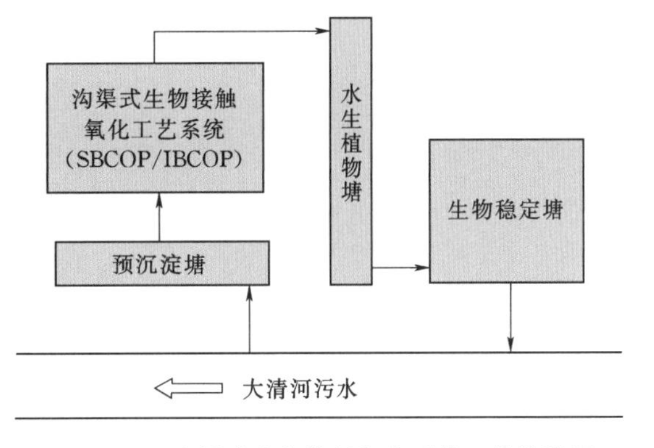

图 5-46 沟渠式生物接触氧化系统工艺流程图

由原水泵站分流输水至用鱼塘改造的预沉区，通过计量堰分流配水，以平均流量 $42m^3/h$（$1000m^3$/天）进入每条生物接触氧化沟渠，处理后出水进入以鱼塘改造的具有沉淀与植物吸收功能的水生植物塘，再外排至相邻的生物稳定塘出水区域。部分出水可不定期地分流进入大清河边的农排沟渠。

以分段进水的生物接触氧化工艺，对滇池流域大清河开展的中试验和示范工程表明：该系统在适宜的工况条件下，水力停留时间 2～5.4h，气水比 2∶1～3∶1，分段进水比 1∶1∶1～4∶3∶2，对污染物的去除率可达到：COD 45%，TN 15%，TP 15%，NH_3-N 45%；水投资约 400 元/t，处理成本 0.11 元/m^3。

以附加回流的生物接触氧化工艺，对滇池流域大清河开展的中试验和示范工程表明：

该系统在适宜的工况条件下，水力停留时间 2～5.4h，气水比 2：1～3：1，回流比 75%～200%，对污染物的去除率可达到：COD 50%，TN 20%，TP 20%，NH_3-N 50%；吨水投资约 400 元，处理成本 0.12 元/m^3。

沟渠式生物接触氧化工艺的示范工程如图 5-47 所示。

图 5-47 沟渠式生物接触氧化工艺的示范工程

5.4.2.5 曝气生物滤池

曝气生物滤池是由接触氧化和过滤相结合的一种生物滤池，采用人工曝气、间歇性反冲洗等措施，主要用于有机污染物和悬浮物的去除。当曝气生物滤池出水悬浮固体满足后续处理或排放标准要求时，可不设沉淀或过滤设施。

5.4.2.5.1 曝气生物滤池的类型与特点

1. 类型

根据水流流向不同，曝气生物滤池工艺可分为升流式和降流式。

根据处理功能不同，曝气生物滤池又可分为：

（1）以有机物去除为目标的 DC-BAF。用于可生化性较好的工业污水和对氨氮没有特殊要求的生活污水，主要去除污水中碳化有机物和截留污水中的悬浮物，即去除 BOD、COD、SS。

（2）以硝化去除为目标的 N-BAF。适用于仅需要进行硝化反应的场合（排放标准只对氨氮有所要求，而总氮则无规定）。该工艺供气较为充足，整个滤池处于好氧状态，微生物以自养性硝化菌为主。

（3）以脱氮去除为目标的 DN-BAF。适用于出水对总氮有要求的场合。该滤池不设曝气管道，滤池处于厌氧状态；在厌氧条件下，NO_3-N 和 NO_2-N 在反硝化菌的作用下被还原成 N_2。

（4）以脱氮除磷去除为目标的 NP-BAF。通过投加化学除磷药剂来完成滤池除磷。在滤料作用下诱发絮凝，沉淀物截留在滤床上，通过周期性的反冲洗，将磷排出系统外，达到除磷的目的。剩余污泥增加量为15%～50%。

2. 特点

曝气生物滤池有它的最佳适用范围，曝气生物滤池的主要优点是：占地较小；处理效果好；处理效果稳定。其主要缺点是：预处理要求较高；产泥量相对于活性污泥法稍大，污泥稳定性差。

5.4.2.5.2 曝气生物滤池的构造与设计

曝气生物滤池主要由布水系统、滤池池体、布气系统、承托层、滤料、反冲洗系统、出水收集系统、管道和自控系统8个部分组成。

1. 布水系统

布水系统包括滤池最下部的配水室和滤板上的配水滤头。曝气生物滤池宜采用小阻力布水系统并采用专用滤头，在滤料承托层下部设置缓冲配水室。对于下流式滤池，该布水系统主要用作滤池反冲洗布水和收集净化水用。对于上流式滤池，配水室的作用是使某一短时段内进入滤池的污水均匀混合，依靠承托滤板和滤头的阻力作用使污水在滤板下均匀、均质分布，并通过滤板上的滤头均匀流入滤料层；除了滤池正常运行布水外，也可作为定期对滤池进行反冲洗时布水用。

(1) 配水室组成。缓冲配水区和承托滤板。缓冲配水区初步混匀污水，然后依靠承托板的阻力作用使污水在滤板下均匀、均质分布，并通过滤板上滤头将污水均匀送入滤料层。缓冲配水区在水气联合反冲洗时起到均匀配气作用。

(2) 配水滤头。其作用是向滤池均匀配水。曝气生物滤池的专用滤头安装于滤板上，其布置密度应根据工艺特点和滤头性能参数而定，通常不宜小于36个/m^2。

2. 滤池池体

滤池池体作用是容纳被处理水和围挡滤料，并承托滤料和曝气装置的重量。其形状有圆形、正方形和矩形（长宽比为1.2～1.5）三种，结构型式有钢制设备（处理水量小）和钢筋混凝土结构（处理水量大）等。为保证反冲洗效果，曝气生物滤池在滤池截面积过大时应分格，分格数不应少于2格。单格滤池的截面积宜为50～100m^2。

3. 布气系统

曝气生物滤池的布气系统包括曝气充氧系统和进行气-水联合反冲洗时的供气系统。曝气充氧量由计算得出，一般比活性污泥法低30%～40%。

曝气生物滤池内设置布气系统主要有两个目的：一是正常运行时进行曝气；二是反冲洗时满足气-水反冲洗的布气之需。曝气生物滤池采用气-水联合反冲洗时，气冲洗强度可取10～14L/(m^2·s)。反冲洗布气系统的形式与布水系统相似，但气体密度小且具有可压缩性，因此布气管管径及开孔大小均比布水管要小，孔间距也小一些，并且布气管与进水布水管一样，均安装在承托层之下。曝气生物滤池一般采用鼓风曝气的形式，要求具有较高的氧传递速率，从而保证较高的氧吸收率。

曝气生物滤池采用的最简单的曝气装置为穿孔曝气管。穿孔管属大、中气泡型，氧利用率低，仅为3%～4%，其优点是不易堵塞，造价低。

实际应用中，有充氧曝气同反冲洗供气共用同一套布气管的形式，因为充氧曝气用气量比反冲洗时用气量小，因此配气不易均匀。共用同一套布气管虽能减少投资，但运行时难以同时满足两者的需要，势必影响曝气生物滤池的稳定运行。实践中发现此法利少弊多，因此最好将两者分开，设立一套单独的曝气用穿孔管，以保持滤池的稳定运行，且曝气管的位置往往在承托层之上30～50cm的填料层之中。这样做的优点是：在曝气管之下的滤池填料层可以起到截留污水中悬浮物的作用，在有滤头的情况下可以起预过滤的作用；在没有滤头的情况下，可以避免曝气对于填料截留层的干扰。

4. 承托层

承托层主要起支撑生物填料，防止生物填料流失，保持反冲洗稳定进行的作用。承托层接触布水与布气系统的部分应选粒径较大的卵石，其粒径至少应比孔径大4倍以上。承托层填料粒径由下而上逐渐减小，接触填料部分的粒径比填料大一倍。承托层高度一般为400～600mm。承托层的填料级配可以参考滤池承托层的填料级配。曝气生物滤池承托层采用的材质，应具有良好的机械强度和化学稳定性，一般选用卵石作承托层。用卵石作承托层其级配自上而下：卵石直径2～4mm、4～8mm、8～16mm，对应的卵石层高度50mm、100m、100mm。

5. 滤料

生物滤池的滤料应选择比表面积大、空隙率高、吸附性强、密度合适、质轻且有足够机械强度的材料。根据资料和工程运行经验，宜选用粒径5mm左右的均质陶粒及塑料球形颗粒。一般有以下要求：曝气生物滤池滤料粒径宜取2～10m。当采用多个滤池串联时，对于一级滤池或者反硝化滤池，宜选用粒径为4～10mm的滤料，对于二级及后续滤池可选用粒径为2～6mm的滤料。曝气生物滤池滤料堆积密度宜为750～900kg/m^3。曝气生物滤池滤料比表面积宜大于1m^2/g。常用滤料的物理特性见表5-9。

表5-9 常用滤料的物理特性

名称	比表面积/(m^2/g)	总孔体积/(cm^3/g)	松散容重/(g/L)	磨损率/%	堆积密度/(g/cm^3)	堆积孔隙率/%	粒内孔隙率/%	粒径/mm
黏土陶粒	4.89	0.39	875	≤7	0.7～1	>42	>30	3～5
页岩	3.99	0.103	976					
沸石	0.46	0.0269	830					
膨胀球形黏土	3.98		1550	1.5				3.5～6.2

6. 反冲洗系统

曝气生物滤池在运行时，生物填料层截留部分悬浮颗粒、生物絮体吸附的部分胶体颗粒和老化的生物膜，这些杂质的存在增加了曝气生物滤池的过滤阻力，当阻力增加到一定程度时，滤池的处理能力将下降。反冲洗的目的就是通过反冲洗使这些杂质随冲洗水排掉，恢复滤池的正常过滤能力。

反冲洗系统包括反冲配水与布气系统。反冲配水系统应保证反冲洗水在整个滤池面积上均匀分布。曝气生物滤池的反冲洗一般采用管式大阻力配水系统，该系统由一根干管及若干支管组成，反冲洗水由干管均匀分配进入各支管。支管上开有间距不等的布水孔。曝气生物滤池反冲洗，通过滤板和固定其上的长柄滤头来实现，由单独气冲洗、气-水联合反冲洗、单独水洗三个过程组成。反冲洗周期，根据水质参数和滤料层阻力加以控制，一般 24h 为一周期，反冲洗水量为进水水量的 8%左右，反冲洗出水平均悬浮固体可达 600mg/L。

具体要求如下：

（1）曝气生物滤池的反冲洗宜采用气-水联合反冲洗，依次按单独气洗、气-水联合冲洗、单独水洗三个过程进行，通过专用滤头布水布气。

（2）反冲洗水宜采用处理后的出水，反冲洗用水蓄水池应按照滤池单池反冲洗水量和反冲洗周期等综合确定。反冲洗周期与滤池负荷、过滤时间及滤池水头损失等相关，通常为 24～72h。

（3）气-水联合反冲洗的冲洗强度及冲洗时间与滤池负荷、过滤时间等有关，可参考表 5-10 选用。

（4）曝气生物滤池反冲洗排水应根据处理规模、单格滤池每次反冲洗水量等因素，合理设置反冲洗排水缓冲池，缓冲池有效容积不宜小于 1.5 倍的单格滤池反冲洗总水量。气-水联合反冲洗的冲洗强度及冲洗时间可参考表 5-10。

表 5-10　　气-水联合反冲洗的冲洗强度及冲洗时间

项　目	单独气洗	气-水联合冲洗	单独水洗
强度/[L/(m²·s)]	12～25	气：10～15，水：4～6	8～16
时间/min	3～10	3～5	3～10

7. 出水收集系统

（1）下向流。过滤装置既可采用滤头，也可利用承托层。采用滤头方式可以保证出水水质，处理效果稳定，出水容易均匀，可放大到较大规模的装置；但其缺点是滤头成本较高，安装精度要求较高，施工复杂。利用承托层出水是一种简易的出水过滤系统，价格便宜、施工简单，但易产生短路，不适用于大型装置。

（2）上向流。分为周边堰出水或单侧堰出水两种。一般采用单侧堰出水，并将出水堰出口设计成 60°斜坡，以降低出水流速。在出水堰口设置栅形稳流板以拦截反冲洗时被出水带出的滤料。

5.4.2.5.3　工艺流程及选择

主要去除污水中含碳有机物时，宜采用单级碳氧化曝气生物滤池工艺，工艺流程如图 5-48 所示。

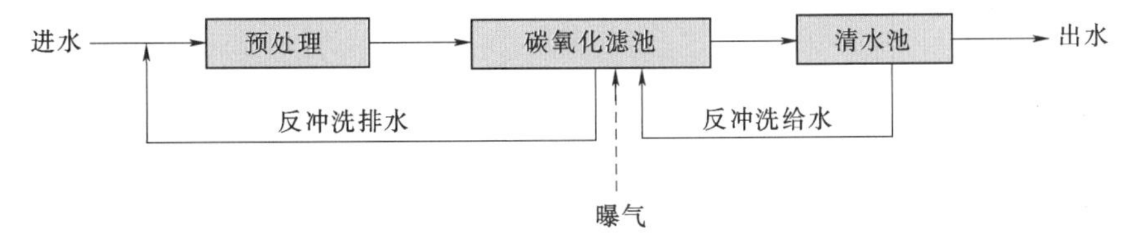

图 5-48　处理含碳有机物污水的工艺流程图

要求去除污水中含碳有机物并完成氨氮的硝化时，可采用碳氧化滤池工艺流程，并适当降低负荷；也可采用碳氧化滤池和硝化曝气生物滤池两级串联工艺，工艺流程如图 5-49 所示。

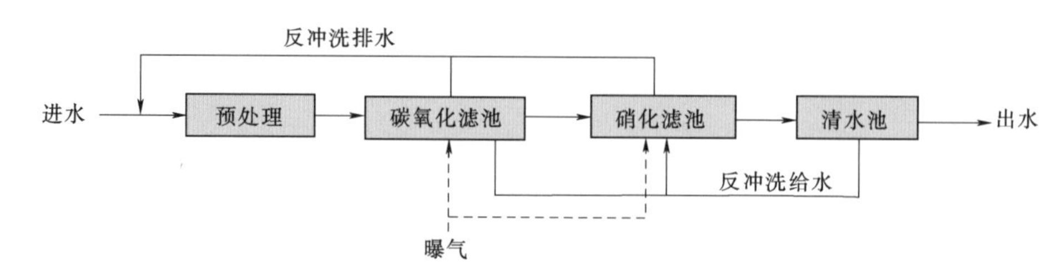

图 5-49 处理含碳有机物和氨氮的污水工艺流程图

当进水碳源充足且出水水质对总氮去除要求较高时，宜采用前置反硝化滤池＋硝化滤池组合工艺，如图 5-50 所示。

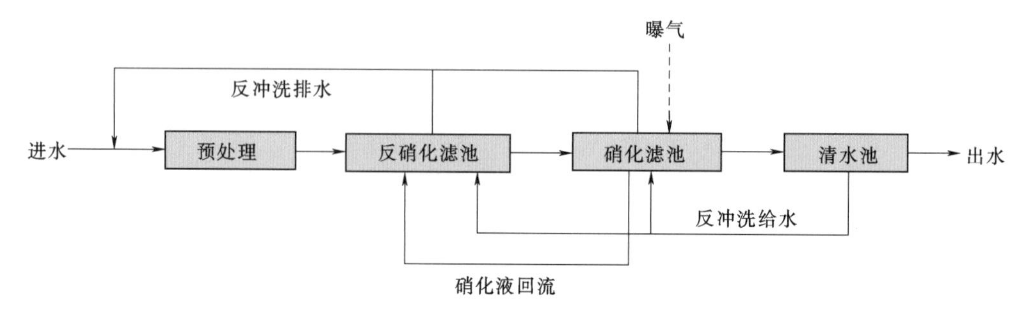

图 5-50 处理充足碳源和对总氮去除要求较高的工艺流程图

当进水总氮含量高、碳源不足而出水对总氮要求较严时可采用后置反硝化工艺，同时外加碳源，如图 5-51 所示；或者采用前置反硝化滤池，同时外加碳源，如图 5-52 所示。前置反硝化的生物滤池工艺中，硝化液回流率可具体根据设计 NO_3-N 去除率以及进水碳氮比等确定。外加碳源的投加量需经过计算确定。

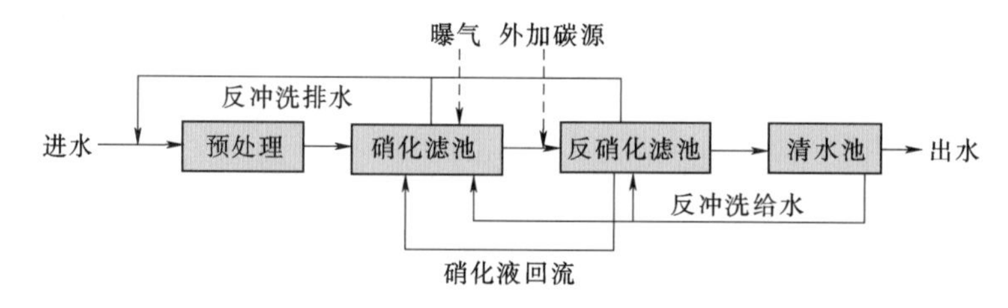

图 5-51 后置反硝化工艺流程图

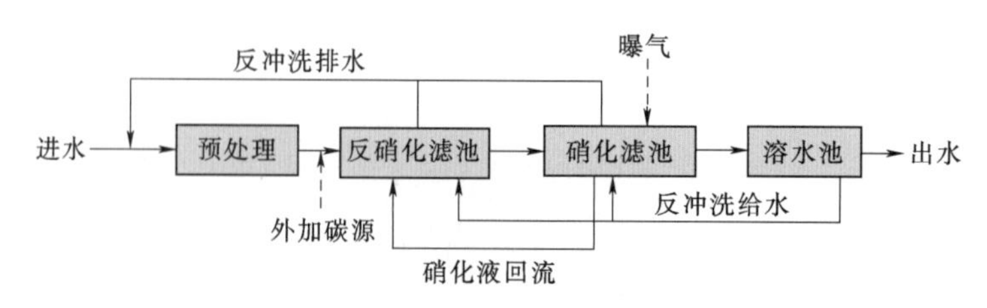

图 5-52 前置反硝化工艺流程图

5.4.2.5.4 设计参数

（1）曝气生物滤池的容积负荷和水力负荷宜根据试验资料确定，无试验资料时，可采用经验数据或表5-11的参数取值。

表5-11　曝气生物滤池工艺主要设计参数

名　称	容积负荷	水力负荷（滤速）/[$m^3/(m^2 \cdot h)$]	空床水力停留时间/min
碳氧化滤池	$3\sim6kgBOD_5/(m^3 \cdot 天)$	2～10	40～60
硝化滤池	$0.6\sim1kgNH_3-N/(m^3 \cdot 天)$	3～12	30～45
碳氧化/硝化滤池	$0.4\sim0.6kgNH_3-N/(m^3 \cdot 天)$	1.5～3.5	80～100
前置反硝化滤池	$0.8\sim1.2kgNO_3-N/(m^3 \cdot 天)$	8～10（含回流）	20～30
后置反硝化滤池	$1.5\sim3kgNO_3-N/(m^3 \cdot 天)$	8～12	20～30

（2）碳氧化滤池和硝化滤池出水中的溶解氧宜控制为3～4mg/L。

（3）曝气生物滤池体积可按照容积负荷法计算，按水力负荷校核，即

$$V=\frac{Q(X_0-X_e)}{L_{Vx}\times1000} \tag{5-34}$$

式中：V为滤料体积（堆积体积），m^3；Q为设计进水流量，m^3/d；X_0为曝气生物滤池进水污染物浓度，mg/L；X_e为曝气生物滤池出水污染物浓度，mg/L；L_{Vx}为污染物的容积负荷，碳氧化、硝化、反硝化时x分别代表五日生化需氧量、氨氮和硝态氮，取值见表5-11。

（4）滤料体积的计算为

$$A_n=V/H \tag{5-35}$$

式中：A_n为滤池总截面积，m^2；V为滤料体积（堆积体积），m^3；H为滤料层高度，m。

（5）单格滤池截面积的计算为

$$A_0=A_n/n \tag{5-36}$$

式中：A_0为单格滤池截面积，取值应符合的规定，m^2；n为滤池格数，个；A_n为滤池总截面积，m^2。

（6）水力负荷的计算为

$$q=Q/A_n \tag{5-37}$$

式中：q为水力负荷，$m^3/(m^2 \cdot h)$；A_n为滤池总截面积，m^2；Q为设计进水流量，m^3/天。

（7）滤池总高度为滤料层高度、承托层高度、滤板厚度、配水区高度、清水区高度和滤池超高相加之和，即

$$H=H_1+H_2+H_3+H_4+H_5+H_6 \tag{5-38}$$

式中：H为滤池总高度，m；H_1为滤料层高度，m，取值宜为2.5～4.5m；H_2为承托

层高度，m，取值宜为0.3～0.4m；H_3为滤板厚度，m；H_4为配水区高度，m，取值宜为1.2～1.5m；H_5为清水区高度，m，取值宜为0.8～1.0m；H_6为滤池超高，m，取值宜为0.5m。

5.4.2.6 其他形式生物膜法

5.4.2.6.1 砾间接触氧化法

此方法主要原理是通过人工填充的砾石，使水与生物膜的接触面积增大数十倍，甚至上百倍。水中污染物在砾石间流动过程中与砾石上附着的生物膜接触、沉淀，进而被生物膜作为营养物质而吸附、氧化分解，从而使水质得到改善。此方法在具体的利用中因为选择的接触材料是天然的材料，所以花费少且效果好。

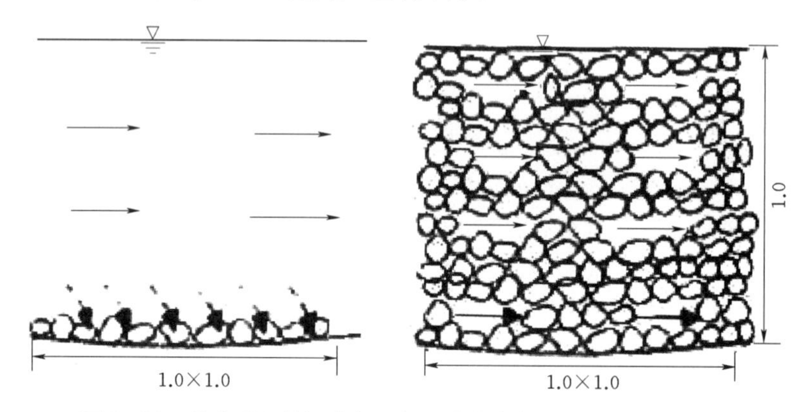

图5-53 填充砾石的河流与一般河流自净能力比较（单位：m）

5.4.2.6.2 排水沟（渠）接触氧化法

此方法在具体使用的时候，一般会在排水沟内外设置净化设施，而在净化设施内，又会添加粒状、细线状以及波板状等各类形状不一的砾石或者是塑料，作为接触基材。在接触面积比较大、空隙率较高的接触基材上进行微生物附着，由此便可以形成生物膜。当河流污水流经净化装置的时候，污染物质被生物膜接触和吸附，最终实现其沉淀和分解。这样，河流污染物质得以减少，水质自然也就得到了净化。此种方法主要的优势，在于管理的便捷性和净化效果的突出性，在具体能源的节约方面也具有较为显著的效果。

5.4.2.6.3 生物活性炭填充柱净化法

这种方法所使用的填料是活性炭，之所以使用活性炭是因为活性炭对基质的吸附能力比较强，与此同时，还能为微生物的附着提供较为广阔的表面积。从具体的使用效果分析看，细菌分解水中有机物的“生物膜效应”和微生物吸附在活性炭上分解有机物的“生物再生效应”以及活性炭孔隙捕捉有机物的“吸着效应”可以产生综合作用，对污水中的污染物质进行去除，对河流污染的改善能力比较强。从具体的方法利用分析看，此种方法将活性炭的优势与生物膜的优势做了具体的结合，所以在水污染的具体处理中能够发挥出更好的效果。

5.4.2.6.4 薄层流法

要利用生物膜技术对河流中的污染物质进行去除，必须要利用附着在河床上的生物膜，而且生物膜的面积越大，单位面积内流过的水量就会减少，这样，生物膜的净化能力便会增强。而所谓的薄层流法，指的就是将水流经过处理，使其形成只有几厘米的薄层流，当其流过生物膜的时候，因为水的流量比较少，所以生物膜的作用会增大，这样，河流的自净作用明显强化，河道污染治理的效果显著增加。一般来讲，此种方法的利用需要将生物膜在河流中做分层布置，实现薄层水流，从而提升生物膜的净化能力。

5.4.2.6.5 伏流净化法

伏流净化法，利用的主要是河床向地下的渗透作用和伏流水的稀释作用。从具体的作用原理分析看，此方法与过滤法颇为类似，所以也被称为微生物过滤。从这个角度可以发现，在这种方法的利用中，整个河床是一个大的过滤池，而附着在河床上的微生物充当着过滤膜。当污染的河水在经过滤膜向地下进行渗透的时候，生物膜对河水污染物质进行吸附、沉淀和分解，最终渗透到地下的水成为清洁水。利用泵对渗漏水进行提升使其重新进入河流实现对河流的稀释，这样，河流的污染会得到改善。

5.4.2.6.6 生物流化床

1. 两相流化床

在好氧的两相流化床处理工艺中，一般包括充氧设备、流化床、脱膜设备和二次沉淀池等，如图 5-54 所示。原污水首先流经充氧设备进行预曝气充氧，然后进入两相流化床，流化床出水进入二次沉淀池进行泥水分离，处理后的水进行排放。

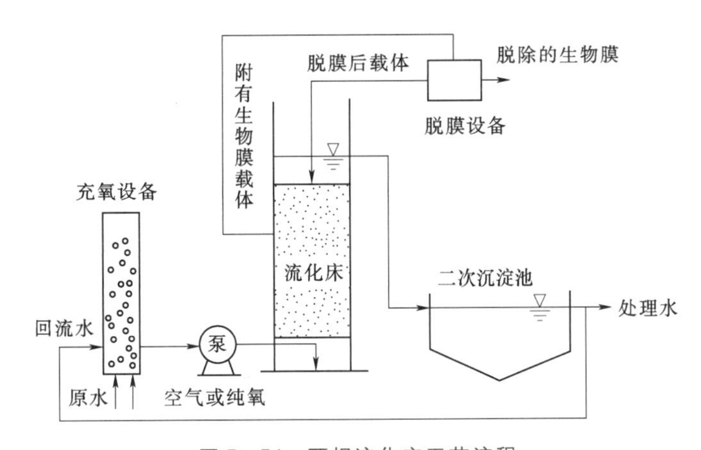

图 5-54　两相流化床工艺流程

充氧方式可以采用纯氧或空气为氧源，即原污水在专设的设备中与纯氧或空气中的氧相接触，氧转移至水中使水中溶解氧含量增高。如以纯氧作为氧源且配以压力充氧设备时，水中溶解氧含量可高达 30mg/L 以上；若采用一般的曝气方式充氧，污水中的溶解氧含量一般在 8～10mg/L 左右。

由于生物流化床内的载体全为生物膜所包覆，微生物高度密集，耗氧速度很大，往往对污水的一次充氧不足以保证微生物对氧的需要；此外，单纯依靠原污水的流量不足以使载体流化，因此常采用使部分处理水回流的方式。回流水循环率 R，一般按生物流化床的需氧量进行确定，计算公式为

$$R=\frac{(S_0-S_e)D}{S_{O,0}-S_{O,e}}-1 \tag{5-39}$$

式中：S_0 为原水的 BOD_5 浓度，mg/L；S_e 为出水的 BOD_5 浓度，mg/L；D 为去除每千克 BOD_5 所需的氧量（O_2），对于城市污水此值一般为 1.2～1.4kg（O_2）/kgBOD_5；$S_{O,0}$ 为原污水中的溶解氧量，mg/L；$S_{O,e}$ 为处理水中的溶解氧量，mg/L。

R 值确定后还应通过试验校核载体是否流化，一般应使载体流化为准。

2. 三相生物流化床

三相流化床是以气体为动力使载体流化，在流化床反应器内有作为污水的液相、作为生物膜载体的固相和作为空气或纯氧的气相三相相互接触。实际运行经验表明，三相流化床能高速去除有机物，BOD_5 容积负荷率可高达 5kgBOD_5/(m^3·天)，处理水 BOD_5 可保证在 20mg/L 以下；便于维护运行，对水量和水质波动具有一定的适应性；占地少，在同一进水水量和水质条件下，并达到同一处理水质要求时，设备占地面积仅为活性污泥法20%以下。与好氧的两相流化床相比，由于空气直接从床体底部引入流化床，故不需另外再设充氧设备；又由于反应器内空气的搅动，载体之间的摩擦较强烈，一些多余的或老化的生物膜在流化过程中即已脱落，故亦不需另设专门的脱膜装置。

图 5-55 所示的是典型的三相流化床构造及工艺，流化床本身由床体、进出水装置、进气管和载体等组成。床体内部通常内设导流管，起到向上输送载体的作用，床体上部为载体分离区，防止载体流出。由于空气的搅动，也有可能使少部分载体从流化床中随水流出，此时应考虑设置载体回流泵。当原污水污染物浓度较高时，可以采用处理水回流的方式稀释进水。

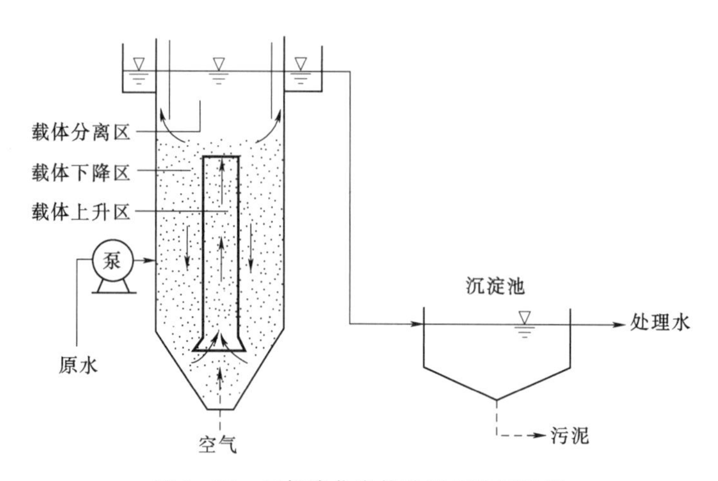

图 5-55 三相流化床构造及工艺示意图

3. 优点

生物流化床的主要优点如下：

(1) 容积负荷高，抗冲击负荷能力强。由于生物流化床是采用小粒径固体颗粒作为载体，且载体在床内呈流化状态，因此单位体积表面积比其他生物膜法大很多。这就使其单位床体的生物量很高（10～14g/L），加上传质速度快，污水一进入床内，很快地被混合、稀释，因此生物流化床的抗冲击负荷能力较强，容积负荷也较其他生物处理法高。

(2) 微生物活性强。由于生物颗粒在床体内不断相互碰撞和摩擦，其生物膜厚度较薄，一般在0.2μm以下，且较均匀。据研究，对于同类污水，在相同处理条件下，其生物膜的呼吸率约为活性污泥的两倍，可见其反应速率快，微生物的活性较强。这也是生物流化床负荷较高的原因之一。

(3) 传质效果好。由于载体颗粒在床体内处于剧烈运动状态，气—固—液界面不断更新，因此传质效果好，这有利于微生物对污染物的吸附和降解，加快了生化反应速率。

4. 缺点

生物流化床的缺点是设备的磨损较固定床严重，载体颗粒在湍动过程中会被磨损变小。此外，设计时还存在着生产放大方面的问题，如防堵塞、曝气方法、进水配水系统的选用和生物颗粒流失等。因此，目前我国污水处理工程实践中，还少有相关工业性应用。

5.4.3 微生物菌剂修复技术

微生物菌剂修复技术，也被称为投菌法，是一种利用微生物的代谢作用使受污染水体在短期内增大污染物降解速率的一种技术。主要是向被污染的河流、湖泊等水体中投加人工驯化培养或强化的优选活性微生物，快速提高水体中微生物的浓度，来促进水体有机物和污染物的降解。向水体中投加的微生物可分为土著微生物、外来微生物和基因工程菌。在受污染水域使用微生物修复技术的过程中，能否成功最主要的影响因素，就是适合的微生物和环境条件。

5.4.3.1 微生物菌剂修复技术原理和过程

5.4.3.1.1 水体微生物修复过程

环境水体除了自身具有生态修复的功能，它包含的各种植物、微生物也提供着多样的生态服务功能，例如，改善水体环境、调节气候、美化水体景观等。微生物虽然在自然界里个体最小，但数量却最大，分布也最广，是自然生态环境的重要组成部分。多种微生物通过共同作用形成微生物链，在污染水体修复过程中通过氧化、还原、光合、同化、异化作用把有机污染物转变为简单的化合物，保证水质的正常功能，从而改善水体环境质量，进一步影响整个水体生物修复过程。

微生物作用的一般过程为：首先，微生物会主动吸附其周围的有机物，利用胞外酶（大多数是水解酶）将环境中的大分子有机物转化为可溶性的有机小分子；然后，这些小分子有机物通过细胞膜渗入微生物细胞内部，在各种胞内酶的作用下，经过一系列复杂的酶反应，继而被降解，一部分转化为无机物和能量，另一部分被微生物用来合成自身物质。对于环境中有些难降解的有机物，微生物还会通过一种“协同代谢”的作用先改变其结构，并最终将其降解。单一种类的微生物对环境中有机物的降解效果并不显著，常要通过很多种类的微生物相互协同，来完成污染物的降解和去除。

5.4.3.1.2 微生物菌剂修复原理

1. 脱氮原理

氮是一种生物必需的营养物质，当大量的氮排人河流后会导致藻类大量繁殖，严重降低水中溶解氧含量，水体中鱼类等大量死亡，造成水体富营养化并影响水体景观，破坏水生生态系统的稳定平衡。所以减少水体中氮的含量，是解决水体富营养化的根本，微生物通过代谢消耗水体中的氮是行之有效的方法之一。即利用硝化细菌和亚硝酸菌将水中氨氮转换成为硝酸盐、亚硝酸盐再进行反硝化脱氮，最终将水中的总氮转换成氮气排到空气中去。这样减少了水中的氮元素，藻类就会因为缺乏营养而生长不良。亚硝酸菌可以使水中的氨氮发生亚硝酸型生物脱氮过程，就是将硝化过程控制在 HNO_2 阶段而终止，随后进行反硝化脱氮。

其反应过程为：氨氮→亚硝态氮→氮气。

硝酸菌作为一种自养型生物菌，与二氧化碳进行合成作用后，使得水体中的氨氮转化成硝态氮，然后再进行反硝化脱氮。

2. 脱磷原理

磷是生物体内必需的重要元素之一，是生物细胞的重要组成成分，并且在生物遗传和能量代谢过程中具有很重要的作用，例如，生物的核酸、卵磷脂、ATP 和植酸中都含有磷。自然界中的有机磷在微生物新陈代谢的作用下，可通过矿化作用转化成无机磷。无机磷主要以磷酸盐的形式存在，分为不溶性和可溶性磷酸盐两种。不溶性磷酸盐在某些产酸微生物的作用下转化成可溶性磷酸盐；后者同某些盐基化合物结合，转化成不溶性的钙盐、镁盐、铁盐等。上述各种途径构成了磷在自然界中的循环。

微生物修复剂中的积磷微生物将水中的磷吸收到体内后，沉降到水底的污泥中，于是水中的磷转移到底泥中，加速了磷元素的矿化速度，从而减少了水中磷的含量，最终抑制了藻类的生长。微生物修复技术示意如图 5-56 所示。渗透反应墙修复地下水污染示意如图 5-57 所示。

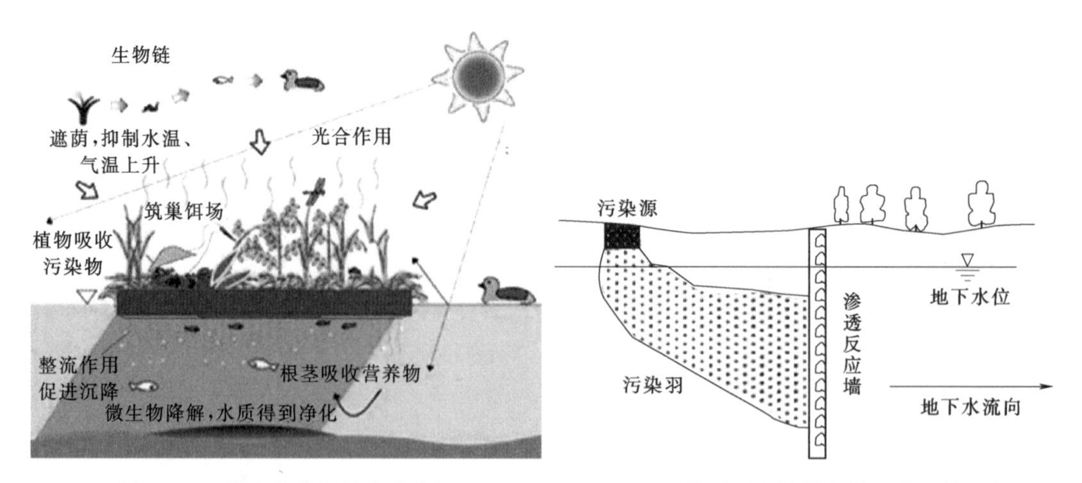

图 5-56 微生物修复技术示意图　　图 5-57 渗透反应墙修复地下水污染示意图

5.4.3.2 常用微生物菌剂修复技术方法

1. 直接投加法

直接投加法具有操作简单的特点，但是不同的水体投放技巧不同。如果水体流动性较差，可直接向受污染水域表面均匀泼洒微生物和营养液，并利用其扩散性能在更深更广的水域发生作用；如果在流动的河道中使用，则可在河流上游部分投加微生物，使微生物在随水流往下游移动的过程中有充分的停留时间与污染物发生作用，具体投菌地点要通过污染物降解动力学和水文学等方面的计算来确定。营养液也可用此种方式投加。

2. 吸附投菌法

这是一种在流速较大的水域防止菌体流失的好方法，首先使菌体吸附在分子筛、蛭石、沸石等填料或载体上，再投入到待治理的水体或底泥中，可有效降解该区域内的污染物。当微生物附着在一些载体表面时，会形成膜状的微生物，当生物膜与被污染的水体接触后，会吸收水体中的氮、磷，并降解其中的有机物，从而可以达到净化水质的目的。生物膜上所具有的固定细菌对环境变化耐受力很强、降解效率高，且产生的污泥量很少。生物膜法在处理受有机物污染的水体和氨氮轻度污染的水体方面效果最好。附着在填料上的生物膜降解污染物质一般分为 4 个阶段：污染物向生物膜表面扩散；污染物在生物膜内部扩散；微生物分泌的酵素与催化剂发生化学反应；代谢生成物，并排出生物膜。

3. 固定化投菌法

固定化投菌法是指通过特殊的物理化学方法，封闭在高分子网络载体内的微生物，该方法的特点是生物活性和生物密度比较高。在受污染水体或底泥中投加固定化微生物，可以有效解决微生物流失的问题，加快污染物降解速度，提高处理的稳定性，但是该方法的制作过程比较复杂。固定化微生物的制备有载体结合法、交联法和包埋法等，常用的载体主要有琼脂、海藻酸钠、聚乙烯醇（PVA）凝胶、光硬化树脂等。应用于受污染水域的固定化球体不宜过小，以防悬浮流失。此外，借鉴医药和农药缓释胶囊的应用，可以进行固定化微生物缓释胶囊的科研开发，通过缓慢释放固定的微生物菌种，使投菌区域始终保持较高的微生物浓度。

与一般的悬浮生物处理技术相比，固定化技术具有如下优点：

（1）生物处理装置内的生物量能够维持在较高的浓度范围内，这样可以提高处理负荷，同时减少处理装置容积。

（2）应用固定化技术时的污泥产量较少。

（3）可有选择性地固定优势菌种，提高有机污染物的降解效率。

（4）使用固定化技术对水质及 pH 值有较好的稳定性。

4. 根系附着法

通过微生物在水生植物根系的富集作用，使大量高效微生物附着在受污染水域中的水生植物根系上，既可以提高受污染区域高效微生物的浓度，同时还可以使水生植物充分利用微生物的分解产物。根系附着法可以直接将菌种投加到受污染区域的水生植物根系附近的水体中，也可尝试在室内栽有水生植物的培养液中投加微生物菌种，使其先在水生植物根系挂膜，成功后再将水生植物移入受污染水体或底泥中。也可用类似的办法投加营养液。该法可充分发挥微生物和植物的共代谢作用，但作用区域偏小。

5. 固定化菌藻技术

固定化菌藻技术是结合菌藻共生技术和固定化微生物细胞技术，取长补短而形成的。菌藻共生系统利用藻类和细菌两类生物之间的生理功能协同作用，来净化污水。藻类和细菌存在一定的协同净化关系：藻类通过光合作用释放氧气，并能吸收氮、磷等无机营养盐而合成有机物，并向周围释放一些无机物；作为重要的分解者，细菌能够分解利用藻类所分泌的有机物质以及死亡的藻细胞，其分解产物可以被藻类吸收利用。另外，藻类光合作用释放出的氧气为微生物的生长提供了丰富的氧源，而微生物代谢所释放的CO_2成为藻类的主要碳源，又促进了藻类的光合作用。利用细菌和藻类之间的协同作用，构建菌—藻净化系统，目前已经开始广泛应用于水质改善和水体修复中。该技术具有便于固液分离、不易受毒性物质影响、剩余污泥量少等优点。

微生物修复，相对于传统的物理化学方法而言，具有很多优势：一是投资费用大幅度减少。在武汉市北湖的生态修复工程中，成本为12561万元，平均0.062万元/亩（1亩≈666.67m^2），维护费用为0.036万元/(亩·年)；在青菱河的生态除臭工程中，成本为20.8万元，平均成本仅为0.2元/m^2。与传统的活性污泥法相比，基础建设投资减少80%以上，大大节约了投资成本。二是技术安全性高，对环境干扰小。微生物一般都是直接从自然环境中分离出来的，在湖泊的治理中，只是在强化这种有益微生物的生态作用。由于没有补充外源有害微生物，所以不会对湖泊现有的生态环境造成危害。而且微生物修复技术是在修复河流湖泊的生态环境，是有害微生物减少和有益微生物种群数量上升的过程，并不是要改变其原有的生态环境。当然，任何一门技术都不是万能的，它自身也存在一些缺点，例如，前期工作时间较长、受温度、pH等条件影响较大等。表5-12详细列出了微生物修复水体技术的优缺点。

表5-12　　微生物修复水体技术的优缺点对比

	优　点	缺　点
微生物修复	原位修复可使污染物在原地被降解清除	条件苛刻，影响条件较多
	操作者与污染物直接接触机会少，不致对人产生伤害	由于微生物的专一性，导致对水体修复的宏观效果不佳
	控制简单，对周围环境干扰少，无二次污染和污染物转移	需要对污染环境进行详密的调查研究，前期工作时间较长
	可有效降低污染物浓度	微生物对污染物的降解存在极限浓度
	省费用、修复时间短	修复过程中可能产生有毒物质

5.4.3.3 微生物菌剂修复技术的影响因素

微生物修复水体富营养化受环境影响较大，很多环境因素都会影响微生物分解有机物的效率，如溶解氧、营养物、pH等。因此，在投放微生物修复剂的时候还需要考虑到很多因素，例如，河流的pH、优势种植物、氮磷比值以及当地的年均气温等。

1. 修复地点的温度

目前的研究多集中在利用常温或高温微生物进行环境修复方面，而实际上常温或高温微生物的最适生长温度大多在30℃以上，很难用于大面积的水体和土壤等的处理，即使能够应用也将消耗大量的能源，大大地限制了它们的实际应用。如果在寒温带的广大地区利用微生物修复水体富营养化时，低温微生物则具有独特的优势，因为低温酶能够在低温下有效的发挥催化作用，保持微生物分解有机物的效率。常见的低温微生物按其生长温度可分为两类：一类为嗜冷菌，另一类为耐冷菌。嗜冷菌的最适生长温度低于16℃，其生长温度的上限为20℃；耐冷菌则是指能在0℃进行细胞分裂，最适温度在20～35℃左右的微生物。

2. 河流的pH

由于排入河流的污染物的不同，导致河流的元素构成、酸碱度不同，进而会影响微生物修复水体富营养化的效率。在实施微生物修复之前，必须测定河流的酸碱度来选择合适的微生物。相关研究表明，硝化菌和嗜磷菌对pH的变化非常敏感，在中性偏碱性条件下，硝化菌的增殖速度和硝化速度都可以达到最大。根据硝化反应原理，在碱性环境条件下能促进硝化反应的进行，强酸性条件下不利于氨氮的去除。在碱性环境下，EM对NH_4^+根的去除率为91.34%，比酸性环境下的去除率提高了45.32%。这说明EM菌净化总氮的效果在碱性环境下最佳，酸性环境不利于总氮的去除。

同样，pH对污水中总磷去除效果的影响也极为显著。当pH＝4.0时，去除率很低（19.14%），说明酸性条件不利于总磷的去除。而在碱性条件下，总磷的去除效果较好（56.01%），因为嗜磷菌适于在碱性环境中生长。当pH＞7时，嗜磷菌大量繁殖，成为优势种群，吸收原水中的磷，使水中总磷的浓度降低。

3. 河流中的优势植物

在河流中，微生物和植物之间形成了互利共生的局面，微生物大量聚集在根系周围，将有机物转变为无机物，为植物提供有效的养料；同时，微生物还能分泌维生素、生长刺激素等，促进植物生长。而植物发达的根系不但为微生物的附着、栖身、繁殖提供了场所，而且还能分泌出一些有机物质促进微生物的新陈代谢作用。在植物生长过程中，死亡的根系和根的脱落物，以及根系向根外分泌的无机物和有机物是微生物重要的营养来源和能量来源。由于根系的穿插，使根际的通气条件和水分状况优于根际外，从而形成有利于微生物生长的生态环境。研究表明，大型水生植物的根系分泌物可促进嗜磷细菌、嗜氮细菌的生长，加速湖泊水体的物质能量循环，从而间接提高湖泊水体自净速率。如在水芹—微生物水生态系统中，水芹作为载体，较大的促进了氮循环细菌的生长。而且，在水芹—微生物系统去除营养盐氮、磷过程中，对氮的去除以细菌为主；而对磷的去除则以植物吸收为主，根际磷细菌也起了一定的作用。因此，根据河流优势植物选择对应的微生物修复水体富营养化，从而达到事半功倍的效果，是十分重要的。

4. 河流中的氮磷比值

水体中TN∶TP比会显著影响着浮游植物的种群组成，所以在实施微生物修复水体富营养化的时候，除了降低氮磷的浓度外，还要考虑合适的TN∶TP。

临界的氨磷比按元素计应为16∶1，按重量计应为7.2∶1。从理论上讲，如果氮磷比小于该比值，氮将限制藻类的增长；如果氮磷比大于该比值，则可认为磷是藻类增长的限制因素。在实际应用中，藻类增长所需的氮磷均为可溶性的NO_3、NH_4或PO_4。根据实际情况，一般认为，当氮磷质量比大于10时，磷可以考虑为藻类增长的限制因素。下述比值范围已确认为确定富营养化限制因素的条件：当N∶P＞12时，磷为限制因素；N∶P＜7时，氮为潜在的限制因素；7＜N∶P＜12时，两种元素都不是限制因素。

5. 选择土著微生物进行修复

自然水体和土壤是微生物生存的大本营，微生物在遭受有毒有害的污染后，将会有一个自然驯化选择的过程，使适合的微生物得到不断增长繁殖，数量不断增多。培育出能在某种污水环境下生长的土著微生物，将有利于水污染的微生物修复。土著微生物具有个体小、种类多、生长繁殖快、代谢途径多样、适应性强、易变异以及具有其代谢作用等特点，为多种水体污染微生物修复提供了巨大潜力。

利用土著微生物修复污染水体，一般有两种途径：一种是从污染水体中富集、浓缩、分离能够降解或转化该污染物的土著耐受菌，探讨耐受菌的生长特性，通过室内模拟，探讨降解该污染物的影响因素，采用一些微生物技术，如固定化技术等，为土著耐受菌用于实际污染水体修复提供依据；另一种是通过对污染水体的分析，包括水体的物理、化学性质以及土著微生物生理活性分析，采用一些强化措施，激活土著微生物的降解或转化活性，实现土著微生物对污染水体的强化修复。

5.4.3.4 应用案例

浒溪河是无锡市梁溪区五爱路西侧的一条东西走向的城市内河，西起大运河，东接古运河，贯穿整个锡山新村区，沿河居住着大量居民。该河全长1.36km，其中在荣巷小桥头、浒溪桥、小木桥段的水面宽分别为4.5m、25.0m、7.5m；水深分别为1.4m、1.5m、1.1m；污泥深分别为1.6m、1.9m、1.2m。浒溪河河道源头处一水闸将其与大运河基本完全阻隔，变成了“断头浜”，且常年直接接纳周边居民的生活污水、沿河5个公共厕所和5个垃圾中转站的污水，河道环境容量随之降低，生态系统完全破坏，自净能力基本丧失，从而导致水质污染和水体发黑发臭。整条河道直接观测到的污水排放口达50多处，另外还有一些水面下难以观测到的污水排放口。河流的污染主要为以生活污水污染为主，可生化性强。污水量约为10100m^3/天，其水质背景值见表5-13。

表5-13　　2008年浒溪河水质背景值

编号	采样地点	水温/℃	透明度/cm	DO/(mg/L)	COD_{Mn}/(mg/L)	TP/(mg/L)	NH_3-N/(mg/L)
1	小桥头	16.3	20	1.2	11	0.95	13.6
2	浒溪桥	18	20	0.2	11.2	0.58	11.2
3	锡山新村桥	16.8	20	0.3	12.9	0.92	13.8
4	五爱路箱涵	16.6	10	0.3	13.9	1.1	15.8
5	小木桥	16.6	10	0.1	14.2	1.17	16.4

微生物接种采用直接投加法，直接向遭受污染的河流投入外源的微生物菌剂，同时提供这些微生物生长所需的营养，包括常量营养元素和微量营养元素。由于浒溪河主要受生活污水污染，故氮和磷含量很丰富，需补充少许常量营养元素如硫、钾、钙、镁、铁、锰等，因此还配置相应的促进剂促进微生物生长。

将培养后的微生物菌剂（含有的活菌数大于3.0×10^9个/mL）用河水按照1：5的比例稀释并按1：1000配加促进剂后，用泵将稀释后的微生物菌剂采用梅花式接种法注入河道底泥及河水中。分冬夏两季，于11月及6月对河段进行微生物接种及补充菌种。结束后，于8月底对河段进行监测。

经过监测分析，COD_{Mn}、TP、NH_3-N浓度均整体下降，且河道出水处的降解率分别可高达43%、56%和58%。

第6章

城市河道生态修复典型案例

6.1 茅洲河生态修复

6.1.1 流域概况

6.1.1.1 自然地理概况

茅洲河是深圳第一大河，也是深莞两市的界河。茅洲河流域属于珠江口水系，发源于石岩水库的上游一羊台山，流经深圳市宝安区的石岩街道、光明新区、松岗街道和沙井街道以及东莞市的长安镇，在沙井民主村汇入伶仃洋，为深圳市和东莞市的界河。流域总面积为388.23km²（包括石岩水库以上流域面积），其中深圳侧310.85km²，占80.1%；东莞侧77.38km²，占19.9%。茅洲河可划分为中下游干流河段和上游石岩河两部分，全河长41.61km，其中干流河长为31.29km、上游的石岩河长为10.32km（属石岩水库控制河段）。下游与东莞市的界河段长11.68km，感潮河段长13.02km。流域内集雨面积1km²及以上的河流共计59条；现有水库共33座，其中深圳侧水库24座，各水库总天然年径流量为10233万m³，库容总计为22282万m³。

茅洲流域地处深圳市西北部羊台山低丘与珠江口东岸滨海冲积、海积平原的接合地带，流域内地势总体呈东北高西南低走向，河床比降较为平缓，下游平原区比降约0.6‰，易受潮水顶托。茅洲河入海口海域的潮汐属不规则半日潮。由于受径流量和台风的影响，最高潮位一般出现于汛期。河口附近因受径流影响，一般为落潮历时大于涨潮历时。赤湾站年平均涨、落潮差历年均值均为1.37m，汛期平均涨、落潮差历年均值为1.40m，比枯水期大0.07m；年最大涨、落潮差历年均值分别为2.32m和3.16m，落潮为涨潮的1.36倍。

流域地处北回归线以南，属南亚热带海洋性季风气候，温暖、湿润、多雨，太阳总辐射量较多，夏季长，冬季不明显，冷期短，全年无霜。夏季盛行东南风，冬季以东北风为主，年平均风速2.6m/s，最大风速大于40m/s。年平均气温22℃，多年平均相对湿度79%。年降雨随时间分布极不均匀，有明显的雨季、旱季。每年4—9月为雨季，降水量约占全年降水的85%～90%左右。每年10月至翌年3月为旱季，降水量约占全年的10%～15%。

6.1.1.2 流域生态环境概况

2016年，茅洲河流域干、支流均存在大量漏排污水入河现象，河流水体水质大部分为劣V类，部分河段水体黑臭。2016年5月，对茅洲河流域水生态环境进行了全面调查，调查覆盖茅洲河流域干流和深圳侧主要支流，调查样点数量共计44个。

1. 底栖动物

共采集到底栖动物3门6纲7目17科27属28种。其中环节动物门有4种，包括多毛纲1种、寡毛纲2种和蛭纲1种；软体动物门有12种，包括腹足类10种和瓣鳃类2种；节肢动物门有12种，包括双翅目水生昆虫10种和蜻蜓目2种。大部分采样点以环节动物数量较大，尤其是霍普水丝蚓（*Limnodrilus hoffmeisteri*），寡毛类密度在27584～58176ind./m^2，占底栖动物总密度的90%以上。底栖动物的生物量在0.3～2326.5g/m^2，平均（394.5±594.9)g/m^2。

2. 浮游藻类

共采集到浮游藻类187种。其中绿藻门物种最为丰富，有74种，其次是硅藻门46种，蓝藻门31种，裸藻门24种，隐藻门、甲藻门和金藻门最少，分别为5种、4种和3种。总的来说，茅洲河支流采样点物种数较少，干流中下游和河口物种数最多。各采样点以绿藻、硅藻和蓝藻门物种最多，其次裸藻物种也很丰富。极小假鱼腥藻（*Pseudanabaena minima*）、中华平裂藻（*Merismopedia sinica*）、链状假鱼腥藻（*Pseudanabaenacatenata*）和假鱼腥藻（*Pesudanabaena* sp.）等蓝藻门、绿藻门和硅藻门的耐污种类为优势种。

茅洲河流域不同采样点浮游藻类的细胞密度在7.68×10^5～3.07×10^7cells/L，平均（$8.49\times10^6\pm5.86\times10^6$)cells/L。以茅洲河支流及干流河口的密度较低，而干流及支流中游的密度较高。浮游藻类的生物量在0.29～10.34mg/L之间，平均4.584mg/L。以茅洲河支流上游的生物量较低，而干流及支流中游、河口的生物量较高。

3. 浮游动物

2016年共采集到浮游动物71种。其中轮虫54种，枝角类8种和桡足类9种，轮虫种类数最多。轮虫如角突臂尾轮虫（*Brachionus angularis*）、镰状臂尾轮虫（*Brachionus falcatus*）等，枝角类如秀体溞（*Diaphanosoma* sp.）、长额象鼻溞（*Bosmina longirostris*）等，桡足类如一种许水（*Schmackeria* sp.）、一种真剑水蚤（*Eucyclops* sp.）以及桡足幼体和无节幼体等为浮游动物各类群的优势种。

浮游动物的密度以轮虫个体数最多，枝角类、桡足类数量最少。轮虫密度为0～100000个/L，平均密度为（22424.24±25531.70）个/L。枝角类密度在0～14.9个/L，平均密度为（1.44±2.51）个/L。桡足类为0.067～15.20个/L，平均密度为（4.30±4.04）个/L。

茅洲河流不同采样点的浮游动物生物量为0.17～150.53mg/L，平均（34.00±34.71)mg/L。以茅洲河支流上游的生物量较低，干流中下游、支流中下游、河口大部分的采样点生物量较高。

4. 鱼类

茅洲河干支流鱼类资源十分贫乏，仅采集到福寿鱼［莫桑比克罗非鱼（*Oreochromis mossambicus*（*Peters*）和尼罗罗非鱼（*Oreochromis niloticus Linnaeus*）］的杂交种，以下称“罗非鱼”）、栉鰕虎鱼（*Ctenogobius giurinus*，原名“子陵栉鰕虎鱼”）、胡子鲶（*Clarias fuscus*，当地名称“塘鲺鱼”）、食蚊鱼（*Gambusia affinis*）等4种鱼类，隶

属于 3 目 4 科 4 属。其中罗非鱼和栉鰕虎鱼分属于鲈形目的丽鱼科和鰕虎鱼科，胡子鲶属于鲇形目胡子鲇科、食蚊鱼属于鳉形目胎鳉科。

从分布地区看，鱼类主要集中在茅洲河干流上游楼村水入茅洲河交汇处至木墩河入茅洲河交汇处的干流河段，以及光明污水处理厂的污水处理池和排水渠，木墩河下游及入茅洲河交汇处。该区域主要是罗非鱼。在上游支流的樵窝坑的上游，也有一些小型鱼类生活，如栉鰕虎鱼、胡子鲶、食蚊鱼等，以及一些虾类，如，多齿新米虾（*Neocaridina-denticulate*）、锯齿新米虾（*Neocaridina denticulata denticulata*）、异足新米虾（*Neocaridinaheteropoda*）等。而在茅洲河楼村以下的中下游河段及其附属支流，由于水体污染严重，黑臭异常，没有鱼类生活。

在茅洲河大部分区域，水体黑臭，使得鱼虾绝踪。仅在上游的楼村以上还有耐污的罗非鱼存在，以及上游部分支流还有部分小型鱼类存在。茅洲河的鱼类群落结构单一，食物网简单，小型化，种群生物量低。鱼类群落多样性和生境的多样性具有密切正相关关系，茅洲河鱼类群落极不健康状态与其单一黑臭水体环境密切相关。

5. 水生植物

茅洲河流域中部分河道有大型水生植物分布，但在调查中也发现，这些水生植物并不是分布在河道全程，在河道的硬质岸带区域往往没有水生植物分布。河道最主要的水生植物优势类群是芦苇，从分布区域和分布的量来看，芦苇都在茅洲河流域占到绝对的优势，特别是在支流的岸带。而在干流和支流的一些岸带上，水花生、水蓼、油草等较为低矮的湿生植物类群也会占到优势。野芋在茅洲河流域偶有分布，但在大部分区域都不是优势类群。

茅洲河流域的大部分河段流速较高，底质主要为砂石底，同时水体黑臭污染严重，从生境角度来说，不适合沉水植物的生长。而茅洲河流域的主要城区河段都是硬化的坡岸和竖直岸，也不适宜岸带植物生长。茅洲河的部分支流，大规模开发建设导致河岸严重破坏，也影响了水生植物的生存。总的来说，茅洲河流域水生植物的生境较差，这也导致了茅洲河水生植物种类单一，多样性较低。

6.1.1.3 流域社会经济概况

茅洲河流域地跨两市三区，分别是深圳市宝安区、光明区和东莞市长安镇。该区域是珠三角地区工业发展速度最快，人口和工业企业密度最高的区域之一。

根据《2018 年深圳国民经济和社会发展统计公报》，宝安区常住人口 325.78 万人，比上年末增长 3.5%。其中户籍人口 57.29 万人，占常住人口比重 17.6%；非户籍人口 268.49 万人，占比重 82.4%。宝安区地区生产总值（GDP）为 3612.18 亿元，比上年增长 8.7%。其中，第一产业绝对值 1.36 亿元，比上年增长 30.9%；第二产业绝对值 1840.87 亿元，比上年增长 8.3%；第三产业绝对值 1769.94 亿元，增长 9.0%。三次产业结构为 0.04∶50.96∶49.00。

光明新区常住人口 62.50 万人，比上年末增长 4.7%。其中户籍人口 7.74 万人，占常住人口比重 12.4%；非户籍人口 54.76 万人，占常住人员比重 87.6%。光明新区生产总值（GDP）920.59 亿元，比上年增长 7.3%。其中，第一产业绝对值 1.74 亿元，比上年增长 23.9%；第二产业绝对值 588.51 亿元，比上年增长 7.7%；第三产业绝对值

330.34亿元，比上年增长6.3%。三次产业结构为0.19∶63.93∶35.88。

东莞市长安镇行政区面积为97.8km²，下辖13个社区，分别为涌头、霄边、咸西、居民、锦厦、街口、乌沙、新民、沙头、上沙、厦岗、厦边、上角。社区下设村（居）民委员会，共84个村（居）民小组。2018年，全镇实现生产总值613亿元，同比增长7.3%。工业总产值2146亿元，增长10.1%；进出口总额预计2662亿元；社会消费品零售总额164.6亿元，增长7.1%。

6.1.2 流域治理思路与成效

6.1.2.1 全新治理思路

茅洲河流域采取全新的水环境治理思路，打破过去"条块分割""九龙治水"的模式，坚持从"流域统筹、系统治理"的角度出发进行规划设计，制定技术方案；依托"六大系统"技术体系，始终坚持"织网成片、正本清源、理水梳岸、生态补水"——"四大技术"保障措施，贯彻"全流域统筹、全打包实施、全过程控制、全方位合作和全目标考核"——"五个全面"的治理理念，全面实现水安全保障、水资源利用、水环境达标、水生态健康、水经济发展和水文化丰富的"六水共治"目标。

（1）"织网成片"，建立完善的雨污分流管网系统。在流域排水范围内，以建筑排水小区为源头，以污水处理厂或受纳水体为目的地，充分考虑已有排水系统的现状和区域内排水需要，通过有序开展新建、调整或修复各级排水管路，形成衔接合理、排放通畅的雨污水干支管网系统。"织网成片"是解决城镇排水管网碎片化建设问题，强化污水通畅进厂，并指导雨污分流管网系统建设的重要技术思路。

（2）"正本清源"，实现源头雨污分流。对区域内工业企业区、住宅区、公建区等源头的排水管网情况进行摸排、梳理，查明各级排水管网系统是否存在雨污混流、错接乱排现象，逐步完善雨污分流体系，确保从源头上实施雨污分流。正本清源工程是完善流域雨污分流系统，进一步推进控源截污，提高污水收集率，保障流域水污染控制的关键步骤。

（3）"理水梳岸"，保障污水纳管、清水入河、河流健康。在流域范围内，以城市雨水管网末端为起点，通过对该范围内的外源污染和内源污染调查分析，提出合理可行的治理措施。具体来说，是针对河流沿岸排水口、支流明渠、暗涵等污水入河和底泥污染问题，在开展河湖外源污染、内源污染、水质、水量、水生态及治理现状调查和分析的基础上，提出治理方案，确保污水纳管、清水入河和河道健康的技术思路。

（4）"生态补水"，保障生态基流、改善水动力、提升水环境容量。通过对河流水环境、水生态、水资源及水环境治理现状调查分析，以满足河流水质提升并达到一定的生态修复能力为目标，提出相应的补水措施。"生态补水"是解决河流水环境容量、生态基流和水动力不足问题，促进河流水生态修复，实现河流长治久清的关键技术措施。

6.1.2.2 污染治理成效

自2016年，深圳市采取全新的治水模式，引进中国电建集团，进行流域打包，采用EPC总承包的模式实施；充分发挥"地方政府十大央企开展大兵团作战、全流域治理"的优势。2016—2019年，深圳市宝安区和光明区在茅洲河流域依次开展了水环境综合整治工程、正本清源工程及全面消除黑臭水体工程等三个阶段性工程。目前，水环境综合整治工程和正本清源工程已基本实施完成，全面消除黑臭水体工程正在实施。三阶段的流域治理工程已取得如下进展：

黑臭水体治理方面，全流域45个（宝安+光明：31个+14个）黑臭水体中，已全部完成整治，基本消除黑臭；2019年的全面消除黑臭水体工程计划完成304个小微黑臭水体的治理。

正本清源方面，2016—2018年完成小区、城中村正本清源改造2213个，其中2016年完成61个、2017年完成65个、2018年完成2087个。2019年计划完成小区、城中村正本清源改造130个以上。

污水管网方面，2016—2018年累计建成1982km管网，其中2016年建成484km、2017年建成938km、2018年建成560km。2019年计划新建管网26km，计划修复改造232km。

治污设施方面，流域7座水质净化厂基本达到准Ⅳ类排放标准，流域总处理规模120万t/日。新建污水临时处理设施一座（中途泵站污水处理站），可增加处理量5万吨/日，预计近期可通水。

2019年全面消除黑臭整治工作的开展标志着水环境整治工作进入深水区，本工程以“厂、网、源、河”为四个实施主体，工程内容包括污水处理厂水量调配，老旧管网改造，老旧管网清疏维护，现状污水泵站升级改造，遗漏正本清源小区补充完善，重点区域污染源整治，河道防洪完善及排水口整治，小微水体整治，小湖塘库整治，排涝泵闸维修改造，重点景观生态修复及智慧水务部分内容。基本实现茅洲河流域雨污分流管网全覆盖、正本清源全覆盖、面源污染整治全覆盖、黑臭水体治理全覆盖以及生态补水全覆盖等。重点解决老旧管网现状问题，点源及面源污染整治，初期雨水弃流调蓄，现状泵闸改造等工作，实现厂—网—源—河系统的匹配性，从“系统治理、流域统筹”的角度为茅洲河建立完善长效管护机制，实现“长制久清”。

随着整治工作不断深入开展，茅洲河水质持续改善。2019年1—6月，茅洲河上游楼村、李松蓢断面水质达到地表水Ⅴ类标准；中游燕川省考断面氨氮、总磷同比分别改善43.7%和7.4%，水质达到地表水Ⅴ类标准；洋涌大桥省考断面氨氮、总磷同比分别改善70.3%和62.0%，水质达到地表水Ⅴ类标准；下游共和村国家地表水考核断面氨氮、总磷分别为2.82mg/L和0.48mg/L。

6.1.3 水生态修复案例

茅洲河处于快速城市化地区，自然河流生态系统已经受到了强烈的改变，水质严重恶化，洪泛区与河流完全隔离，水生栖息地被隔断，生物多样性降低，岸边生态环境遭到破坏，将茅洲河修复为生态破坏前的原始状态是不可能实现的。因此，茅洲河流域水生态修复的目标并不是要让生态系统完全复原到原始状态，而应该是让河流系统重新恢复其必要功能，达到新的动态平衡，恢复其完善的自我调节机制，实现自我维持，使河流生态系统恢复健康，进而在遵循河流自身发展规律的条件下，持续地满足人类社会发展的需要。茅洲河目前开展的生态修复工作，是结合流域水污染控制工程来实施的，将生态治理理念融入流域水环境综合治理工程中。总体来说，茅洲河已开展的生态修复工作主要包括以下4

个方面：

（1）水质改善。采用水生植物净化技术、人工湿地净化技术、人工曝气、跌水曝气等生态措施净化水质。

（2）生态补水。生态补水的主要目标是保障河流的生态基流，在此基础上考虑自然水流的流量过程，以满足目标生物生活史的要求。茅洲河生态补水水源主要来自市政污水处理厂以及流域内的滞洪区。

（3）河道生态化改造。河道的生态化改造主要是对河流形态、结构进行改造，尽量恢复河流近自然的纵向形态、断面结构以及河床特征。如通过草坡入水、生态石笼、自嵌式挡墙等措施建设生态护岸，通过抛石、跌水堰坝等措施建设生态河床，通过硬质护岸生态绿化、植被缓冲带构建、种植水生植物等措施改造渠道化硬质河道，重建河流近自然生境条件。

（4）生物多样性恢复。恢复河流生物多样性，主要是通过河流栖息地的修复和重建实现的，直接恢复手段主要是种植本土水生植物和湿生植物。

以下通过几个典型的生态修复节点、河流及河段作为案例，说明在茅洲河实施的生态修复及生态修复技术的具体应用，包括新桥河、老虎坑水、潭头河生态节点及万丰湿地公园。

6.1.3.1 新桥河生态修复

1. 背景情况

新桥河位于沙井街道境内，是茅洲河中游段的二级支流，发源于长流陂水库，自长流陂溢洪道下蜿蜒曲折穿过沙井街道新桥片区、广深高速、广深公路、沙井中心区、宝安大道，最后汇入岗头调节池。新桥河流域面积为17.52km^2，河流全长为6.2km，河宽16～35m，河流平均比降为1.79，河床海拔－0.1～0.13m，多年平均径流量1506.72万m^3。

新桥河为雨源性河流，无客水经过。旱季水量少，主要为山体潜水和漏排进入的城市污水。水体流动性差，水流形态单一，生态环境恶劣。河道中上游水量小，水体多为积流及污水直排河道。下游段为感潮河段，河道水位及流向随着潮水位的变化而变化。以新桥立交为界，下游以人口集中的居住生活区为主，两岸驳岸因违建建筑多，侵占滨河空间；上游两岸主要为重污染工业厂房、宿舍。全线驳岸硬质渠化，滨水空间环境差，河道生态环境恶劣（图6－1）。

2. 措施与效果

新桥河在茅洲河流域中被规划为“休闲宜居性”岸线，在景观规划中主要结合河道沿岸的古村文化、蚝文化等传统文化特色，注重提升河道的亲水性和岸线两侧的自然景观及文化景观风貌。然而，治理前新桥河两侧护岸硬化严重，河道与陆地的生态缓冲带基本完全丧失；实施清淤工程后，河床生境变得单一化，非常不利于河流生物多样性及生态系统的恢复。针对这些问题，在新桥河水环境治理工程中进行相应的生态修复设计。

（1）草坡入水生态护岸建设。新桥河中游段，在具备用地条件的河段对河道驳岸进行放坡，改造为草坡入水的生态护岸。草坡入水生态护岸的优点是属于一种近自然的河流护岸形式，能够维持河流和岸带之间的有机联系，形成自然生态的河流缓冲带。自然驳岸的植物群落具有涵蓄水分、净化空气的作用，在植物覆盖区形成小气候，改善水体周边的生态环境。

图6-1　新桥河治理前河道状况

丰水期，水体中的水向驳岸外的地下水层渗透储存，缓解内涝；枯水期，地下水通过驳岸反渗入水体，起着补枯和调节水位的作用。另外，驳岸上的大量植被也有涵蓄水分的作用。

后期生态稳定，形成丰富的浅滩植物，为鱼类的产卵创造条件，为鸟类、两栖动物和微生物提供生存环境，保证生物的多样性，形成一个水陆复合型生物共生的生态系统。土壤中生长着大量的水生、湿生植物，它们为微生物的附着提供条件，使水中富含氧气。利用植物根系吸收和微生物分解来实现对污水的高效净化，增强河流的自我修复能力与自我净化能力。新桥河草坡入水生态护岸效果如图6-2所示。

图6-2　新桥河草坡入水生态护岸效果图

（2）跌水曝气。在河道内设置多处跌水设施，这些小型堰坝能够使河流的水流形态更加的多样性，形成激流—缓流交替的水流条件。此外，水流从跌水处急速下落冲击水面或地表，使水体发生紊动，增加了与空气中氧气的接触面积，起到天然曝气的作用，进而使水体的含氧量增加。而水体中含氧量的增加，有利于好氧微生物的繁殖和活动，使水中的污染物得到分解和净化，最终起到改善河流水质的作用。

新桥河跌水堰的营造，起到了增加水体驻留时间的作用，为该区域的水生植物和微生物对有害物质的吸附过滤提供充足的时间。同时，水体落差营造了动态的水系景观，增强视觉观赏效果，如图 6-3 所示。

图 6-3　新桥河跌水曝气效果图

（3）自嵌式生态挡墙。新桥大部分河段用地空间有限，对护岸进行完全放坡不现实，因此，在部分河段采用生态砌块建设自嵌式生态挡墙护岸。自嵌式生态型挡墙具备较强的控制能力、较强的抗冻性、较强的适应性和较强的生态适用性。可以促进挡墙外河水与挡墙内地下水交换，提高了河道、渠道的自净能力，也有利于各种水生生物的生长，是能够维持良好生态环境的生态护岸结构，如图 6-4 所示。

图 6-4　新桥河自嵌式生态挡墙护岸效果图

（4）植被缓冲带。对于部分渠道化的硬质护岸河道，在保障河流防洪标准的前提下，对清淤后形成的平坦河床进行地形改造，形成近自然的深河槽—浅河滩的生态河床形态。河道内两侧浅滩上可种植水生植物和耐水淹的湿生植物，形成植被缓冲带。在两侧浅河滩上构建相对稳定的植被缓冲带，有助于重建河流生物的栖息生境、维持河流的生物多样性；植被缓冲带还可以起到截留污染物和净化水质的作用，提升河流的自然生态景观，如图 6－5 所示。

图 6－5 新桥河植被缓冲带效果图

6.1.3.2 老虎坑水生态修复

1. 背景情况

老虎坑水位于宝安区松岗街道，又名老虎坑水库排洪渠，发源于老虎坑水库，由北向南流经塘下涌、燕川两个社区，龟岭东水于广田路左岸汇入，流域集雨面积 7.22km^2，河长 5.42km，河床平均比降为 13.55‰。河道中上游周边多为耕地、荒地和山体，局部为工业用地，存在一定污染。河道整体形态较为自然，主河槽宽 3～6m，部分河道形态单一，基本为直线型，且河道断面设计为矩形断面以提高行洪效率（图 6－6）。

下游流经工业区，汇入茅洲河。河道污染严重，河水发黑发臭，河道直顺、规整，河道护岸硬质化现象突出，造成河流与两岸之间的隔绝，破坏了河岸植被和水生植物赖以生存的基础，水生动植物无法生存甚至绝迹，致使河道流域自然净化能力丧失，河流生态遭到破坏（图 6－7）。

2. 措施与效果

根据河道现状实际情况，并结合防洪、截污方案，进行生态修复建设。设计方案基本保留了河道的自然形态，驳岸采用石笼、块石等较生态的材料进行生态化改造。丰富河道空间，还原河道自然面貌，涵养水源，恢复河道生态系统，提升河道水环境；并在不影响行洪要求的情况下，优化河道河滩地形态，构建浅滩湿地系统、重建河道自然生态系统。

（1）驳岸生态化改造。在维持河流自然形态的前提下，采用草坡入水、石笼护坡等生态护岸技术对河道驳岸进行生态化改造。生态护岸的建设恢复了河流的横向连通性和河流两侧的植被缓冲带，改善和丰富了河流生物的栖息地，使河流生态系统得以逐步恢复，河

图 6-6 老虎坑水上游段河道治理前状况

图 6-7 老虎坑水下游段河道治理前状况

流的自净能力和自我维持能力逐步提高。

（2）河床抛石。河道清淤后，参照自然河流的河床特征，在河底铺设一层砾石，构建生态河床。砾石河床的作用，在于可提供河流底栖生物及附着生物的栖息地和附着基质，使底层的水流形态更为多样化，并且能够通过砾间接触氧化的原理，起到净化水质的作用。

（3）河流缓冲带植被构建。通过人工构建和自然恢复相结合的方式，在河流两侧构建滨水植被带。在初期，通过人工播撒草籽促进植被带的建立，后期则通过植物群落的自然演替建立更为自然、稳定和生态的滨水植被，如图 6-8、图 6-9 所示。

图 6-8　老虎坑水生态护坡及植被缓冲带效果图

图 6-9　老虎坑水石笼护坡及砾石河床效果图

6.1.3.3　潭头河生态节点

1. 背景情况

潭头河位于宝安区沙井北、松岗南，属茅洲河二级支流，为排涝河一级支流，发源于五指耙水库西侧山谷，由东向西穿越广深公路，广深高速公路，于潭头二村西汇入排涝河。潭头河流域面积 4.64km^2，河长 5.3km，上游分水岭高程为 133m，河口高程为 0.48m，河流平均比降 2.6‰。潭头河流经密集城区段，沿河主要为工业区，局部为居住区，沿岸分布有沙井新桥和松岗潭头等社区。潭头河现状洪涝问题突出、河流水体黑臭、河流空间受严重挤占。潭头河为感潮河流，受到下游潮水的顶托，河流水动力条件较差，底泥淤积严重（图 6-10）。

图6-10 潭头河下游段治理前状况

2. 措施与效果

潭头河以广深高速为界，上游部分明渠空间被挤占，部分明渠位于高压走廊下，下游河道及支流磨圆涌右岸具备营造活动空间的条件。下游河段道路基本贯通，河口段约900m及磨圆涌段有一定滨水空间，其他段为直立式挡墙。将潭头河下游段进行重点建设，打造河流生态修复节点。配合设置观景高台、台阶、坡道与河道内外绿地联系，形成多元化滨水空间，拓展潭头河滨水空间体验，为周边公众提供更多滨水游憩活动的条件。

(1) 河道硬质护岸生态绿化。在原有的硬质护岸上固定椰棕卷材以及覆土，之后在表面上种植植被进行绿化，可在不破坏现存水泥护岸的情况下形成植被带。通过防腐木桩和植被筐形成基础，对水泥面上固定的椰棕卷起到稳定的作用。常水位以下设置的植被框架基础，可以通过多孔型结构提供鱼类的栖息处，再通过金属筐里的椰棕卷可以种植植被，起到吸附水中污染物，景观美化的效果。通过硬质护岸的生态绿化可以实现河道和护岸的生态链连接，也可以降低水泥面表面温度，从而整体上降低整个河道环境的温度。此外，还可以减少面源污染，避免外部污染源直接排入河道内。椰棕原材料为天然纤维，随着时间的流逝，天然纤维会分解到土壤里，并且绿化带中的水生植物根系生长发达后，会通过水泥面上的孔生长、延伸，更好地维持护岸稳定性。潭头河硬质护岸生态绿化设计图如图6-11所示。

(2) 河道植被构架。通常，河流水生植被构建存在较大的困难。河流中具有一定流速的水流会对种植的水生植物形成冲击和搬移，使其难以固定根系和生长。季节性的洪水冲击则将对河流水生植被造成更为严重的破坏。在潭头河生态节点的建设中，采用植被构架的方法构建水生植被。利用防腐木材组装成的木材框架、砾石及椰棕卷等，为河流水生植被的种植和生长提供稳固的条件。植被构架生境可以实现削减河道内污染物的功能，通过砾间接触氧化法以及植被的吸附作用可以改善水质，完善河道内的生态链，恢复河道的自净能力；通过植被构架生境工法形成河中岛，达到景观美化的效果。

潭头河下游河段生态节点的打造，可降低城市热岛效应，使河道周边地区气温降低，水系走廊的流通性增强，减轻了空气污染和噪声污染。在社会方面，提升了深圳市市民的

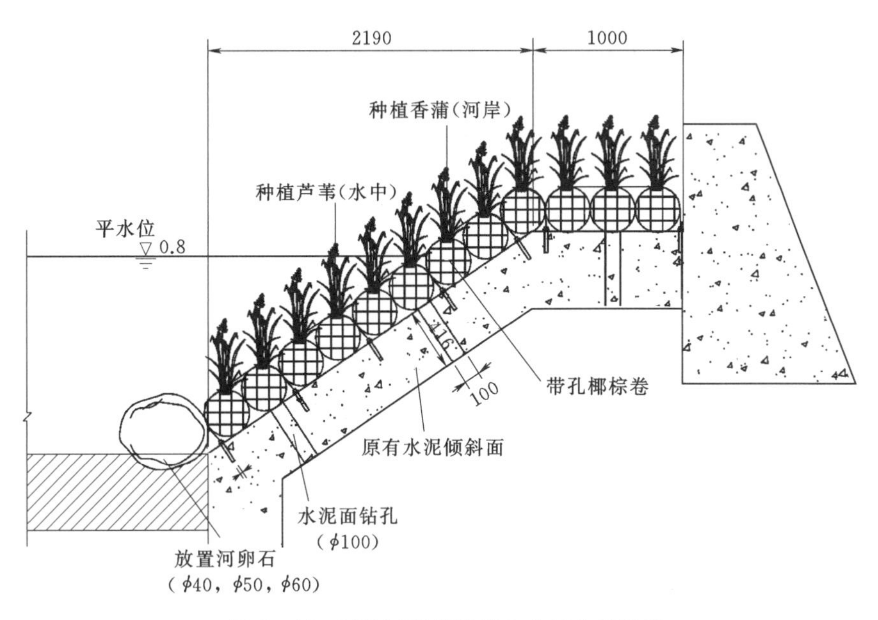

图 6-11 潭头河硬质护岸生态绿化设计图
(水位单位：m；其他单位：mm)

生活质量，市民有了交流和团体活动的绿色公共空间；在经济方面，加速河道沿岸商业发展。

通过恢复河道沉水植物，构建水下森林系统，提供多样性的水生动物生境，进一步丰富河道生物多样性，完善河道水生态系统组成。同时结合滨岸植被缓冲带构建，保障河道水体水质改善成果（图 6-12）。恢复河道生态功能，提升城市的景观风貌，使茅洲河流域形成生态稳定、功能完善的城市滨水景观界面空间。以河道主体及滨河空间各界面为提升空间，形成生态良好，景观优美，布局合理，功能稳定，方便群众的河道景观。

图 6-12 潭头河生态节点效果图

6.1.4 茅洲河流域水生态修复效果

2018 年 8 月，对茅洲河流域水生态环境状况再次进行了全面的调查，调查范围覆盖茅洲河流域干流及主要支流。为了分析茅洲河流域的水生态修复效果，对 2018 年 8 月和 2016 年 6 月的水生态环境调查结果进行对比分析。

1. 水质变化

与 2016 年的水质检测结果相比，2018 年茅洲河干支流 COD 平均浓度从 41.2mg/L 降至 24.0mg/L，降低了 40.0%；氨氮平均浓度从 12.8mg/L 降至 5.6mg/L，降低了 56.0%；总磷平均浓度从 2.1mg/L 降至 0.7mg/L，降低了 68.2%；溶解氧平均浓度从 1.3mg/L 升高至 3.0mg/L，升高了 129.0%（图 6-13）。

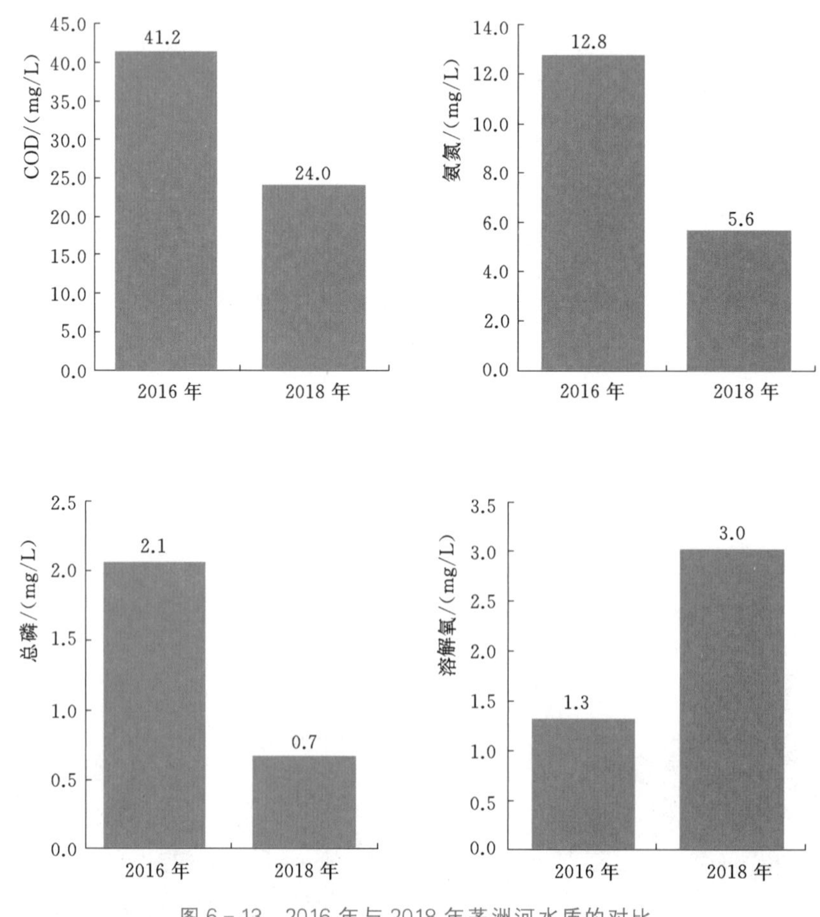

图 6-13 2016 年与 2018 年茅洲河水质的对比

2. 底栖动物群落的变化

2018 年共采集到底栖动物 43 种，其中水生昆虫 28 种，非昆虫类 15 种。与 2016 年的调查结果相比，2018 年茅洲河流域底栖动物物种多样性明显增加，从 28 个分类单元上升为 43 个分类单元。其中，水生昆虫增幅最大，从 12 个分类单元上升为 28 个分类单元，且新增蜉蝣目、鞘翅目、毛翅目和半翅目几个水生昆虫类群。此外，环节动物增加了 4 个分类单元，软体动物减少了6个分类单元。

2018年调查样点的底栖动物平均密度为1856ind./m^2。与2016年的调查结果相比，2018年底栖动物密度大幅降低，从7608ind./m^{2}降至1856ind./m^2，且主要是由于环节动物密度降低导致。

3. 浮游藻类群落的变化

2018年共采集到浮游藻类171个分类单元，其中硅藻门共120个种，绿藻门23属，蓝藻门22属，裸藻门4属，隐藻门2属。与2016年的调查结果相比，总分类单元数减少了16个，绿藻门、蓝藻门和裸藻门分类单元数均有不同程度减少，硅藻门分类单元数大幅增加，甲藻门和金藻门2018年未采集到。

2018年调查样点的浮游藻类平均密度为4.6×10^6ind./L。与2016年的调查结果相比，浮游藻类密度总体下降。其中绿藻门、蓝藻门均有较大幅度降低，而硅藻门及裸藻门等藻类密度增加。蓝藻门在2016年占藻类总密度的58%，2018年下降至31%，与硅藻门及绿藻门的占比相当。

4. 湿地植物的变化

2018年调查期间，共采集到湿地植物41科89属110种，其中单子叶植物52种，双子叶植物58种。沉水植物4种，分属4科、4属；挺水植物24种，分属11科22属；漂浮植物2种，分属2科2属；浮叶植物1种；湿生植物41种，分属15科34属；其余为陆生植物。从出现频率看，2018年调查期间，湿生植物的出现次数最多，累计达194次，其次为挺水植物和陆生植物，分别为124次和127次。漂浮植物、浮叶植物和沉水植物出现次数较少，4种沉水植物仅累计出现4次。与2016年相比，流域内湿地植物种类有所增加，植被覆盖率提高。

5. 河流生态状况的变化

采用底栖动物BMWP（Biological Monitoring Working Party）指数和Palmer藻类污染指数两个指标对两次的生态状况进行评价分析。

通过BMWP指数对茅洲河流域水生态环境状况进行评价的结果显示，2018年调查样点中，72.1%的样点水生态环境状况为“劣”，25.6%的样点为“差”，仅1个样点的评价结果为“中”。

与2016年的评价结果相比，2018年茅洲河流域水生态环境状况整体有所提升（图6-14）：评价为“劣”的样点降低5.2%，评价为“差”的样点增加5.8%，增加了1个生态环境状况为“中”的样点（BMWP指数得分为49）。

通过Palmer藻类污染指数，对茅洲河流域水生态环境污染状况进行评价的结果显示，2018年调查样点中，46.8%指示为“轻污染”，27.7%指示为“中污染”，25.5%指示为“重污染”。

与2016年的评价结果相比，2018年茅洲河流域水生态环境污染强度明显下降（图6-15）：指示为“重污染”的样点减少了56.3%，指示为“中污染”的样点增加了16.3%，指示为“轻污染”的样点增加了40.0%。

6.1.5 小结

通过对比，发现茅洲河治理工程实施后流域水生态环境状况有明显的提升。COD、

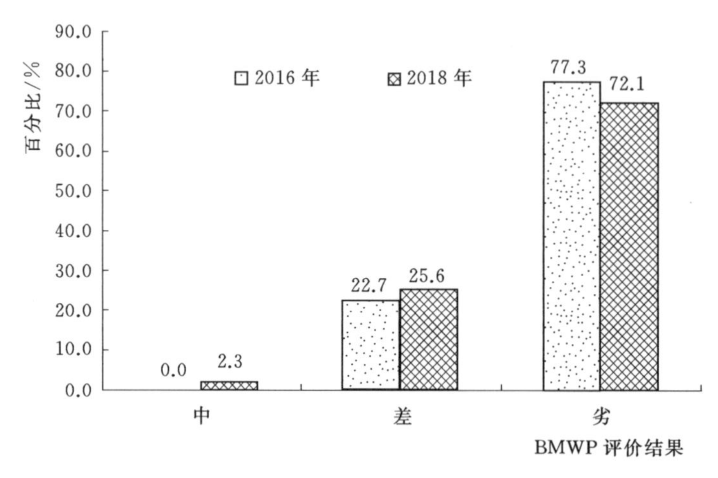

图6-14　2016年和2018年茅洲河流域底栖动物BMWP指数评价结果对比

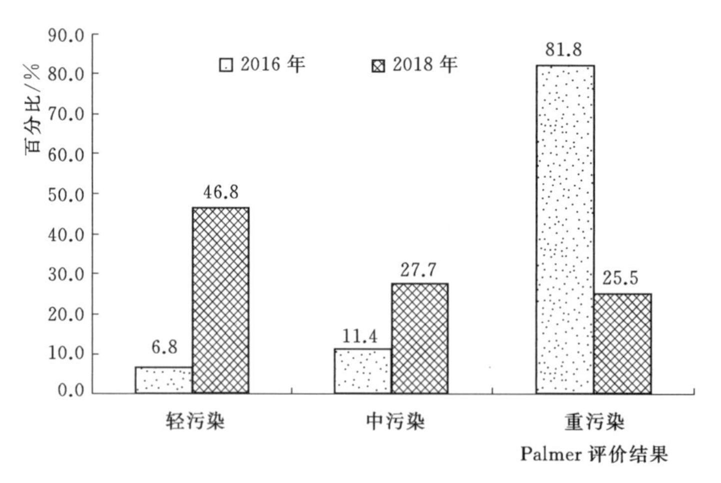

图6-15　2016年和2018年茅洲河流域Palmer藻类污染指数评价结果对比

氨氮、总磷浓度明显降低，溶氧明显升高；底栖动物和湿地植物多样性明显增加，BMWP指数和Palmer指数指示的河流污染程度明显减轻。但是，茅洲河流域水生态健康状况仍然较差，底栖动物和浮游藻类群落仍然以耐污种为绝对的优势种，敏感种类和沉水植物的数量和分布范围仍然稀少。2016年和2018年茅洲河流域生态状况变化总结见表6-3。

表6-3　　2016年和2018年茅洲河流域生态状况变化总结

项目		2016年5月	2018年8月	变化
水质	COD	41.2mg/L	24mg/L	降低40%
	氨氮	12.8mg/L	5.6mg/L	降低56%
	总磷	2.1mg/L	0.7mg/L	降低68%
	溶解氧	1.3mg/L	3.0mg/L	升高129%

续表

项目		2016年5月	2018年8月	变化
底栖动物群落	种类多样性	28	43	物种多样性增加54%，其中水生昆虫增加了133%
	密度	7608ind. /m^2	1856ind. /m^2	密度降低76%，主要是耐污种水丝蚓密度降低
浮游植物群落	种类多样性	187	171	物种多样性降低9%
	密度	8.5×10^6ind. /L	4.6×10^6ind. /L	藻类密度降低46%
湿地植物		—	41科89属110种	
BMWP指数	中	0	2.3%	增加2.3%
	差	22.7%	25.6%	增加2.9%
	劣	77.3%	72.1%	降低5.2%
Palmer指数	轻污染	6.8%	46.8	增加40.4%
	中污染	11.4%	27.7%	增加16.3%
	中污染	81.8%	25.5%	降低56.3%

6.2 深圳市龙岗河流域生态修复案例——梧桐山河段

6.2.1 流域及河段状况

龙岗河流域位于深圳市东北部，是东江二级支流淡水河的上游段。河流发源于梧桐山北麓，流经深圳境内横岗、龙岗、龙城、坪地、坑梓等街道，在坑梓街道的吓陂村附近进入惠州市境内。河流在惠州市蜿蜒曲折4.88km后，又迂回至坑梓街道沙田村的深圳市，成为深圳市与惠州市的界河，界河段长2.83km，接纳田脚水后，流入惠州市境内。田脚水河口以上流域面积364.4km^2，河长35.5km（含主源梧桐山河14.4km），河床平均坡降2.7‰。流域内共有河流43条，其中干流1条（即龙岗河），支流42条。主要支流有梧桐山河、大康河、龙西河、爱联河、回龙河、南约河、同乐河、丁山河、黄沙河、田坑水等。梧桐山河段长度为2km，起于沙荷路，止于西坑村口段。总面积114400m^2，水岸家园节点位于梧桐山河碧道最上游，长度约120m。

治理前梧桐山河由于缺乏统一的规划建设，防洪标准达不到10年一遇的标准。汛期洪水漫溢，给周边村落及企业造成巨大经济损失。河道弯转曲折，凹岸河底冲刷严重，凸岸淤积严重，河道被挤占的现象。同时梧桐山临近村庄没有完整的排水系统，雨、污合流，未经处理直接排入河道，直接排入的污水对河道水质造成了污染，梧桐山流域位于深圳水库水源保护区，对深圳水库的水质安全影响很大，在河道开发强度大的河段水体发黑，水质较差，远未达到二级水源保护区水质要求——地表水三类指标。

6.2.2 治理措施

梧桐山河段节点水生态修复设计如图6-16所示。

图6-16 梧桐山河段节点水生态修复设计

1. 构建水陆复合型河流生态系统

(1) 构建水生植被。从保护水体水质的要求来讲，河岸种植树种要无毒、无污染，少落叶、落果，避免造成水体的污染。多采用梧桐山风景区的野生树种及当地的乡土树种，适当补充少量观赏树种。结合立地条件，分别选择耐湿树种、水生植物进行科学配置，以吸收和转化水和底泥中的氮、磷、钾等营养物，降低水体氮、磷、钾等元素的含量与周转速率，抑制浮游植物生长，改善水质。

(2) 合理搭配植被。在植物的选择和搭配上，遵循"四季皆有景"的原则，强调点、线、面的植物景观效果，以群植、散植、孤植、列植相结合，发挥植物搭配的不同功能，在提高水体生物多样性的同时，突出区域特色。

(3) 采用人工生态驳岸。河道改造采取石笼型式的驳岸，覆土植草，河床护脚以块石砌筑并种植水生植物，采用具有自然河岸"可渗透性"的人工生态驳岸，可保证河岸与河流水体之间的水体和物质交换，不仅能滞洪补枯、调节水位、增强水体的自净作用，同时生态驳岸把滨水区植被与堤内植被连成一片，构成一个水陆复合型生物共生的完整河流生态系统。

2. 驳岸型式防洪系统

河床型式在现状河道纵坡和尽可能不设堤防的基础上拓宽河道，纵断面及河岸高度尽量保持现状，局部段通过设置多级跌水，放缓纵坡，堤脚以高0.5m，宽1～2m的石笼蜿蜒排列达到护底效果，以减小河道流速和冲刷。采用生态护坡驳岸大部分采用1∶3的缓坡和原状地形自然衔接，坡面采用生态袋及石笼的方法进行护坡，面层覆土植草。

此驳岸型式防洪系统安全可靠，使干流达到50年一遇洪水标准，有利于植物生长及水生动物的休憩，结构稳定、整体性好、透水性强、耐久性好、抗震抗滑性好、抗冲刷能力强、施工方便，尤其对超标准洪水的防御能力强，同时河道生态空间广阔，可同时建设符合河流本身生态特点的景观特色。

3. 截污除污工程

治污措施以“截排”为主，即村域以外的雨、洪水沿山边的截洪沟分段截流入梧桐山河，村域以内的污水及初期雨水设截流式合流管沿河截至深圳水库污水截排工程的污水渠道中经过处理后排入深圳河，完善排水、除污系统，使干流河道水体达到地表水三类指标。

4. 营造亲水平台

梧桐山河碧道右岸新建生态砌块复式挡墙及堤顶道路，塑造生态安全舒适的通行空间。左岸拆除现状 6～7m 高悬挡墙，河岸空间采用复合式做法，打造多维体验水廊道。

6.2.3 治理效果

通过对梧桐山河生态整治工程在防洪、除污、景观设计等方面所作的生态性改造尝试，在满足城市防洪、水源保护的条件下，采用了生态护坡技术，具有滞洪补枯、调节水位、增强水体自净等效果，使干流达到 50 年一遇洪水标准，同时干流河道水体达到地表水三类指标，有效地改善水质、提升了河道的生态环境效应。生态修复后的梧桐山河段如图 6-17 所示。

图 6-17 生态修复后的梧桐山河段

6.3 深圳市观澜河流域生态修复案例——甘坑河

6.3.1 流域及河道状况

观澜河流域位于深圳市中北部，是东江水系一级支流石马河的上游段，发源于深圳市龙华区民治街道境内的大脑壳山，自南向北流经龙华新区的民治、龙华、大浪、观澜街道，在观澜企坪以下进入东莞市境内，北流至东莞塘厦镇右纳雁田水后始称石马河，继续向北流经樟木头镇，最后于桥头镇建塘东南 1km 处汇入东江。观澜河流域总面积 242.83km^2，占石马河流域面积为 1248.21km^2 的 19.5%。观澜河干流在深圳市（即企坪断面以上）全长约 23.3km（含上游段油松河），流域面积 189.66km^2，共有一级支流 14 条，二级、三级支流 8 条。

甘坑河属于观澜河流域，甘坑河自甘坑山塘至甘坑水库总长 2.77km，流域集雨面积 4.778km^2，天然比降 9.4‰，甘坑河是甘坑水库的入库支流，甘坑客家小镇位于甘坑河的中游位置。

治理前，甘坑河上游以自然河道为主，由于之前没有规划设计，景观层次差，缺乏美感，不适宜人类的活动，缺乏游憩系统；中游河道防洪安全缺失以及地势低洼，在汛期无法满足防洪要求，汛期河水总会倒灌到小镇，危及周边居民的人身安全、造成巨大经济损失，河流水质污染严重，甘坑河两边居民直排污水入河道；河道官网建设不完善，河网不贯通，水系沟通不畅、水动力条件差等问题严重。

6.3.2 治理措施

6.3.2.1 上游城市段

（1）构建河道浅滩。河道中的浅滩地貌通过错落有致的结构自然形成各种不同的水流形态，有助于提高河道生态环境的多样性，通过人工堆放抛石的方式，利用水流力学自然形成浅滩的纵断面。

（2）边坡护岸工程。

1）阶梯式生态护坡技术。传统的混凝土护坡只注重河道本身的岸坡稳定性和河道行洪排涝的基本功能，将河道表面封闭起来，阻隔了水体的连接通道，而阶梯式生态护坡通过阶梯式的鱼槽砖对现有混凝土进行加固，种植绿化，通过植物根系锚固作用对边坡表层进行防护、加固，使之既能满足对边坡表层稳定的要求，又能恢复被破坏的自然生态环境。甘坑河鱼槽砖摆放成型后倾角（坡度1∶0.3），在种植绿化上，种植深度应与原种植线一致，种植土选用轻疏、透气通气性能好的成熟土壤。

2）观景平台边坡生态修复。传统的边坡治理手段虽然可以有效解决边坡失稳、滑坡等诸多问题，但很大程度上影响了周围生态环境的景观效果，导致其景观品质下降。观景平台边坡生态修复工程是通过搭建贴壁植生骨架，铺装植生盒，添加种植土，搭配种植常绿景观植物，构建垂直绿化景观，不仅具有加固护坡、防止土体流失等固坡作用，而且还可以一定程度上美化环境。

6.3.2.2 中游段

1. 修建防洪整治工程

采用50年一遇防洪治理标准对全长2.475km河道进行整治；在基本维持现有河道走向的基础上，通过拓宽河道、重建堤岸、河道清淤等方式，提高河道防洪能力，增强堤防安全稳定。

2. 截污工程

提高河道水质，改善河道生态环境，截污控源是根本，为消除黑臭水体，设置截污措施，以减小污水直排入河。

3. 恢复两岸植被

河道两岸绿植能够有效改善河道的泥沙淤积，增强河道两岸的抗冲刷强度。通过在河岸两侧合理种植绿植以缓解因土壤、空气等引起的水污染，同时为当地居民提供多元化的生态服务及户外景观场所。在甘坑河河道两岸种植柳树带，在原始河道浅滩处因地制宜增种绿植。

4. 生态河床

河道清淤后，参照自然河流的河床特征，在河底铺设砾石和景观石磨，构建生态河床。不仅可对石磨二次利用，增添景观美感，砾石和石磨还可以提供河流底栖生物及附着生物的栖息地和附着基质，使底层的水流形态更为多样化。

6.3.3 治理效果

1. 上游城市段

图 6-18 治理后甘坑河上游效果图

通过对甘坑河做了生态性改造尝试，因地制宜，上游河段在满足水质安全和景观设计的条件下，采取人工抛石、阶梯式生态护岸等措施，解决了上游河段景观缺乏美感，缺乏游憩系统、护岸单一等问题，恢复了河道生态多样性，现在已经形成了一个与环境相互交融并可供欣赏、有环保教育特点的滨水景观（图 6-18）。

2. 中游河段

中游河段在满足汛期城市防洪、水质的条件下，修建防洪、清淤除淤等工程，不仅解决了汛期防洪能力低、水体污染严重等问题，还使干流到达 50 年一遇洪水标准，同时干流河道水体达到地表水三类指标，有效地解决了黑臭水体等问题，在改善水质方面有显著效果（图 6-19）。

(a) 治理前

(b) 治理后

图 6-19 甘坑河中游治理前后对比图

6.4 东莞市石马河流域生态修复案例——赵林截洪渠

6.4.1 流域及河道状况

石马河是东江下游的一级支流，在东莞市境内主干河长 67.5km，共有大小河涌 107 条，境内流域面积 601km^2，石马河是东江生态带的重要组成部分，更是东莞市对接珠三角世界级城市群、粤港澳国际大湾区的纽带。涉及凤岗、塘厦、清溪、樟木头、常平、谢岗和桥头 7 镇的 112 个村（社区）。流域内常住人口 151.3 万人，流域面积约占东莞市全市的 1/4，石马河流域在东莞市经济社会发展中具有重要地位。

赵林截洪渠属于石马河流域的主要二级支流，流域面积 8.34km^2，河长 5.75km（图 6-20）。是谢岗镇境内 5 条主要截洪渠之一，作为排洪通道排山洪入外河谢岗涌。主要排出金川工业区以南洪水，总集水面积 9.26km^2，截流的水库洪水包括焦坑及小长坑水库。赵林截洪渠谢岗镇域内长 4.5km，下游河段河宽 150～250m；中游金川工业区段现已裁弯取直，长 0.78km，河宽 15～20m，土渠；谢常路以上河段现状仍为天然河段，平均河宽 10m。为了落实东莞市“十三五”规划的重要部署，东莞市对石马河流域开展综合治理工程，谢岗镇生态修复与景观提升工程是其中重要组成部分。

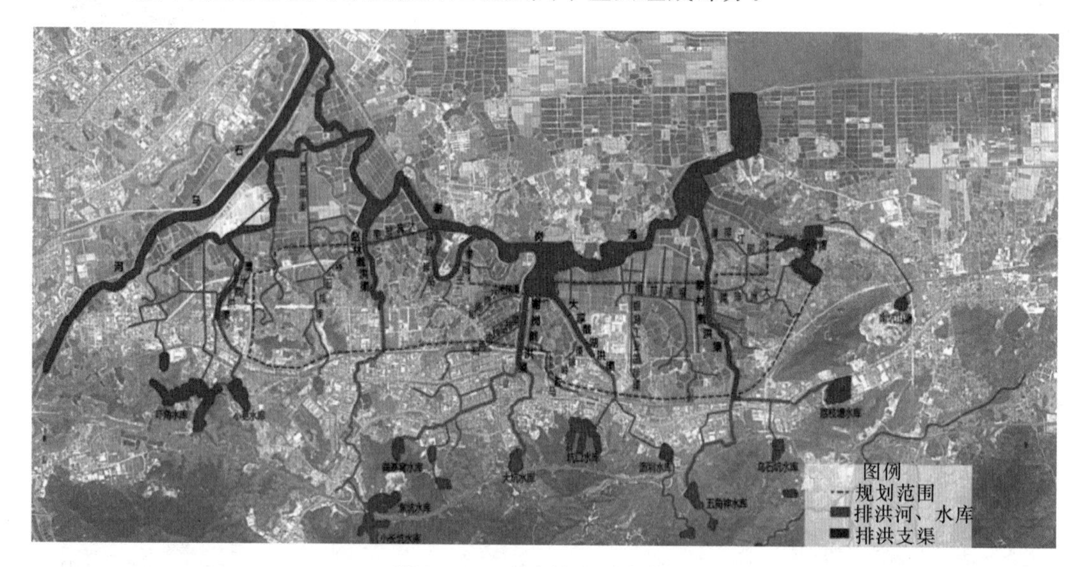

图 6-20　谢岗镇水系分布图

在进行景观提升工程前，以截污、清淤、活源、治堤等为主的水环境整治已完成。但赵林截洪渠中下游段河道以自然形态为主，护岸形式单一，整体设计缺乏变化，缺少停留空间，亲水性差，堤岸未进行统一整理，岸线及沿岸植被现状凌乱，在空间层次上不合理，视觉效果及湖岸可达性较差，缺少生态功能及游憩价值。

6.4.2 修复措施

1. 创建湿地景观

位于赵林截洪渠的下游段，将场地中原有的两个坑塘改造为湿地景观（图 6-21），一方面可以净化场地中的地表径流，另一方面又可以打造成面向公众开放的生态科普教育基地。在保留场地肌理的基础上，通过种植特色水生植物以及运用景观设计手法赋予两个湿地不同的特征，营造不同的景观氛围，给人不同的景观体验。

2. 岸线修复

主要采用自然驳岸、格宾石笼护岸、木排桩护岸等多种生态驳岸结合形式，形成坡地—岸边—湿地—浅水—深水的自然过渡，固土疏水，调节雨洪，保持水陆生态结构河生态边际效应，健全生态功能。

图 6-21　赵林截洪渠湿地景观图

3. 植物分区种植

结合水系河景观节点的布局，对整体改造区进行普遍绿化，在滨水地带种植滨水植物，美化景观节点。依据滨水区域的水量特点，需依照半干湿区—浅水植区—深水区特点进行植物配置。半干湿区种植植物能够忍受临时的水淹，浅水区种植的植物要耐水湿，能够忍受短期干旱；深水区植物需结合沉水、挺水植物。同时，要综合考虑驳岸的特点及防洪排涝，北侧减少乔木种植，以草皮为主。

4. 构建滨水风光区

利用土方对现状地形进行塑造，形成地形丰富的景观和多样的空间，构建滨水风光区（图6-22）。堤防抬高部分通过台阶解决堤顶与周边的高差，堤顶与绿化相交部分设计放坡与微地形，使堤顶能够自然地向周边过渡，将防洪堤隐藏于风光带中，合理规划空间分布。

图 6-22　滨水风光区竖向设计图

5. 营造亲水平台

交错的圆弧形条石，沿顺地形而下，将园路上的游人引向亲水平台。亲水平台面向水面呈扇形，宽度为 3m，弧长 20m，栗色防腐木材质。草坡、条石、亲水平台、景观置石和水生植物，共同营造出怡人的滨水环境。

6.4.3　修复效果

通过采取雨污分流、净水补水、景观提升等方法对赵林截洪渠景观环境进行提升，使赵林渠生态修复及景观提升工程不仅解决了防洪问题，还改善了水域生态环境、改进了河道可及性与亲水性、增加了娱乐机会、提高了滨河地区土地利用价值，同时反映了本地独特历史文化底蕴。运用乡土植物，根据沿河、湿地、风景林地等区域的不同小气候，配植了层次丰富、生态高效的植物群落组合，营造了良好生境环境（图6-23）。

图6-23 赵林截洪渠生态修复前后对比

附录　不同水质阶段适用的河道生态治理及修复技术建议

1．黑臭治理阶段

黑臭型河道的生态治理模式，应根据下列情况进行选择：

（1）硬质驳岸无配水河道采用：生态疏浚＋微生物菌剂＋增氧曝气＋人工强化生物膜＋生态浮岛＋沉水植物恢复的模式。

（2）土质坡岸无配水河道采用：生态疏浚＋微生物菌剂＋生态护岸＋滨岸带植物恢复＋增氧曝气＋沉水植物恢复的模式。

（3）硬质驳岸配水河道采用：生态疏浚＋人工强化生物膜＋生态浮岛＋沉水植物恢复＋增氧曝气的模式。

（4）土质坡岸配水河道采用：生态疏浚＋生态护岸＋滨岸带植物恢复＋人工强化生物膜＋沉水植物恢复的模式。

（5）断头河道采用：生态疏浚＋生态护岸＋滨岸带植物恢复＋人工强化生物膜＋沉水植物恢复＋人工造流的模式。

以黑臭治理为主要需求的城市河道，是城市河道中污染最为严重的一个类群。这类河道往往受到严重的污染，黑臭沉积物淤积较多，沉积物中有机质含量极高，水体和沉积物耗氧能力强，沉积物表面溶解氧含量极低。上述不利的理化条件，会使沉积物和水体中生成大量的黑臭物质，包括各种还原性的硫化物和胺类物质等，既会对周边居民日常生活产生不良影响，也会严重影响水生生态系统的健康运行。

中心城区河道主要受纳的是地表面源污水、雨水管污水、未做好截污工作的雨污混排污水以及历史上未截污情况下排入生活污水。这些河流的黑臭往往是由城市发展历史过程中管网配套跟不上，导致生活污水直排入河引起的。对于这类河道，截污工作是一切生态修复工程的前提。在河道本身污染物浓度已经极高，环境容量几乎为零的情况下，生活污水的排入将会严重影响生态修复工程的效率。在截污完成后，该类型河道的主要污染源是底泥内源和降雨外源。

城郊接合部黑臭河道主要的问题，是来自周边居民的雨污混接和农业面源污染。由于现实条件的限制，城郊接合部黑臭河道无法做到完全截污，因此对于外源污染的控制是城郊接合部黑臭河道生态治理的重点。

对于黑臭河道的生态治理，根据河道的污染源类型、水文条件，采用如下的生态治理技术应用模式：

（1）硬质驳岸无配水河道。因为城市用地紧张的原因，直立硬质驳岸河道是中心城区常见的城市河道类型。对于黑臭型的河道，由于直立驳岸缺少从岸带向河床逐步转化的水生植物生长条件，因此水生植物的恢复在这类河道中相对较为困难，主要采用人工强化的生态修复手段。而由于缺少配水，水体复氧能力差，但是相对稳定。综合上面的状况，针对这一类型的河道，主要采用如下的技术组合：生态疏浚＋微生物菌剂＋增氧曝气＋人工强化生物膜＋生态浮岛＋沉水植物恢复。

（2）土质坡岸无配水河道。与直立驳岸河道相比，土质坡岸的河道能够有空间设置生态护岸和进行岸带滨水区湿生植物的恢复，能够在一定程度上削减面源污染的同时净化水质。岸带植物和滨水植物的恢复，可以减少人工强化生物膜和生态浮岛的使用，因此对于坡岸河道，主要采用如下的技术组合：生态疏浚＋微生物菌剂＋生态护岸＋滨岸带植物恢复＋增氧曝气＋沉水植物恢复。

（3）直立驳岸配水河道。对于有配水的河道，在控制好配水水质的情况，可以适当减少增氧曝气的使用，配水可以带来溶解氧较高的河水，同时具有一定流速的水体也具有一定的复氧能力。对于配水型河道，微生物菌剂容易被冲走，使用成本较高，因此不推荐使用，而是采用如下技术组合：生态疏浚＋人工强化生物膜＋生态浮岛＋沉水植物恢复。对于一些流速较慢的河道可以适当地配制增氧曝气装置。

（4）土质坡岸配水河道。对于土质坡岸型的配水河道，在直立驳岸河道的基础上可以将生态浮岛变为生态护岸和滨岸带植物的恢复。具体技术组合如下：生态疏浚＋生态护岸＋滨岸带植物恢复＋人工强化生物膜＋沉水植物恢复。

（5）断头河道。对于断头河道，在上述治理措施的基础上，可以增加人工造流措施。

2. 水质改善阶段

水质改善型河道的生态治理模式，应根据下列情况进行选择：

（1）直立驳岸型河道采用：生态浮岛＋人工强化生物膜＋沉水植物恢复的模式。

（2）坡岸型河道采用：生态护岸＋滨水植物带＋人工湿地系统＋沉水植物恢复的模式。

（3）配水型河道采用：人工强化生物膜＋沉水植物恢复＋生态岸带的模式。

其中，对于水质改善型河道水体富营养化情况较为严重，藻类水华时常暴发，造成水体缺氧、水生动物大面积死亡等现象。因此，对于上述河道而言，生态治理工作的首要诉求是改善河道水质，使其水质进一步满足景观用水的需求，这需要在原有治理黑臭的生态治理工作基础上采取进一步的工作，以满足河道水质进一步巩固提升的需要。

与严重污染型的黑臭河道不同，水质提升型的河道往往处于中度或者轻度污染的状况。这类河道虽然沉积物氮磷含量也较高，但相对于黑臭河道来说，TOC和营养物质的含量稍低，沉积物水界面缺氧情况较轻，但如果不保持好，会有向黑臭沉积物转化的趋势。影响这类河道水质的主要因素，是内源污染物的释放和外源污染的排放，因此生态治理工程的着力点应该在污染源的控制上。但是与黑臭河道不同，这类河道较为适宜水生植物的生长，因此生态修复工程的重点也是水生植物的恢复。

根据不同的河岸类型，有下列应用模式推荐：

（1）直立驳岸型河道：生态浮岛＋人工强化生物膜＋沉水植物恢复。

对于水质改善型河道，增氧不再是河道生态治理工作最重要的环节。相对而言，外源削减和内源控制才是最重要的两个方面。因此主要推荐使用能够吸收和降解外源污染物的生态浮岛、生物膜等生态治理技术，同时最重要的是对内源污染控制和水体生态系统恢复都起到关键作用的沉水植物恢复工程。由于硬质直立驳岸无法修建生态岸带和人工湿地，因此不采用直立驳岸。

（2）坡岸型河道：生态护岸＋滨水植物带＋人工湿地系统＋沉水植物恢复。

对于坡岸型的水质改善型河道而言，滨水植物带和人工湿地处理系统将有足够的空间进行修建。相对人工浮岛而言，这两个系统能够更好地发挥外源污染截除作用，同时还能起到旁路净化的功能。

（3）配水型河道：人工强化生物膜＋沉水植物恢复＋生态岸带。

对于有配水的水质改善性河道，配水的质量决定了河道水质的状况。因此有必要对配水水源在入河前进行进一步的优化处理，通过人工强化措施和沉水植物恢复进一步提升来水水质，控制内源污染。同时通过生态岸带的建设美化河道景观，严控外源污染。

3．生态功能恢复阶段

生态功能恢复型河道可采用：水生植物恢复＋浮游动物投放＋底栖动物投放＋鱼类投放＋生境多样性构建的模式进行治理。

当河道水质恢复到一定程度，能够满足河道景观水体的相关功能时，河道治理工作的进一步需求则是逐渐恢复河道的生态功能。

河道的生态功能主要包括河道生态系统的完整性、多样性以及可持续性。完整性是指河道生态系统的各个组成结构的完整，包括各门类的生物及其良好的生境；多样性是指河道生态系统中的各生物群落具有多样性，同时其生境也具有多样性；可持续性则是指河道生态系统具有稳定演替的能力，同时对于外界环境的胁迫具有一定的抗性。

河道生态功能的恢复是河道生态治理的终极目标，是使河道具有良好自净能力，能有长久保持水环境良好的重要基础，也是河道轻度富营养化治理的关键。在这里，对城市河道生态功能的恢复方法，主要采用水生植物恢复＋浮游动物投放＋底栖动物投放＋鱼类投放＋生境多样性构建的模式。

参 考 文 献

[1] 金相灿，屠清瑛．湖泊富营养化调查规范［M］．2版．北京：中国环境科学出版社，1990.

[2] 张晓佳．城市规划区绿地系统规划研究［D］．北京：北京林业大学，2006.

[3] 郑丽．基于部门协同的城市蓝线划定方法探讨——以重庆市江北区栋梁河蓝线划定为例［J］．中国建设信息化，2018（15）：76-78.

[4] 宋轩，赵一晗．城市蓝线规划编制方法与技术要求［J］．水利规划与设计，2018（1）：28-30.

[5] 邵文彬，胡俊，徐海岩．松辽流域重要江河湖泊水功能区划特点研究［J］．东北水利水电，2014，32（8）：45-47.

[6] 吴啸慧，刘志强，王俊帝．中国国家园林城市的分布特征研究［J］．苏州科技大学学报（工程技术版），2019，32（3）：63-69.

[7] 朱广伟，许海，朱梦圆，等．三十年来长江中下游湖泊富营养化状况变迁及其影响因素［J］．湖泊科学，2019，31（6）：1510-1524.

[8] 许彬．当前城市黑臭水体整治中存在的问题及思考［C］．2019城市发展与规划论文集，2019，850-854.

[9] 倪乐意．武汉东湖水生植被结构和生物量现状及其长期变化［M］．北京：科学出版社，1995.

[10] 李雪松．查干湖湖泊健康评估研究［D］．长春：吉林大学，2018.

[11] 梁友．淮河水系河湖生态需水量研究［D］．北京：清华大学，2008.

[12] 章飞军，商弘，吴灵，等．城市景观污染水体人工浮床植物筛选［J］．浙江海洋学院学报：自然科学版，2009，28（4）：436-439.

[13] 张腾飞，陈勤．生态基和人工浮床在杭州河道治理工程中的应用［J］．广州化工，2012，40（3）：132-135.

[14] 张翠英，王丽萍．水生植物在污染水体中的生长胁迫因子研究进展［C］//华北七省水利学会．协作组学术研讨会，2014，341-349.

[15] 李梅，孙远奎，张见魁．生态浮床技术应用研究［J］．工业安全与环保，2010，36（1）：35-36.

[16] 曹勇，孙从军．生态浮床的结构设计［J］．环境科学与技术，2009，32（2）：121-124.

[17] 张婉璐，刘君寒，李力．人工浮床技术在污水生态修复中的应用［J］．环境与可持续发展，2010（4）：48-50.

[18] 黄薇，张劲，桑连海．生物浮床技术的研发历程及在水体生态修复中的应用［J］．长江科学院院报，2010，28（10）：37-41.

[19] 蒋克斌，李元，刘鑫编．黑臭水体纺织技术及应用［M］．北京：中国石化出版社，2016.

[20] 吴婉娥，葛红光，张克峰．废水生物处理技术［M］．北京：化学工业出版社，2003.

[21] 田禹，王树涛．水污染控制工程［M］．北京：化学工业出版社，2011.

[22] 吴国琳．水污染的监测与控制［M］．北京：科学出版社，2004.

[23] 王世聪．生物转盘［M］．北京：中国建筑工业出版社，1993.

[24] 张希衡．水污染控制工程［M］．北京：冶金工业出版社，1993.

[25] 王燕飞．水污染控制技术［M］．北京：化学工业出版社，2008.

[26] 肖锦．城市污水处理及回用技术［M］．北京：化学工业出版社，2002.

[27] 唐玉斌，陈芳艳，张永锋．水污染控制工程［M］．哈尔滨：哈尔滨工业大学出版社，2006.

[28] 刘雨，赵庆良，郑兴灿．生物膜法污水处理技术［M］．北京：中国建筑工业出版社，2000.

[29] 宋成，安德烈欧格母．人工湿地（SEEP）中重要微生物基因的分布［J］．科技创新导报，2014，(31)：119－121.

[30] 陈晓东，常文越，王磊．北方人工湿地污水处理技术应用研究与示范工程［J］．环境保护科学，2007，33（2）25－28.

[31] 成水平，吴振斌，况琪军．人工湿地植物研究［J］．湖泊科学，2002，14（2）：179－184.

[32] 邓玉，倪福全．污染水体的生态浮床修复研究综述［J］．环境科技，2014，27（1）：14－19.

[33] 傅长锋，李大鸣，白玲．东北屯人工湿地污水处理系统的设计与应用［J］．湿地科学，2012，10（2）：149－155.

[34] 黄薇，张劲，桑连海．生物浮岛技术的研发历程及在水体生态修复中的应用［J］．长江科学院院报，2011，28（10）：37－42.

[35] 黄央央，江敏，张饮江，等．人工浮岛在上海白莲泾河道水质治理中的作用［J］．环境科学与技术，2010，33（8）：108－113.

[36] 蒋跃，童琰，由文辉，等．3种浮床植物生长特性及氮、磷吸收的优化配置研究［J］．中国环境科学，2011，31（5）：774－780.

[37] 李焕利，刘超，陆建松，等．人工浮床技术在污染水体生态修复中的研究［J］．环境科学与管理，2015，40（1）：114－116.

[38] 宋关玲，王岩，王海霞，等．北方富营养化水体生态修复技术［M］．北京：中国轻工业出版社，2015.

[39] 方云英，杨肖娥，常会庆，等．利用水生植物原位修复污染水体［J］．应用生态学报，2008，19（2）：407－412.

[40] 贺峰，吴振斌．水生植物在污水处理和水质改善中的应用［J］．植物学通报，2003，20（6）：641－647.

[41] 王旭明．水芹菜对污水净化的研究［J］．农业环境保护，1999，18（1）：34－35.

[42] 张卫明，陈维培．水生植物的奇妙生态适应［J］．植物杂志，1989，(3)：37－39.

[43] 赵文．水生生物学［M］．北京：中国农业出版社，2005.

[44] 朱清顺，周刚，张彤晴，等．不同水生植物对水体生态环境的影响［J］．水产养殖，2005，26，(2)：7－9.

[45] Simonsen R. Scultheorpe，C. D. The biology of aquatic vascular plants［J］．London：Edward Arnold Ltd，2010，53（2）：353－354.

[46] Smith C S，Adams M S. Phosphorus transfer from sediments by Myriophyllum spicatum［J］．Limnology and Oceanography，1986，31（6）：1312－1321.

[47] Wetzel R G. Structure and productivity of aquatic ecosystems［M］．Limnology，2001：129－150.

[48] 周风华，哈佳，田为军，等．城市生态水利工程规划设计与实践［M］．郑州：黄河水利出版社，2015.

[49] 董哲仁，孙东亚，赵进勇，等．河流生态修复［M］．北京：中国水利水电出版社，2013.

[50] 董哲仁．生态水利工程学［M］．北京：中国水利水电出版社，2019.

[51] 杨海军，李永祥．河流生态修复的理论与技术［M］．长春：吉林科学技术出版社，2005.